目次

年

成績アップのための学習メソッド ▶ 2~5

学習内容

		教科書のページ	本書のページ ぴたトレ 0 + 教科書のまとめ	ぴたトレ 1	ぴたトレ 2	ぴたトレ 3
1章 正の数と負の数	1節　正の数と負の数	16 ~ 22	6~7 32	8~11	18~19	30~31
	2節　加法と減法	24 ~ 38		12~17		
	3節　乗法と除法	40 ~ 57		20~27	28~29	
	4節　正の数と負の数の活用	58 ~ 59				
2章 文字と式	1節　文字と式	66 ~ 77	33 50	34~37	38~39	48~49
	2節　1次式の計算	78 ~ 85		40~43	46~47	
	3節　文字式の活用	87 ~ 94		44~45		
3章 方程式	1節　方程式	100 ~ 111	51 68	52~57	58~59	66~67
	2節　方程式の活用	112 ~ 120		60~63	64~65	
4章 比例と反比例	1節　関数	126 ~ 127	69 88	70~75	76~77	86~87
	2節　比例	128 ~ 143				
	3節　反比例	144 ~ 153		78~81	84~85	
	4節　比例と反比例の活用	154 ~ 159		82~83		
5章 平面図形	1節　基本の図形	166 ~ 171	89 106	90~91	94~95	104~105
	2節　図形の移動	172 ~ 178		92~93		
	3節　基本の作図	179 ~ 190		96~99	102~103	
	4節　おうぎ形	191 ~ 194		100~101		
6章 空間図形	1節　空間図形の観察	200 ~ 213	107 124	108~113	114~115	122~123
	2節　空間図形の計量	214 ~ 220		116~119	120~121	
7章 データの活用	1節　データの分布	227 ~ 247	125 136	126~129	132~133	134~135
	2節　確率	248 ~ 253		130~131		

定期テスト予想問題 ▶ 137 ~ 151

解答集 ▶ 別冊

自分にあった学習法を見つけよう!

成績アップのための学習メソッド

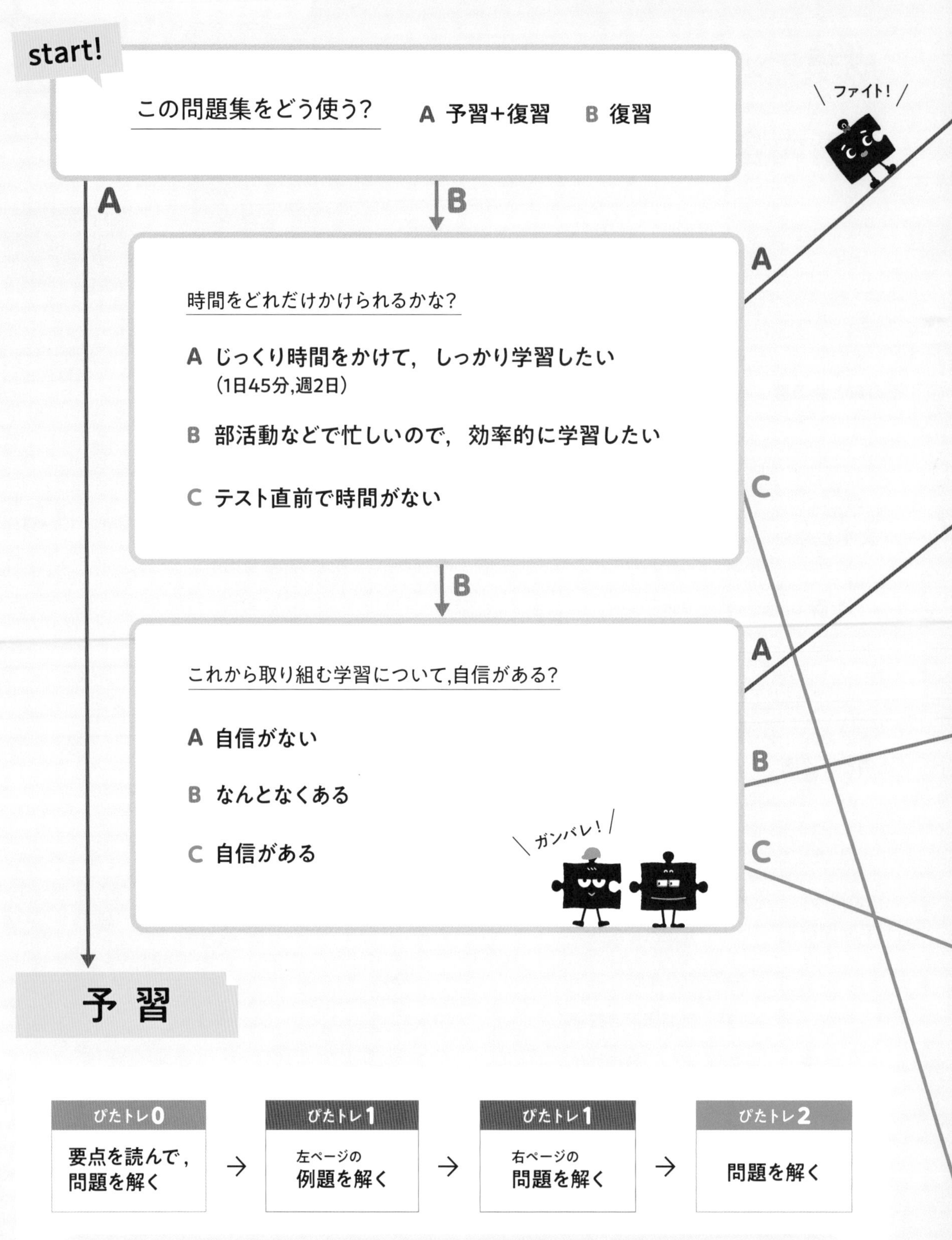

わからない時は…学校の授業をしっかり聞いて解決! → 残りのページを 復 習 として解く

復 習

目安の時間には,丸付けや見直しの時間も含まれているよ。

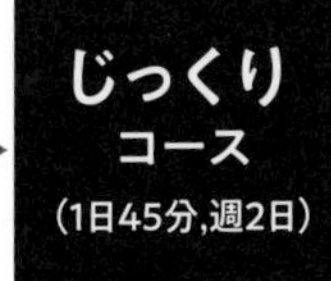

じっくりコース（1日45分,週2日）

ぴたトレ0：要点を読んで，問題を解く
→ ぴたトレ1（45分）：左ページの例題を解く ↳解けないときは 考え方 を見直す ／ 右ページの問題を解く ↳解けないときは キーポイント を読む
→ ぴたトレ2（45分）：問題を解く ↳解けないときは ヒント を見る ぴたトレ1 に戻る
→ ぴたトレ3（45分）：テストを解く ↳解けないときは ぴたトレ1 ぴたトレ2 に戻る
→ 教科書のまとめ：まとめを読んで，学習した内容を確認する

定期テスト予想問題や別冊mini bookなども活用しましょう。

時短 A コース

ぴたトレ1（45分）：問題を解く
→ ぴたトレ2（30分）：よく出る だけ解く
→ ぴたトレ3：時間があれば取り組もう!

時短 B コース

ぴたトレ1（20分）：右ページの よく出る 絶対理解 だけ解く
→ ぴたトレ2（45分）：問題を解く
→ ぴたトレ3（45分）：テストを解く

時短 C コース

ぴたトレ1：省略
→ ぴたトレ2（45分）：問題を解く
→ ぴたトレ3（45分）：テストを解く

日常学習

＼めざせ,点数アップ!／

テスト直前コース

5日前 ぴたトレ1：右ページの よく出る 絶対理解 だけ解く
→ 3日前 ぴたトレ2：よく出る だけ解く
→ 1日前 定期テスト予想問題：テストを解く
→ 当日 別冊mini book：赤シートを使って最終確認する

コースがきまったら,4~5ページを見てみよう ➡

成績アップのための 学習メソッド

《ぴたトレの構成と使い方》

教科書ぴったりトレーニングは,おもに,「ぴたトレ1」,「ぴたトレ2」,「ぴたトレ3」で構成されています。それぞれの使い方を理解し,効率的に学習に取り組みましょう。
なお,「ぴたトレ3」「定期テスト予想問題」では学校での成績アップに直接結びつくよう,通知表における観点別の評価に対応した問題を取り上げています。

学校の通知表は以下の観点別の評価がもとになっています。

知識 技能

思考力 判断力 表現力

主体的に 学習に 取り組む態度

ぴたトレ0 スタートアップ

各章の学習に入る前の準備として,これまでに学習したことを確認します。

学習メソッド
この問題が難しいときは,以前の学習に戻ろう。あわてなくても大丈夫。苦手なところが見つかってよかったと思おう。

ぴたトレ1 要点チェック

基本的な問題を解くことで,基礎学力が定着します。

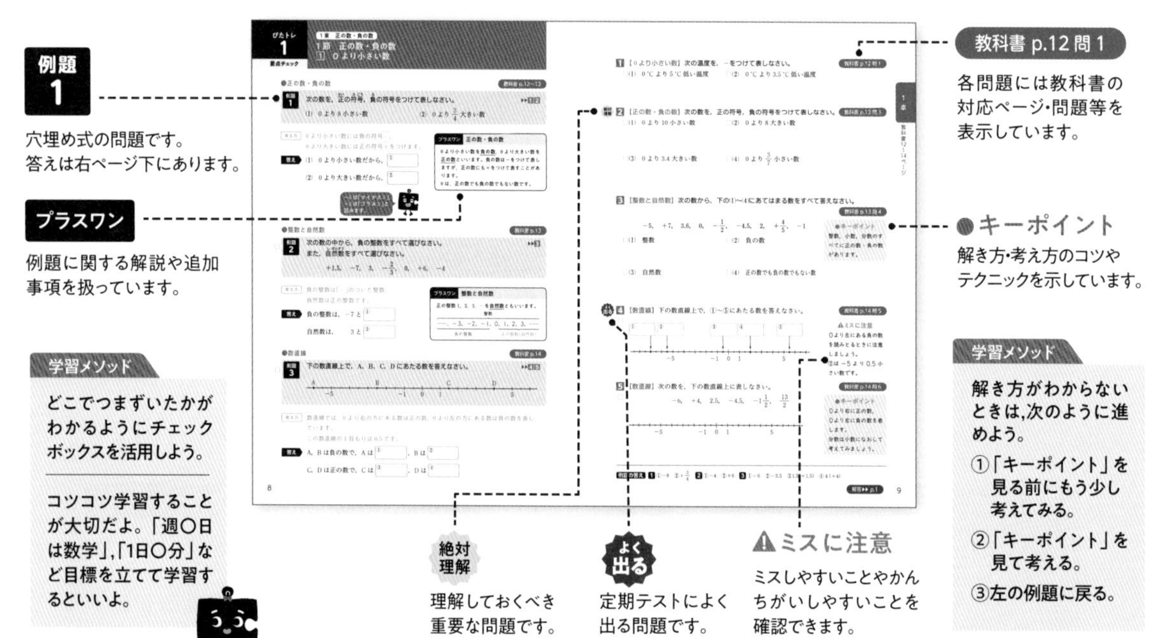

例題 1
穴埋め式の問題です。
答えは右ページ下にあります。

プラスワン
例題に関する解説や追加事項を扱っています。

学習メソッド
どこでつまずいたかがわかるようにチェックボックスを活用しよう。

コツコツ学習することが大切だよ。「週○日は数学」,「1日○分」など目標を立てて学習するといいよ。

教科書 p.12 問 1
各問題には教科書の対応ページ・問題等を表示しています。

キーポイント
解き方・考え方のコツやテクニックを示しています。

学習メソッド
解き方がわからないときは,次のように進めよう。
①「キーポイント」を見る前にもう少し考えてみる。
②「キーポイント」を見て考える。
③左の例題に戻る。

絶対理解
理解しておくべき重要な問題です。

よく出る
定期テストによく出る問題です。

⚠ミスに注意
ミスしやすいことやかんちがいしやすいことを確認できます。

ぴたトレ2 練習

理解力・応用力をつける問題です。
解答集の「理解のコツ」では実力アップに欠かせない内容を示しています。

学習メソッド

解き方がわからないときは,下の「ヒント」を見るか,「ぴたトレ1」に戻ろう。
間違えた問題があったら,別の日に解きなおしてみよう。

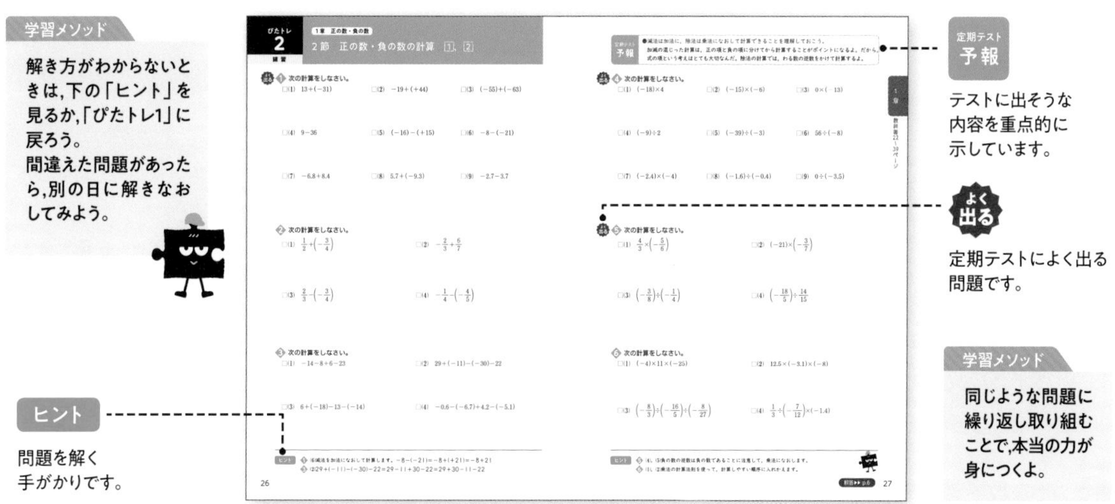

定期テスト予報

テストに出そうな内容を重点的に示しています。

よく出る

定期テストによく出る問題です。

学習メソッド

同じような問題に繰り返し取り組むことで,本当の力が身につくよ。

ヒント

問題を解く手がかりです。

ぴたトレ3 確認テスト

どの程度学力がついたかを自己診断するテストです。

成績評価の観点

知 考

問題ごとに「知識・技能」「思考力・判断力・表現力」の評価の観点が示してあります。

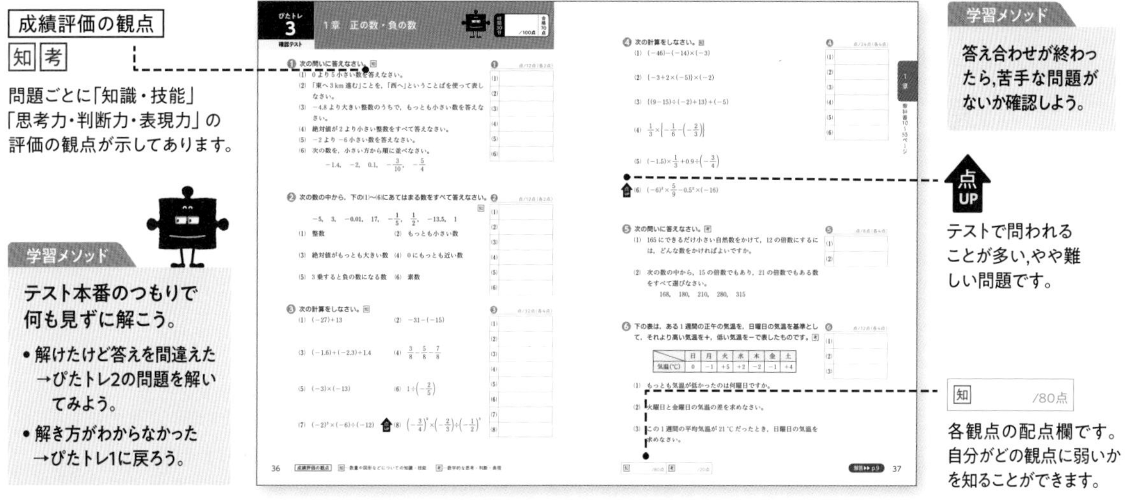

学習メソッド

答え合わせが終わったら,苦手な問題がないか確認しよう。

点UP

テストで問われることが多い,やや難しい問題です。

学習メソッド

テスト本番のつもりで何も見ずに解こう。

- 解けたけど答えを間違えた→ぴたトレ2の問題を解いてみよう。
- 解き方がわからなかった→ぴたトレ1に戻ろう。

知 /80点

各観点の配点欄です。自分がどの観点に弱いかを知ることができます。

教科書のまとめ

各章の最後に,重要事項をまとめて掲載しています。

学習メソッド

重要事項をしっかり見直したいときは「教科書のまとめ」,短時間で確認したいときは「別冊minibook」を使うといいよ。

定期テスト予想問題

定期テストに出そうな問題を取り上げています。
解答集に「出題傾向」を掲載しています。

学習メソッド

ぴたトレ3と同じように,テスト本番のつもりで解こう。
テスト前に,学習内容をしっかり確認しよう。

1章　正の数と負の数

次の学習に
入る前に
取り組もう。

□**不等号** ◀ 小学3年

$\frac{8}{8}=1$ のように，等しいことを表す記号＝を等号といい，

$1>\frac{5}{8}$ や $\frac{3}{8}<\frac{5}{8}$ のように，大小を表す記号＞，＜を不等号といいます。

□**計算のきまり** ◀ 小学4～6年

$a+b=b+a$　　$(a+b)+c=a+(b+c)$

$a\times b=b\times a$　　$(a\times b)\times c=a\times(b\times c)$

$(a+b)\times c=a\times c+b\times c$　　$(a-b)\times c=a\times c-b\times c$

1 次の数を表す点を，下の数直線に示しなさい。また，数を小さい順にかきなさい。 ◀ 小学5年〈分数と小数〉

$\frac{3}{10}$, 0.6, $\frac{3}{2}$, 1.2, $2\frac{1}{5}$

ヒント
数直線の小さい1めもりは0.1だから……

2 次の□にあてはまる不等号をかいて，2つの数の大小を表しなさい。 ◀ 小学3，5年〈分数，小数の大小，分数と小数の関係〉

(1)　3 □ 2.9　　(2)　2 □ $\frac{9}{4}$

(3)　$\frac{7}{10}$ □ 0.8　　(4)　$\frac{5}{3}$ □ $\frac{5}{4}$

ヒント
大小を表す記号は……

3 次の計算をしなさい。 ◀ 小学5年〈分数のたし算とひき算〉

(1)　$\frac{1}{3}+\frac{1}{2}$　　(2)　$\frac{5}{6}+\frac{3}{10}$

(3)　$\frac{1}{4}-\frac{1}{5}$　　(4)　$\frac{9}{10}-\frac{11}{15}$

(5)　$1\frac{1}{4}+2\frac{5}{6}$　　(6)　$3\frac{1}{3}-2\frac{11}{12}$

ヒント
通分すると……

4 次の計算をしなさい。

(1) $0.7+2.4$　(2) $4.5+5.8$

(3) $3.2-0.9$　(4) $7.1-2.6$

◀ 小学4年〈小数のたし算とひき算〉

ヒント
位をそろえて……

5 次の計算をしなさい。

(1) $20\times\frac{3}{4}$　(2) $\frac{5}{12}\times\frac{4}{15}$

(3) $\frac{3}{8}\div\frac{15}{16}$　(4) $\frac{3}{4}\div12$

(5) $\frac{1}{6}\times3\div\frac{5}{4}$　(6) $\frac{3}{10}\div\frac{3}{5}\div\frac{5}{2}$

◀ 小学6年〈分数のかけ算とわり算〉

ヒント
わり算は逆数を考えて……

6 次の計算をしなさい。

(1) $3\times8-4\div2$　(2) $3\times(8-4)\div2$

(3) $(3\times8-4)\div2$　(4) $3\times(8-4\div2)$

◀ 小学4年〈式と計算の順序〉

ヒント
×，÷や（　）の中を先に計算すると……

7 計算のきまりを使って，次の計算をしなさい。

(1) $6.3+2.8+3.7$　(2) $2\times8\times5\times7$

(3) $10\times\left(\frac{1}{5}+\frac{1}{2}\right)$　(4) $18\times7+18\times3$

◀ 小学4～6年〈計算のきまり〉

ヒント
きまりを使ってくふうすると……

8 次の□にあてはまる数をかいて計算しなさい。

(1) $57\times99=57\times(①\square-②\square)$

$=57\times①\square-57=③\square$

(2) $25\times32=(25\times①\square)\times②\square$

$=100\times②\square=③\square$

◀ 小学4年〈計算のくふう〉

ヒント
99＝100－1や25×4＝100を使うと……

1章

解答▶▶ p.1

1章　正の数と負の数

1節　正の数と負の数
1　反対の性質をもつ数量／2　正の数と負の数

●反対の性質をもつ数量

教科書 p.16～17

□ **例題 1** A地点を基準の0kmとして，それより東へ2kmの地点を+2kmと表すとき，A地点より西へ3kmの地点を+，−を使って表しなさい。 ▶▶1 2

考え方　たがいに反対の性質をもつ数量は，基準を決め，+，−を使って表すことができます。

答え　A地点より西の方向は−を使って表されるから， km

東の反対は西

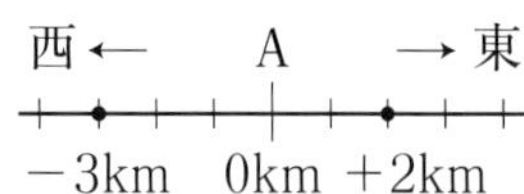

●正の数と負の数

教科書 p.18

□ **例題 2** 次の数を正(せい)の符号(ふごう)，負(ふ)の符号を使って表しなさい。 ▶▶3

(1)　0より3小さい数　　(2)　0より5大きい数

考え方　0より大きい数は正の符号，0より小さい数は負の符号を使って表します。

答え　(1) ①[　　]　　(2) ②[　　]

プラスワン　正の数，負の数，自然数

0より大きい数を**正の数**，0より小さい数を**負の数**，正の整数を**自然数**(しぜんすう)ともいいます。

整数

……，−3，−2，−1，0，1，2，3，……

負の整数　　正の整数(自然数)

●数直線

教科書 p.19

□ **例題 3** 次の数直線で，点A，Bの表す数を答えなさい。 ▶▶4 5

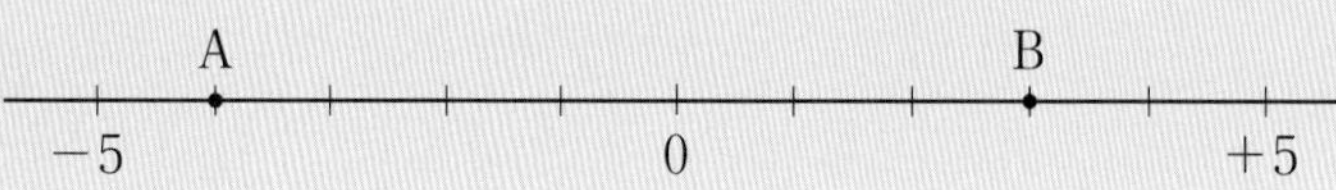

考え方　数直線の0より右側にある数は正の数，左側にある数は負の数を表しています。数直線の1めもりは1を表しています。

答え　点Aは，0より左にあるから負の数で ①[　　]

点Bは，0より右にあるから正の数で ②[　　]

プラスワン　原点(げんてん)，正の方向，負の方向

数直線で，0を表す点を**原点**といいます。
数直線の右の方向を**正の方向**，左の方向を**負の方向**といいます。

絶対理解 **1** 【反対の性質をもつ数量】0 °C を基準として，次の温度を，+，−を使って表しなさい。

教科書 p.16 問 1

□(1) 0 °C より 3 °C 低い温度　　□(2) 0 °C より 12 °C 高い温度

●キーポイント
0℃より低い温度は−，高い温度は+をつけて表します。

2 【反対の性質をもつ数量】東西に通じる道路があり，ある地点を基準に，東へ 6 km 進むことを +6 km と表すとき，次の数量を，+，−を使って表しなさい。

教科書 p.17 例 2

□(1) 東へ 4 km 進むこと　　□(2) 西へ 8 km 進むこと

●キーポイント
「西へ進むこと」は−を使って表します。

3 【正の数と負の数】次の数を正の符号，負の符号を使って表しなさい。

教科書 p.18 問 1

□(1) 0 より 10 小さい数　　□(2) 0 より 8 大きい数

□(3) 0 より 3.4 大きい数　　□(4) 0 より $\frac{3}{7}$ 小さい数

絶対理解 **4** 【数直線】次の数直線で，点 A，B，C の表す数を答えなさい。

教科書 p.19 問 2

□

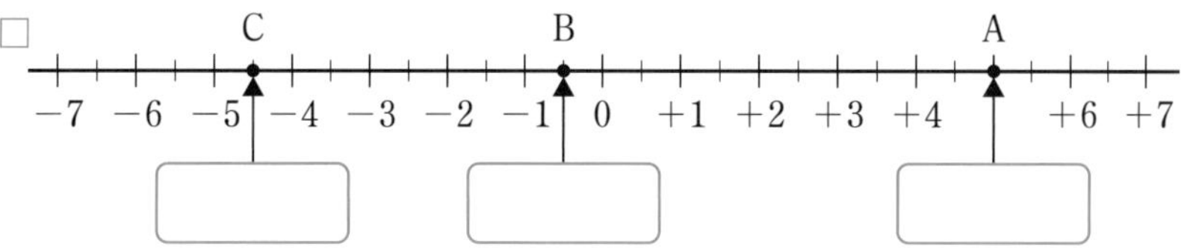

●キーポイント
数直線の0の点は原点です。正の数は原点より右，負の数は原点より左にあります。

5 【数直線】次の数を表す点を，下の数直線に示しなさい。

教科書 p.19 問 3

□(1) +2.5　　□(2) −1.5　　□(3) $-\frac{11}{2}$

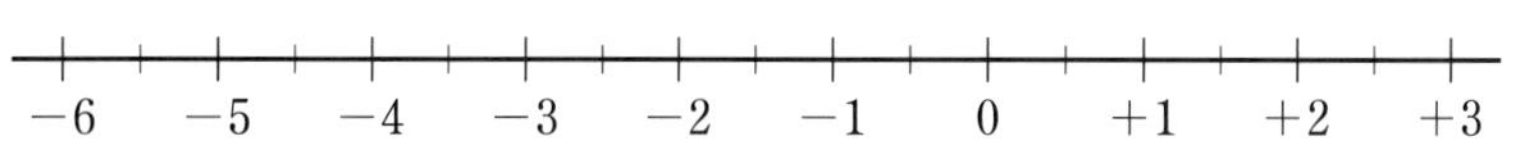

⚠ミスに注意
数直線の小さい1めもりは，0.5を表しています。
(3) $-\frac{11}{2}=-5.5$

例題の答え **1** −3　**2** ①−3　②+5　**3** ①−4　②+3

解答▶▶ p.2

1節 正の数と負の数 3 数の大小

●絶対値

教科書 p.20

□ **例題 1** 次の数の絶対値(ぜったいち)を答えなさい。 ▶▶1 2

(1) +3　　(2) −5

考え方 数直線上で，ある数を表す点と原点との距離(きょり)を，その数の絶対値といいます。

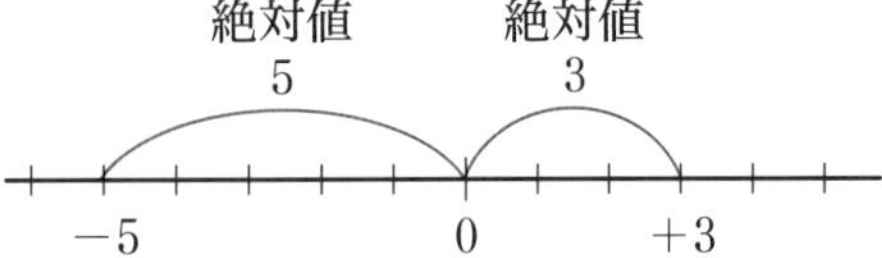

答え (1) ①　　(2) ②

● 2 つの数の大小

教科書 p.21

□ **例題 2** 次の各組の数の大小を，不等号を使って表しなさい。 ▶▶3

(1) −2，+3　　(2) −5，−7

考え方 数直線では，正の方向に進むほど数は大きくなります。

答え (1) 数直線上で，+3 は −2 より右にあるから，+3 の方が大きい。

−2 ① +3

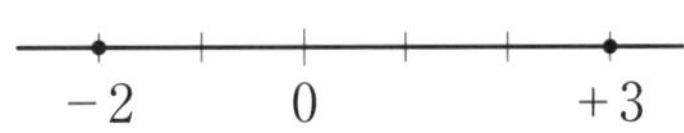

(2) 数直線上で，−5 は −7 より右にあるから，−5 の方が大きい。

−5 ② −7

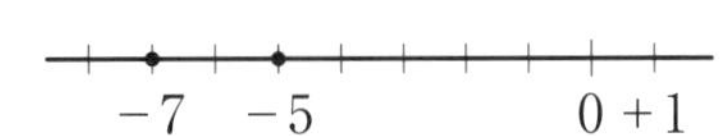

プラスワン 正の数，負の数の大小

1 正の数は 0 より大きく，負の数は 0 より小さい。
2 正の数では，絶対値が大きいほど大きい。
3 負の数では，絶対値が大きいほど小さい。

●数の大小と絶対値

教科書 p.21

□ **例題 3** 次の各組の数の大小を，不等号を使って表しなさい。 ▶▶4

(1) +2，+6　　(2) −2，−6，−4

考え方 同じ符号(ふごう)どうしの数の大小は，絶対値の大きさを比べます。

答え (1) +6 は +2 より絶対値が大きいので，+2 ① +6

(2) 小さい順に並べて

−6 ② −4 ③ −2

3 つ以上の数の大小を，不等号を使って表すときは，不等号の向きは同じにします。

絶対理解 **1** 【絶対値】次の数の絶対値を答えなさい。 教科書 p.20 例 1

□(1) -9　□(2) 0

□(3) $+0.1$　□(4) $-\frac{2}{3}$

●キーポイント
絶対値は，その数から符号を取り除いたものと考えられます。

数		絶対値
+4	→	4
−4	→	4

2 【絶対値】次の数をすべて答えなさい。 教科書 p.20 問 2

□(1) 絶対値が 5 である数　□(2) 絶対値が 0 である数

□(3) 絶対値が 4.7 である数　□(4) 絶対値が $\frac{4}{5}$ である数

⚠ミスに注意
絶対値が5である数は正の数と負の数の2つあります。

絶対理解 **3** 【2つの数の大小】次の各組の数の大小を，不等号を使って表しなさい。 教科書 p.21 例 2

□(1) $+8$，-7　□(2) -6，$+3$

□(3) -2，0　□(4) -3，-9

□(5) -10，-12

よく出る **4** 【3つの数の大小】次の各組の数の大小を，不等号を使って表しなさい。 教科書 p.21 例 3

□(1) 0，$+10$，-7　□(2) -4，$+5$，-6

□(3) -8，-2，-15

●キーポイント
1 負の数$<0<$正の数
2 正の数では，絶対値が大きいほど大きい。
3 負の数では，絶対値が大きいほど小さい。

例題の答え **1** ①3　②5　**2** ①<　②>　**3** ①<　②<　③<

解答▶▶ p.2

ぴたトレ 1 要点チェック

1章　正の数と負の数

2節　加法と減法

1　同じ符号の数の加法／2　異なる符号の数の加法
3　加法の交換法則と結合法則

●同じ符号の2数の和

教科書 p.24〜25

□ **例題 1** 次の計算をしなさい。 ▶▶1 2

(1)　$(+2)+(+3)$　　(2)　$(-4)+(-9)$

考え方　同じ符号(ふごう)だから，和の符号は2数と同じ符号になります。

答え　(1)　$(+2)+(+3)$
$=+(2+3)$ （符号を決める。）
$=$ ① ［　　］ （絶対値の和を計算）

(2)　$(-4)+(-9)$
$=-(4+9)$
$=$ ② ［　　］

たし算のことを加法(かほう)といいます。

プラスワン　正の数，負の数の加法①

同じ符号の2数の和 ｛符号　…2数と同じ符号／絶対値…2数の絶対値の和｝

●異なる符号の2数の和

教科書 p.26〜27

□ **例題 2** 次の計算をしなさい。 ▶▶3 4

(1)　$(-8)+(+3)$　　(2)　$(-4)+(+5)$

考え方　異なる符号だから，和の符号は絶対値の大きい方の符号になります。

答え　(1)　$(-8)+(+3)$
$=-(8-3)$ （符号を決める。）
$=$ ① ［　　］ （絶対値の差を計算）

(2)　$(-4)+(+5)$
$=+(5-4)$
$=$ ② ［　　］

プラスワン　正の数，負の数の加法②

異なる符号の2数の和 ｛符号　…絶対値の大きい方の符号／絶対値…絶対値の大きい方から小さい方をひいた差｝

●加法の交換法則と結合法則

教科書 p.28

□ **例題 3** $(+5)+(-9)+(+7)+(-6)$ の計算をしなさい。 ▶▶5

考え方　加法では，交換法則(こうかんほうそく)や結合法則(けつごうほうそく)が成り立つことを使って，数の順序や組み合わせを変えて計算できます。

答え　$(+5)+(-9)+(+7)+(-6)$
$=(+5)+(+7)+(-9)+(-6)$ （加法の交換法則）
$=\{(+5)+(+7)\}+\{(-9)+(-6)\}$ （加法の結合法則）
$=(+12)+(-15)$
$=$ ［　　］

プラスワン　加法の交換法則，結合法則

加法の交換法則　$a+b=b+a$
加法の結合法則　$(a+b)+c=a+(b+c)$

1 【同じ符号の数の加法】下の数直線を使って，次の計算をしなさい。 教科書 p.24～25 例 1,2

□(1) $(+5)+(+2)$　　□(2) $(-6)+(-3)$

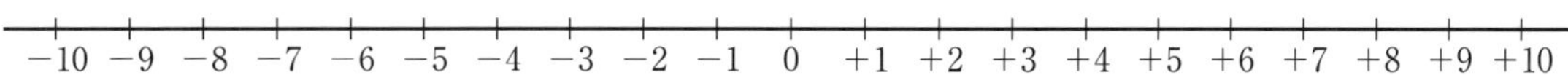

2 【同じ符号の数の加法】次の計算をしなさい。 教科書 p.25 例 3

□(1) $(+4)+(+8)$　　□(2) $(+18)+(+10)$

□(3) $(-10)+(-8)$　　□(4) $(-15)+(-28)$

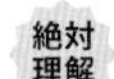

3 【異なる符号の数の加法】下の数直線を使って，次の計算をしなさい。 教科書 p.26 例 1,2

□(1) $(-8)+(+7)$　　□(2) $(+8)+(-12)$

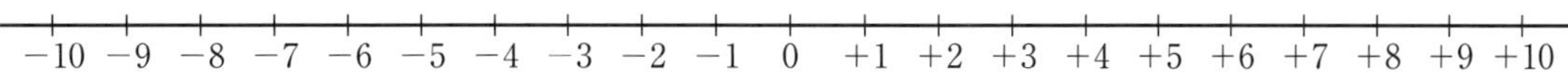

4 【異なる符号の数の加法】次の計算をしなさい。 教科書 p.27 例 3,4

□(1) $(-13)+(+15)$　　□(2) $(+18)+(-24)$

□(3) $(+8)+(-8)$　　□(4) $(-15)+(+17)$

□(5) $0+(-5)$　　□(6) $(-8)+0$

●キーポイント

異なる符号／絶対値が等しい → 0

●＋0＝●
0＋■＝■

5 【３つ以上の数の加法】次の計算をしなさい。 教科書 p.28 問 1

□(1) $(-6)+(+13)+(-4)$

□(2) $(-2)+(-9)+(+20)+(-6)$

□(3) $(-9)+(+4)+(-2)+(+9)$

●キーポイント

(3) 和が0になる２数を組み合わせると，計算が簡単になります。

例題の答え **1** ①+5 ②−13 **2** ①−5 ②+1 **3** −3

解答▶▶ p.2

2節　加法と減法
4　減法

●正の数をひく計算

教科書 p.30〜31

□ **例題 1**　$(-3)-(+8)$ の計算をしなさい。 ▸▸1

考え方　$+8$ をひくことは，-8 をたすことと同じです。

答え　加法になおす。

$(-3)-(+8)=(-3)+($①　$)$

符号(ふごう)を変える。

$=-(3+8)$

$=$②

●負の数をひく計算

教科書 p.32

□ **例題 2**　$(-9)-(-4)$ の計算をしなさい。 ▸▸2

考え方　-4 をひくことは，$+4$ をたすことと同じです。

答え　加法になおす。

$(-9)-(-4)=(-9)+($①　$)$

符号を変える。

$=-(9-4)$

$=$②

プラスワン　正の数，負の数の減法

ある数をひくことは，その数の符号を変えた数をたすことと同じです。

●0 からひく計算，0 をひく計算

教科書 p.32

□ **例題 3**　次の計算をしなさい。 ▸▸3

(1)　$0-(+5)$　　(2)　$(-5)-0$

考え方　(1)　0 からある数をひくと，差はある数の符号を変えた数になります。
(2)　どんな数から 0 をひいても，差ははじめの数になります。

答え　(1)　$0-(+5)$

$=0+($①　$)$　ひく数の符号を変えて，加法になおして計算

$=$②　← $+5$ の符号を変えた数

(2)　$(-5)-0$

$=$③　● $-0=$ ●

絶対理解 1 【正の数をひく計算】次の減法を加法になおして計算しなさい。

教科書 p.31 例 1

□(1) $(+6)-(+1)$　　□(2) $(+5)-(+8)$

□(3) $(+13)-(+19)$　　□(4) $(-7)-(+3)$

□(5) $(-2)-(+5)$　　□(6) $(-27)-(+31)$

●キーポイント
ひく数の符号－を＋に変えて，加法になおします。
$-(+\triangle)=+(-\triangle)$

よく出る 2 【負の数をひく計算】次の減法を加法になおして計算しなさい。

教科書 p.32 例 2, 問 3

□(1) $(+4)-(-4)$　　□(2) $(+6)-(-9)$

□(3) $(+17)-(-6)$　　□(4) $(-8)-(-2)$

□(5) $(-5)-(-7)$　　□(6) $(-14)-(-14)$

●キーポイント
ひく数の符号－を＋に変えて，加法になおします。
$-(-\square)=+(+\square)$
(6) 絶対値が等しく，符号が同じ2数の差は0です。

3 【0からひく計算，0をひく計算】次の計算をしなさい。

教科書 p.32 例 3

□(1) $0-(+4)$　　□(2) $0-(-12)$

□(3) $(+11)-0$　　□(4) $(-9)-0$

⚠ミスに注意
$0-(+4)=+4$ としないように注意しましょう。

例題の答え 1  ①−8 ②−11 2  ①+4 ②−5  3 ①−5 ②−5 ③−5

解答▶▶ p.3

1章　正の数と負の数

2節　加法と減法
5　かっこを省いた式／6　加法と減法のいろいろな計算

●かっこを省いた式

教科書 p.34

□ **例題 1** $(+4)-(+8)+(-3)-(-9)$ を，かっこを省いた式にしなさい。 ▶▶1

考え方　減法は加法になおせることを使います。

答え　$(+4)-(+8)+(-3)-(-9)$

$=(+4)+($①　$)+(-3)+($②　$)$

$=4-8-3+9$

1 加法だけの式になおす。
2 加法の記号＋とかっこを省く。

プラスワン　項

加法だけの式 $(+4)+(-8)+(-3)+(+9)$ の
それぞれの数を項（こう）といいます。

●かっこを省いた式の計算

教科書 p.35

□ **例題 2** $5-9-3+8$ を計算しなさい。 ▶▶2

考え方　正の項，負の項をそれぞれまとめて計算します。

答え　$5-9-3+8=5+8-9-3$

$=13-12$

$=$ 　

●加法と減法の混じった計算

教科書 p.36～37

□ **例題 3** $8-(+2)+(-7)-(-4)$ を加法だけの式になおして計算しなさい。 ▶▶3 4

考え方　加法の記号＋とかっこを省きます。

答え　$8-(+2)+(-7)-(-4)$

$=8+(-2)+(-7)+($①　$)$

$=8-2-7+4$

$=8+4-2-7$

$=12-9$

$=$ ②

1 加法だけの式になおす。
2 加法の記号＋とかっこを省く。
3 正の項，負の項をそれぞれまとめる。
4 正の項どうし，負の項どうしの和を求める。

1 【かっこを省いた式】次の式を，かっこを省いた式にしなさい。 教科書 p.34 例 1

□(1) $(-2)+(+3)-(-8)$　　□(2) $(+9)-(-8)-(+11)$

□(3) $(+15)-(+6)+(+9)+(-4)$　　□(4) $(-18)+(+11)-(+6)-(-7)$

絶対理解 **2** 【かっこを省いた式の計算】次の式の正の項と負の項をそれぞれ答えなさい。また，式の計算をしなさい。 教科書 p.35 例 2, 問 3

□(1) $3-7$　　□(2) $-10-7$

□(3) $-15+4-6$　　□(4) $-4-19+12$

□(5) $5-9+8-5$　　□(6) $20-5-13+2$

よく出る **3** 【加法と減法の混じった計算】次の計算をしなさい。  教科書 p.36 例 1,2

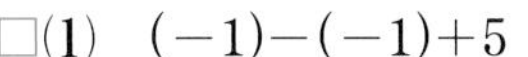

□(1) $(-1)-(-1)+5$　　□(2) $8+(-3)-5-(-10)$

□(3) $(-14)+(-32)-(-17)-16$　　□(4) $5-13-(-25)-0-8$

□(5) $1-(7-5)$　　□(6) $-24-(-19+9)$

□(7) $6-(-18)+(3-7)$　　□(8) $-11-(+3)-(-1-17)$

●キーポイント
(5)～(8)　かっこの中を先に計算します。

4 【負の小数，負の分数の加法と減法】次の計算をしなさい。 教科書 p.37 例 3

□(1) $-0.7-0.9$　　□(2) $2.8-8.4$

□(3) $0.6-(-0.5)$　　□(4) $-5.3-(+1.7)$

□(5) $-\frac{1}{4}-\frac{2}{9}$　　□(6) $-\frac{5}{6}+\frac{3}{4}$

□(7) $\frac{1}{4}-\left(+\frac{2}{3}\right)$　　□(8) $-\frac{2}{3}-\left(+\frac{1}{8}\right)$

●キーポイント
負の小数や負の分数の計算も，整数と同じようにできます。

例題の答え **1** ①-8　②$+9$　**2** 1　**3** ①$+4$　②3

よく出る **1** 南北に通じる道路があり，ある地点O（オー）を基準に，南へ4 km進むことを＋4 kmと表すとき，次の問いに答えなさい。

□(1)　北へ7 km進むことを，同じように符号（ふごう）のついた数で表しなさい。

□(2)　−20 km，＋9 km は，それぞれどのようなことを表していますか。

2 次の数を正の符号，負の符号を使って表しなさい。

□(1)　0より7大きい数　　□(2)　0より3.2小さい数

3 次の問いに答えなさい。

(1)　次の数を表す点を，下の数直線に示しなさい。

□①　-4　　□②　$+2$　　□③　-0.5　　□④　$+\frac{7}{2}$　　□⑤　$-\frac{5}{2}$

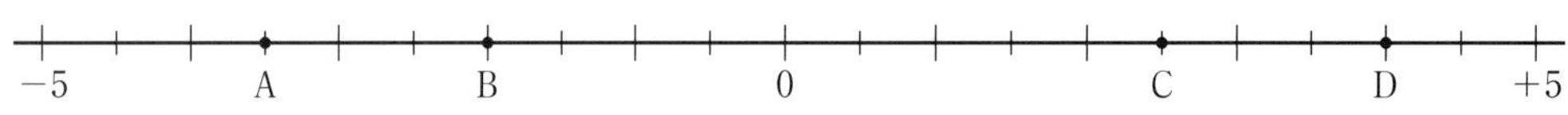

□(2)　上の数直線で，点A，B，C，Dの表す数を答えなさい。

4 次の問いに答えなさい。

□(1)　$-\frac{7}{4}$ の絶対値を答えなさい。

□(2)　絶対値が9である数をすべて答えなさい。

5 次の各組の数の大小を，不等号を使って表しなさい。

□(1)　$+2$，-3　　□(2)　0，-5

□(3)　-0.2，-0.02　　□(4)　-4，-4.8，-1.6

ヒント　**2** 0より大きい数は正の符号(＋)，小さい数は負の符号(−)を使って表します。
3 数直線の大きいめもりは1，小さいめもりは0.5$\left(\frac{1}{2}\right)$を表しています。

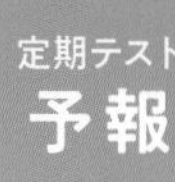

定期テスト予報

●正の数，負の数の加法，減法の計算のしかたを理解し，かっこを省いた式に慣れよう。
「3－4」は「＋3（プラス）と－4（マイナス）の和」ととらえよう。3つ以上の数を加えるとき，正の項（こう）どうし，負の項どうしまとめたり，絶対値の等しい異符号の数(和が0になる)をまとめて計算するといいよ。

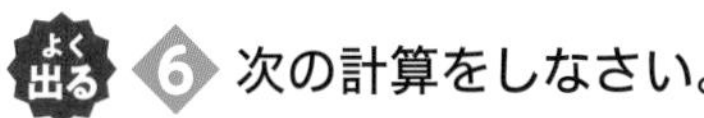

よく出る **6** 次の計算をしなさい。

□(1) $(-28)+(-33)$

□(2) $(+53)+(-36)$

□(3) $(-38)+(+38)$

□(4) $0+(-19)$

□(5) $(+16)-(-42)$

□(6) $(+25)-(+27)$

□(7) $(+22)-(-22)$

□(8) $0-(+12)$

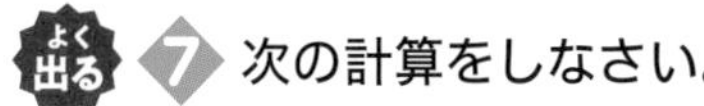

よく出る **7** 次の計算をしなさい。

□(1) $15-28$

□(2) $-27-19$

□(3) $14-30+17-15$

□(4) $-15+24+15-78$

よく出る **8** 次の計算をしなさい。

□(1) $-7-(+13)+2$

□(2) $15-(-4)+12+(-5)$

□(3) $12-(-8-4)$

□(4) $6-(2-8)-5$

□(5) $2.5-5.8$

□(6) $-1.8+2.6$

□(7) $\frac{7}{6}-\left(+\frac{9}{8}\right)$

□(8) $-\frac{7}{9}-\frac{2}{3}$

ヒント

7 (1)15－28は，＋15と－28の和とみます。

8 (3)(4)かっこの中を先に計算します。

解答▶▶ p.4

1章 正の数と負の数

3節 乗法と除法
1 乗法①／2 乗法②／3 除法

●正の数，負の数の乗法

教科書 p.40〜43

例題 1 次の計算をしなさい。 ▶▶1

(1) $(-5)\times(-2)$　　(2) $(+3)\times(-6)$

考え方 2数の符号(ふごう)を調べ，符号を決めて，絶対値の積を計算します。

答え

(1) $(-5)\times(-2)$
$=+(5\times2)$ 　符号を決める。
$=$ ① 　絶対値の積を計算

(2) $(+3)\times(-6)$
$=-(3\times6)$
$=$ ②

プラスワン 正の数，負の数の乗法

1 同じ符号の2数の積 ｛符号 …正の符号／絶対値…2数の絶対値の積｝ ⊕×⊕→⊕　⊖×⊖→⊕

2 異なる符号の2数の積 ｛符号 …負の符号／絶対値…2数の絶対値の積｝ ⊖×⊕→⊖　⊕×⊖→⊖

●正の数，負の数の除法

教科書 p.45

例題 2 次の計算をしなさい。 ▶▶2

(1) $(-18)\div(-3)$　　(2) $(+24)\div(-6)$

考え方 2数の符号を調べ，符号を決めて，絶対値の商を計算します。

答え

(1) $(-18)\div(-3)$
$=+(18\div3)$ 　符号を決める。
$=$ ① 　絶対値の商を計算

(2) $(+24)\div(-6)$
$=-(24\div6)$
$=$ ②

かけ算のことを乗法(じょうほう)，わり算のことを除法(じょほう)といいます。

プラスワン 正の数，負の数の除法

1 同じ符号の2数の商 ｛符号 …正の符号／絶対値…2数の絶対値の商｝ ⊕÷⊕→⊕　⊖÷⊖→⊕

2 異なる符号の2数の商 ｛符号 …負の符号／絶対値…2数の絶対値の商｝ ⊖÷⊕→⊖　⊕÷⊖→⊖

●除法と逆数

教科書 p.46

例題 3 $(-8)\div\left(-\frac{4}{3}\right)$ を乗法になおして計算しなさい。 ▶▶3 4

考え方 ある数でわるには，その数の逆数をかけます。

答え $(-8)\div\left(-\frac{4}{3}\right)=(-8)\times($ ① $)$

$=+\left(8\times\frac{3}{4}\right)$

$=$ ②

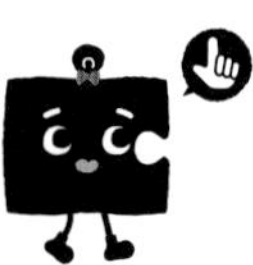

分数の逆数は，分子と分母を入れかえて求めることができます。

絶対理解 **1** 【正の数，負の数の乗法】次の計算をしなさい。

教科書 p.41 例 1, p.43 例 1〜3

□(1) $(+5)\times(+8)$　　□(2) $(-4)\times(-6)$

□(3) $(+10)\times(-5)$　　□(4) $(-7)\times(+9)$

□(5) $0\times(-8)$　　□(6) $(-1)\times(+2)$

□(7) $(+4)\times(-3.2)$　　□(8) $\left(-\frac{3}{4}\right)\times(-12)$

●キーポイント
1 符号を決める。
⊕×⊕, ⊖×⊖ → ⊕
⊕×⊖, ⊖×⊕ → ⊖
2 絶対値の積を計算

絶対理解 **2** 【正の数，負の数の除法】次の計算をしなさい。

教科書 p.45 例 2

□(1) $(+42)\div(-7)$　　□(2) $(-54)\div(+6)$

□(3) $(-9)\div(+9)$　　□(4) $(-13)\div(-1)$

□(5) $(-21)\div(-49)$　　□(6) $0\div(-6)$

●キーポイント
1 符号を決める。
⊕÷⊕, ⊖÷⊖ → ⊕
⊕÷⊖, ⊖÷⊕ → ⊖
2 絶対値の商を計算
(5) わり切れないときは，商を分数の形に表します。

3 【逆数】次の数の逆数を求めなさい。

教科書 p.46 例 3

□(1) -9　　□(2) $-\frac{1}{8}$

⚠ミスに注意
ある数の逆数の符号は，ある数の符号と同じになります。

4 【除法と逆数】次の除法を乗法になおして計算しなさい。

教科書 p.46 例 4

□(1) $\left(+\frac{8}{9}\right)\div(-6)$　　□(2) $\left(-\frac{5}{8}\right)\div\left(+\frac{1}{2}\right)$

●キーポイント
わる数を逆数にして，乗法になおして計算します。

例題の答え **1** ①10(+10)　②−18　**2** ①6(+6)　②−4　**3** ①$-\frac{3}{4}$　②6

解答▶▶ p.5

1章　正の数と負の数

3節　乗法と除法
4　乗法と除法

いくつかの数の積

教科書 p.47〜48

□ 例題 1　$(-5)\times(-1)\times(-4)\times(+2)$ を計算しなさい。 ▶▶1 2

考え方　負の数の個数を調べて符号(ふごう)を決め，絶対値の積を計算します。

答え　$(-5)\times(-1)\times(-4)\times(+2)$

$=-(5\times1\times4\times2)$

$=$ □

符号を決める。
絶対値の積を計算

プラスワン　いくつかの数の積

積の符号…｛負の数が奇数(きすう)個あれば→ −
負の数が偶数(ぐうすう)個あれば→ ＋

積の絶対値…かけ合わせる数の絶対値の積

累乗

教科書 p.48〜49

□ 例題 2　次の計算をしなさい。 ▶▶3 4

(1)　$(-2)^2$　　(2)　-2^2

考え方　(1)　$(-2)^2$ は，-2 を2個かけ合わせることを表しています。
(2)　-2^2 は，2を2個かけ合わせたものに−をつけています。

答え　(1)　$(-2)^2$

$=(-2)\times(-2)=$ ①□

(2)　-2^2

$=-(2\times2)=$ ②□

プラスワン　累乗

3^2 や $(-3)^2$ のように，同じ数をいくつかかけ合わせたものを**累乗**(るいじょう)といいます。右かたに小さくかいた数は，同じ数をかけ合わせた個数を表し，これを累乗の**指数**(しすう)といいます。

$3\times3=3^{②}$（指数↓）
3が2個

乗除の混じった式の計算

教科書 p.49

□ 例題 3　$\left(-\frac{2}{3}\right)\div6\times\frac{5}{2}$ を計算しなさい。 ▶▶5

考え方　除法は乗法になおせることを使って，乗法だけの式にします。

答え　$\left(-\frac{2}{3}\right)\div6\times\frac{5}{2}$

$=\left(-\frac{2}{3}\right)\times$ ①□ $\times\frac{5}{2}$

$=-\left(\frac{2}{3}\times\frac{1}{6}\times\frac{5}{2}\right)$

$=$ ②□

乗法だけの式にする。
符号を決める。
絶対値の積を計算

6の逆数は $6=\frac{6}{1}$ と考えて求めます。

よく出る **1** 【いくつかの数の積】次の計算をしなさい。 教科書 p.47 例 1

□(1) $(+3)\times(-2)\times(-4)$

□(2) $(+4)\times(-9)\times(-2)\times(-5)$

●キーポイント
積の符号は，負の数の個数で決まります。
負の数が {奇数個→－ / 偶数個→＋}

2 【乗法の交換法則・結合法則】くふうして，次の計算をしなさい。 教科書 p.48 例 2

□(1) $(-4)\times3\times(-25)$

□(2) $(-0.2)\times(-17)\times5$

●キーポイント
乗法の交換法則
$a\times b=b\times a$
乗法の結合法則
$(a\times b)\times c=a\times(b\times c)$
を使います。

絶対理解 **3** 【指数を使った表し方】次の乗法の式を，累乗の指数を使って表しなさい。 教科書 p.48 例 3

□(1) 9×9　　□(2) $(-8)\times(-8)$

4 【指数をふくむ式の計算】次の計算をしなさい。 教科書 p.49 例 4,5

□(1) $(-7)^2$　　□(2) $-3^2\times(-4)$

●キーポイント
(2) まず，-3^2 を計算します。

よく出る **5** 【乗除の混じった式の計算】次の計算をしなさい。 教科書 p.49 例 6

□(1) $(-9)\times(-4)\div\frac{6}{5}$

□(2) $(-15)\div(-6)\div(-4)$

例題の答え **1** -40 **2** ① 4 ② -4 **3** ① $\frac{1}{6}$ ② $-\frac{5}{18}$

解答▶▶ p.5

3節　乗法と除法
5　四則の混じった計算／6　数の集合と四則計算

●四則の混じった式の計算

教科書 p.50～51

□ **例題 1**　次の計算をしなさい。 ▶▶1

(1)　$8+3\times(-6)$　　(2)　$4\times(-4+5^2)$

考え方　●累乗(るいじょう)のある式は，累乗の計算を先にします。
●かっこのある式は，かっこの中の計算を先にします。
●加減と乗除の混じった式は，乗除の計算を先にします。

答え　(1)　$8+3\times(-6)$

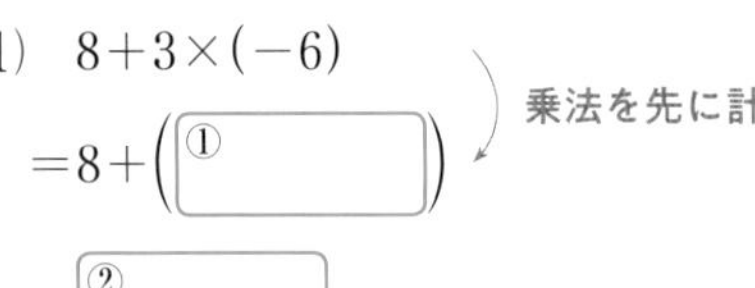

$=8+($ ① $)$　乗法を先に計算

$=$ ②

(2)　$4\times(-4+\underline{5^2})$　累乗を先に計算

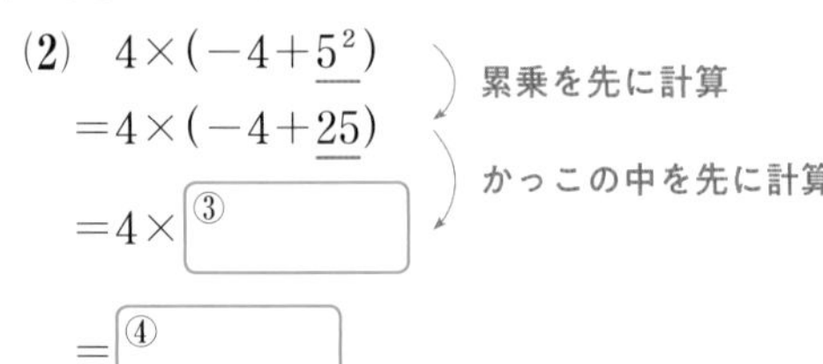

$=4\times(-4+\underline{25})$　かっこの中を先に計算

$=4\times$ ③

$=$ ④

●分配法則

教科書 p.51

□ **例題 2**　分配法則(ぶんぱい)を使って，$12\times\left(\frac{2}{3}-\frac{3}{4}\right)$ を計算しなさい。 ▶▶2

考え方　分配法則 $a\times(b+c)=a\times b+a\times c$ を使います。

答え　$12\times\left(\frac{2}{3}-\frac{3}{4}\right)$

$=12\times$ ① $-12\times\frac{3}{4}$

$=$ ② -9

$=$ ③

分配法則を使うと，分数の減法を計算しなくてすみます。

プラスワン　分配法則
負の数をふくめて，次の分配法則が成り立ちます。
$(a+b)\times c=a\times c+b\times c$
$a\times(b+c)=a\times b+a\times c$

●数の集合と四則計算

教科書 p.52～53

□ **例題 3**　次の□や△がどんな整数であっても，計算の結果がいつも整数になるかどうかを答えなさい。ただし，△は0でない数とします。 ▶▶3

(1)　□×△　　(2)　□÷△

考え方　□や△に整数をあてはめてみます。

答え　例えば，□に3，△に -7 をあてはめて，計算の結果をみます。

(1)　$3\times(-7)=$ ①　→整数　⇒いつも整数に ② 。

(2)　$3\div(-7)=$ ③　→整数でない　⇒いつも整数になるとは限らない。

絶対理解 **1** **【四則の混じった式の計算】** 次の計算をしなさい。

教科書 p.50 例 1~3

□(1)　$-9+15\div(-5)$

□(2)　$7+3\times(-4)$

□(3)　$12-(-3)\times 2^2$

□(4)　$(-6)\times(-7-2)$

□(5)　$(-3+15)\div(-6)$

□(6)　$63\div\{(-2)^2-5^2\}$

●キーポイント

1. 累乗のある式は，累乗を先に計算
2. かっこのある式は，かっこの中を先に計算
3. 加減と乗除の混じった式は，乗除を先に計算

よく出る **2** **【分配法則】** 分配法則を使って，次の計算をしなさい。

教科書 p.51 例 4

□(1)　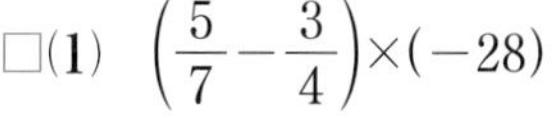
$\left(\frac{5}{7}-\frac{3}{4}\right)\times(-28)$

□(2)　$45\times(-96)+55\times(-96)$

●キーポイント

(2)は，分配法則を逆に使って，式をまとめます。

$b\times a+c\times a$
$=(b+c)\times a$

3 **【数の集合と四則計算】** 次の(1)~(3)の数の範囲(はんい)で計算がいつもできるものを，下の□の中からすべて選び，記号で答えなさい。

教科書 p.52~53 問 1~3

㋐　加法	㋑　減法	㋒　乗法	㋓　除法

□(1)　自然数の集合

□(2)　整数の集合

□(3)　小数や分数をふくむ数全体の集合

●キーポイント

ある条件にあてはまるものをひとまとまりにして考えるとき，それを集合(しゅうごう)といいます。

例題の答え **1** ①-18　②-10　③21　④84　**2** ①$\frac{2}{3}$　②8　③-1　**3** ①-21　②なる　③$-\frac{3}{7}$

●素因数分解

教科書 p.54～55

□ 例題 1　120を素因数分解しなさい。 ▶▶1 2

考え方　右のように，120を素数でわります。

答え　120＝2×2×2×①［　　］×5

＝②［　　］×3×5

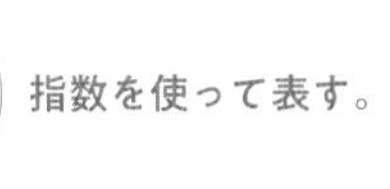

指数を使って表す。

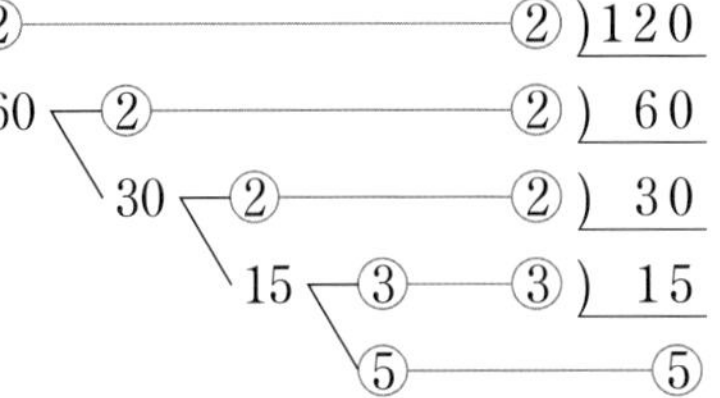

プラスワン　素数，素因数

素数…1とその数自身の積の形でしか表せない数のこと。
　1は素数ではありません。
素因数分解…自然数を素数だけの積として表すこと。

30の素因数分解
30＝②×③×⑤
素数

●正の数と負の数の活用

教科書 p.58～59

□ 例題 2　はるかさんは，数学の問題を1週間に50題解くことを目標にしています。下の表は，6週間で解いた数学の問題数を表しています。 ▶▶3 4

週	第1週	第2週	第3週	第4週	第5週	第6週
解いた数(題)	60	54	48	56	47	53

(1) 週ごとに解いた問題数を，50題を基準として，それより多い場合を正の数，少ない場合を負の数で表します。㋐，㋑にあてはまる数を求めなさい。

週	第1週	第2週	第3週	第4週	第5週	第6週
基準との差	＋10	㋐	−2	＋6	㋑	＋3

(2) 1週間あたりの平均値を求めなさい。

考え方　(2) (基準の値)＋(基準との差の平均値)＝(平均値)を使うと，簡単に求められます。
そのためにまず，基準との差の平均値を求めます。

答え　(1) ㋐　54−50＝①［　　］

㋑　47−50＝②［　　］

(基準との差)＝(実際の値)−(基準の値)　ここがポイント

(2) 基準との差の平均値を求めると

{10＋4＋(−2)＋6＋(−3)＋3}÷6＝③［　　］

1週間あたりの平均値は　50＋③［　　］＝④［　　］

1 【素数】下の数の中から，素数であるものを選びなさい。　教科書 p.54 問 1

□

14　15　18　19　21　23　29

2 【素因数分解】次の自然数を素因数分解しなさい。　教科書 p.55 例 1

□(1)　24　　□(2)　108

ミスに注意

(1)　$24=6\times2^2$ はまちがいです。6 はまだ素因数分解できます。

3 【正の数と負の数の活用】下の表は，A さんが 1000 m 走を 4 回行ったときの記録をまとめたものです。次の問いに答えなさい。　教科書 p.58〜59

1000 m 走の記録

	1 回目	2 回目	3 回目	4 回目
1000 m 走の記録	4 分 54 秒	5 分 7 秒	5 分 12 秒	4 分 55 秒
基準との差(秒)	①	+7	②	③

□(1)　何分を基準としていますか。

□(2)　上の表を完成させ，この 4 回の記録の平均値を求めなさい。

4 【正の数と負の数の活用】下の表は A，B，C，D，E の 5 人の生徒のテストの得点を，クラスの平均点を基準にして，それより高い場合を正の数，それより低い場合を負の数で表したものです。

生徒	A	B	C	D	E
基準との差(点)	+3	−5	0	+8	−1

A の点数が 68 点のとき，次の問いに答えなさい。　教科書 p.58〜59

□(1)　クラスの平均点を求めなさい。

□(2)　5 人のテストの平均点を求めなさい。

キーポイント

(1)　A の +3 は，A の点数 68 点が，クラスの平均点より 3 点高いことを表しています。

例題の答え　**1** ① 3　② 2^3　**2** ① +4(4)　② −3　③ 3　④ 53

解答▶▶ p.6

3節　乗法と除法　1～7
4節　正の数と負の数の活用　1

よく出る **1** 次の計算をしなさい。

□(1)　$(-4)\times\left(-\frac{1}{60}\right)$　　□(2)　$100\times(-48)\times(-2)$

□(3)　$(-3)\times4\times\frac{1}{6}\times(-0.5)$　　□(4)　$\left(-\frac{1}{10}\right)^3$

□(5)　$(-5)^2\times(-2^2)$　　□(6)　$-(-2)^3\times\left(-\frac{5}{6}\right)^2$

2 次の計算をしなさい。

□(1)　$(-35)\div(-15)$　　□(2)　$(-12)\div45$

□(3)　$\frac{1}{12}\div\left(-\frac{1}{4}\right)$　　□(4)　$\left(-\frac{15}{4}\right)\div\left(-\frac{5}{8}\right)$

□(5)　$(-4)\div\frac{1}{4}$　　□(6)　$\frac{9}{14}\div(-6)$

3 次の計算をしなさい。

□(1)　$12\times(-36)\div24$　　□(2)　$18\div(-2)\times(-8)\div6$

□(3)　$4^2\div(-2)^2\times(-1)^3$　　□(4)　$(-15)\div3\times(-2)^2$

□(5)　$-\frac{4}{15}\times\left(-\frac{5}{3}\right)\div\left(-\frac{2}{3}\right)^2$　　□(6)　$(-3)^2\times\frac{1}{4}\div\left(-\frac{3}{25}\right)$

□(7)　$\left(-\frac{3}{4}\right)\div(-6)\times\left(-\frac{8}{9}\right)$　　□(8)　$\frac{7}{5}\times\left(-\frac{5}{6}\right)\div(-1)$

ヒント　**1** 累乗(るいじょう)があるときは，累乗から先に計算します。

3 除法を乗法になおして計算しましょう。まず，符号(ふごう)を決め，次に絶対値の積を求めます。

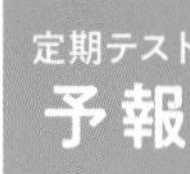

●正の数，負の数の乗法，除法の計算のしかたや四則の混じった計算の順序を理解しよう。
乗法と除法の混じった計算では，除法を逆数の乗法になおして計算するよ。四則の混じった計算の順序は，①累乗→②かっこの中→③乗除→④加減だよ。

1章

教科書40～59ページ

よく出る **4** 次の計算をしなさい。

□(1) $16-7\times8\div(-4)$

□(2) $0\div7-6\times(5-3^2)$

□(3) $(-3)^3-(-2^4)\div(-0.1)^2$

□(4) $4^2-(-5+13)\div(-2)^2$

□(5) $\frac{1}{4}-\left(-\frac{2}{3}\right)-\frac{5}{4}\times\left(-\frac{1}{5}\right)$

□(6) $\frac{1}{2}+\frac{2}{3}\times\left\{-\frac{5}{6}+\frac{1}{2}\times\left(-\frac{2}{3}\right)\right\}$

5 くふうして，次の計算をしなさい。

□(1) $(-2)\times9\times(-25)$

□(2) $98\times(-12)$

□(3) $(-12)\times\left(\frac{3}{4}-\frac{5}{6}\right)$

□(4) $87\times37-(-13)\times37$

6 次の自然数を素因数分解しなさい。

□(1) 273

□(2) 360

7 下の表は，6 人の生徒 A～F の体重について，51 kg を基準とし，それより重い場合を正の数，軽い場合を負の数で表したものです。次の問いに答えなさい。

生徒	A	B	C	D	E	F
基準との差(kg)	−7	+2	0	+1	−6	−5

□(1) 体重が最も重い生徒と最も軽い生徒との差は何 kg ですか。

□(2) 6 人の生徒の体重の平均値を求めなさい。

5 分配法則を使って，計算が簡単にできる方法をくふうします。
7 (2)(体重の平均値)＝(基準の体重)＋(基準の体重との差の平均値)

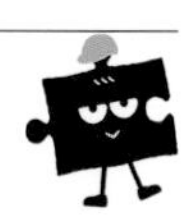

解答▶▶ p.7

1章　正の数と負の数

時間30分　／100点　合格70点

❶ 次の問いに答えなさい。知

(1) ある地点から「上へ 100 m 移動すること」を +100 m と表すとき，「下へ 50 m 移動すること」は，どのように表されますか。

(2) 下の数直線で，点 A，B の表す数を答えなさい。

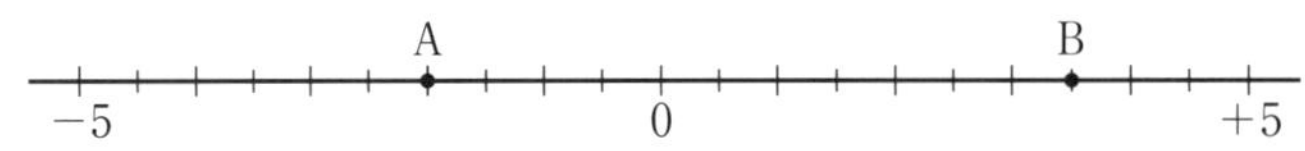

(3) 次の各組の数の大小を，不等号を使って表しなさい。

① 0，−7，+6　　② −3.5，+3，$-\frac{9}{2}$

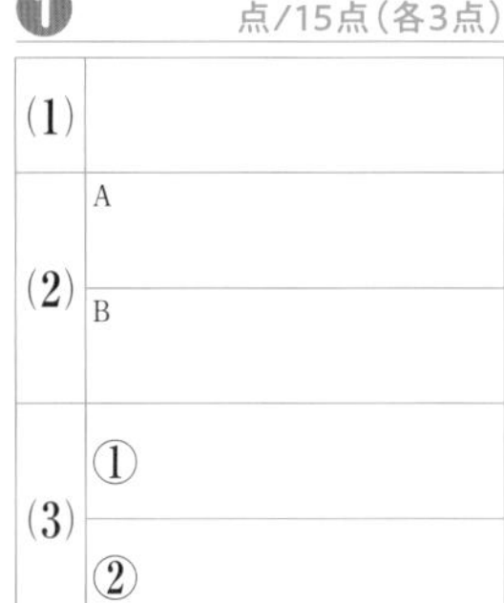

❶ 点/15点（各3点）

(1)	
(2)	A
	B
(3)	①
	②

❷ 次の問いに答えなさい。知

(1) 絶対値が 5 より小さい整数はいくつありますか。

(2) −3 の逆数を答えなさい。

(3) 次の数のうち，素数をすべて答えなさい。

1，2，9，17，21，23，25

❷ 点/6点（各2点）

(1)	
(2)	
(3)	

❸ 次の計算をしなさい。知

(1) (+13)+(−27)　　(2) (−31)−(−15)

(3) −15−17　　(4) 29−(−31)

(5) 10−(+8)+(−6)　　(6) 20+(4−8)

(7) 0.9−1.6　　(8) $-\frac{1}{3}+\frac{5}{6}$

❸ 点/24点（各3点）

(1)	
(2)	
(3)	
(4)	
(5)	
(6)	
(7)	
(8)	

成績評価の観点　知…数量や図形などについての知識・技能　考…数学的な思考・判断・表現

❹ 次の計算をしなさい。 知

(1) $(-14)\times(+3)$　　(2) $15\div\left(-\dfrac{3}{5}\right)$

(3) $(-2)^3\times(-6)\div(-12)$　　(4) $(-6)\times\left(-\dfrac{2}{3}\right)\div\dfrac{1}{2}$

❹ 点/12点(各3点)

(1)	
(2)	
(3)	
(4)	

❺ 次の計算をしなさい。 知

(1) $(-46)-(-14)\times(-3)$　　(2) $\{(-3)+2\times(-5)\}\times(-2)$

(3) $\dfrac{1}{3}\times\left(\dfrac{1}{6}-\dfrac{2}{3}\right)$　　(4) $(-1.5)\times\dfrac{1}{3}+0.9\div\left(-\dfrac{3}{4}\right)$

(5) $(-6^2)\times\dfrac{5}{9}-\left(\dfrac{1}{2}\right)^2\times(-16)$

❺ 点/20点(各4点)

(1)	
(2)	
(3)	
(4)	
(5)	

❻ 140 を素因数分解しなさい。知

❻ 点/3点

❼ 下の表は，ある1週間の正午の気温を，火曜日の 20 ℃ を基準とし，それより高い気温の場合を正の数，低い気温の場合を負の数で表したものです。次の問いに答えなさい。 考

曜日	日	月	火	水	木	金	土
基準との差(℃)	+5	−1	0	+2	−2	−1	+4

(1) 最も気温が低かったのは何曜日で，気温は何 ℃ ですか。

(2) 最も気温の高い曜日と低い曜日の気温の差は何 ℃ ですか。

(3) この1週間の気温の平均値を求めなさい。

❼ 点/20点(各5点)

(1)	曜日
	気温
(2)	
(3)	

知 /80点	考 /20点

1章　教科書14～61ページ

解答▶▶ p.8

教科書のまとめ〈1章　正の数と負の数〉

●絶対値

数直線上で，ある数を表す点と原点との距離を，その数の**絶対値**という。

●数の大小

1 正の数は0より大きく，負の数は0より小さい。

2 正の数では，絶対値が大きいほど大きい。

3 負の数では，絶対値が大きいほど小さい。

●正の数，負の数の加法

1 同じ符号の2数の和

符　号……2数と同じ符号
絶対値……2数の絶対値の和

2 異なる符号の2数の和

符　号……絶対値の大きい方の符号
絶対値……絶対値の大きい方から小さい方をひいた差

絶対値が等しく，符号が異なる2数の和は，0である。

●加法の計算法則

・加法の交換法則　$a+b=b+a$

・加法の結合法則　$(a+b)+c=a+(b+c)$

●正の数，負の数の減法

・ある数をひくことは，その数の符号を変えた数をたすことと同じである。

・絶対値が等しく，符号が同じ2数の差は，0である。

●かっこを省いた式の計算

①加法だけの式になおす。

②正の項，負の項をそれぞれまとめる。

③正の項，負の項どうしの和を求める。

●正の数，負の数の乗法と除法

1 同じ符号の2数の積・商

符　号……正の符号
絶対値……2数の絶対値の積・商

2 異なる符号の2数の積・商

符　号……負の符号
絶対値……2数の絶対値の積・商

●いくつかの数の積

積の符号
負の数が奇数個あれば……－
負の数が偶数個あれば……＋

積の絶対値……かけ合わせる数の絶対値の積

●乗法の計算法則

・乗法の交換法則　$a \times b=b \times a$

・乗法の結合法則　$(a \times b) \times c=a \times (b \times c)$

●四則の混じった式の計算

①累乗のある式は，累乗の計算を先にする。

②かっこのある式は，かっこの中の計算を先にする。

③加減と乗除の混じった式は，乗除の計算を先にする。

●分配法則

・$(a+b) \times c=a \times c+b \times c$

・$a \times (b+c)=a \times b+a \times c$

●素数

自然数をいくつかの自然数の積で表すとき，1とその数自身の積の形でしか表せない数を**素数**という。1は素数ではない。

●素因数分解

自然数を素数だけの積として表すことを，その自然数を**素因数分解する**という。

2章　文字と式

次の学習に入る前に取り組もう。

□**文字と式**　　◀ 小学6年

同じ値段のお菓子(かし)を3個買います。

お菓子1個の値段が50円のときの代金は，

50　×　3　＝　150　で150円です。

お菓子1個の値段を□，代金を△としたときの□と△の関係を表す式は，

お菓子1個の値段　×　個数　＝　代金　だから，

□　×　3　＝　△　と表されます。

さらに，□を x，△を y とすると，

x　×　3　＝　y　と表されます。

1 **同じ値段のクッキー6枚と，200円のケーキを1個買います。**　◀ 小学6年〈文字と式〉

(1)　クッキー1枚の値段が80円のときの代金の合計を求めなさい。

ヒント
ことばの式に表して考えると……

(2)　クッキー1枚の値段を x 円，代金の合計を y 円として，x と y の関係を式に表しなさい。

(3)　x の値が90のときの y の値(あたい)を求めなさい。

2 **右の表で，ノート1冊の値段を x 円としたとき，次の式は何を表しているかをかきなさい。**　◀ 小学6年〈文字と式〉

・値段表・
ノート1冊……●円
鉛筆(えんぴつ)1本………40円
消しゴム1個…70円

(1)　$x \times 8$

(2)　$x+40$

(3)　$x \times 4+70$

ヒント
$x \times 4$ は，ノート4冊の代金だから……

2章　文字と式

1節　文字と式
1　文字を使った式／2　積の表し方／3　商の表し方

●文字を使った式

教科書 p.66~67

例題 1 次の数量を，文字式で表しなさい。 ▶▶1

(1)　1 個 250 円のシュークリームを x 個買ったときの代金

(2)　1 本 100 円の鉛筆(えんぴつ) a 本と，1 冊 120 円のノート b 冊を買ったときの代金

考え方　数量の関係をことばの式に表してから，数や文字をあてはめます。

(1)　(シュークリームの値段)×(個数)=(代金)

(2)　(鉛筆の代金)+(ノートの代金)=(全部の代金)

答え　(1)　(①［　　］$\times x$) 円　　(2)　($100\times a+$ ②［　　］$\times b$) 円

鉛筆の代金　ノートの代金

●積の表し方

教科書 p.68~69

例題 2 次の式を，×の記号を省いた式にしなさい。 ▶▶2 4 5

(1)　$a\times(-4)$　　(2)　$b\times a\times 6$　　(3)　$y\times y\times 9$

考え方　積の表し方のきまりにしたがってかきます。

答え　(1)　$a\times(-4)=$ ①［　　］

数を文字の前にかく。

(2)　$b\times a\times 6=$ ②［　　］

文字はアルファベットの順にかく。

(3)　$y\times y\times 9=$ ③［　　］

同じ文字の積は，累乗(るいじょう)の指数を使ってかく。

プラスワン　積の表し方

1　文字式では，乗法の記号×を省きます。
2　数と文字の積では，数を文字の前にかきます。
3　同じ文字の積は，累乗の指数を使ってかきます。

●商の表し方

教科書 p.70~71

例題 3 次の式を，÷を使わない式にしなさい。 ▶▶3~5

(1)　$a\div 2$　　(2)　$(2x-5)\div 3$

考え方　商の表し方のきまりにしたがってかきます。

答え　(1)　$a\div 2=\dfrac{①\square}{2}$

分数の形でかく。

(2)　$(2x-5)\div 3=\dfrac{②\square}{3}$

分数の形でかくとき，かっこをとる。

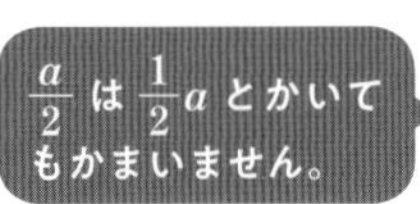

プラスワン　商の表し方

文字式では，除法の記号÷を使わないで，分数の形でかきます。

絶対理解 **1** 【文字を使った式】次の数量を，文字式で×を使って表しなさい。 教科書 p.67 例 1,2

□(1) 1 個 350 円のケーキを x 個買って，1000 円出したときのおつり

□(2) a kg の木箱に，1 個 b kg の部品を 8 個入れたときの全体の重さ

2 【積の表し方】次の式を，×の記号を省いた式にしなさい。 教科書 p.68～69 例 1,2

□(1) $n\times m\times(-5)$ □(2) $x\times(-1)-4\times y$

□(3) $x\times x\times 2$ □(4) $y\times(-2)\times y+y$

⚠ミスに注意
(2) $x\times(-1)$ は，$-1x$ とかかず，$-x$ とかきます。

3 【商の表し方】次の式を，÷を使わない式にしなさい。 教科書 p.70 例 1,2

□(1) $4x\div 9$ □(2) $(3a-2)\div 4$

□(3) $a\div(-2)$ □(4) $3\div y$

⚠ミスに注意
(3) $a\div(-2)=\dfrac{a}{-2}$
$=-\dfrac{a}{2}$
になります。

よく出る **4** 【×，÷を使わない表し方】次の式を，×，÷を使わない式にしなさい。 教科書 p.71 例 3,4

□(1) $8\times a\div 5$ □(2) $4\times(x-y)\div 3$

⚠ミスに注意
(2) －の記号は省くことができません。

5 【×，÷を使って表す】次の式を，×，÷を使った式にしなさい。 教科書 p.71 問 5

□(1) $6xy$ □(2) $\dfrac{a+b}{3}$

●キーポイント
(2) $a+b$ はまとまりがわかるように，( ) をつけます。

例題の答え **1** ①250 ②120 **2** ①$-4a$ ②$6ab$ ③$9y^2$ **3** ①a ②$2x-5$

解答▶▶ p.10

2章 文字と式

1節 文字と式
4 式の値／5 いろいろな数量の表し方

●式の値の求め方

教科書 p.72〜73

□ **例題 1** $x=-3$，$y=2$ のとき，次の式の値(あたい)を求めなさい。 ▶▶1

(1) $5x-2$　　(2) x^2-4y

考え方 文字 x に -3 を，y に 2 を代入(だいにゅう)して計算します。

答え (1) $5x-2$
$=5\times($①$\square)-2$
$=-15-2$
$=$②$\square$

(2) x^2-4y
$=($③$\square)^2-4\times2$
$=9-8$
$=$④$\square$

プラスワン 代入

式の中の文字の代わりに数をあてはめることを，文字に数を<u>代入する</u>といいます。

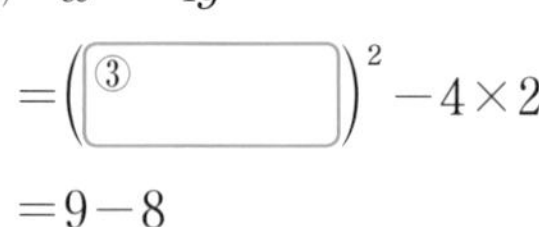

負の数を代入するときは，かっこをつけてかきます。

●いろいろな数量の表し方

教科書 p.74〜76

□ **例題 2** 次の数量を，文字式で表しなさい。 ▶▶2

(1) x 円の 13 %

(2) 時速 y km で走っている自動車が 2 時間で進む道のり

考え方 (1) (比べる量)＝(もとにする量)×(割合)
(2) (道のり)＝(速さ)×(時間)

答え (1) 13 % を分数で表すと $\frac{13}{100}$ です。

$x\times\frac{13}{100}=$①$\square$　（x：定価，$\frac{13}{100}$：割合）

答 ①$\square$ 円

(2) $y\times$②$\square=$③$\square$　（y：速さ，②：時間）

答 ③$\square$ km

●π を使った文字式の表し方

教科書 p.75

□ **例題 3** 底面の半径が r cm，高さが 6 cm の円柱の体積を，文字式で表しなさい。 ▶▶2

考え方 π は，積の中では，数のあと，他の文字の前にかきます。

答え 円の面積は，(半径)×(半径)×(円周率)
円柱の体積は，(底面積)×(高さ)

底面積は，$r\times r\times$①$\square=$②$\square$

円柱の体積は，②$\square\times6=$③$\square$ だから，③$\square$ cm^3

1 【式の値の求め方】$x=5$，$y=-3$ のとき，次の式の値を求めなさい。

教科書 p.72〜73 例 1〜3

□(1) $2x-6$　　□(2) $-y$

□(3) $(-x)^2$　　□(4) $-x^2$

□(5) $2xy-5y$　　□(6) $-x+y^2$

●キーポイント
負の数を代入するときは，(　)をつけてかきます。

教科書72〜76ページ

絶対理解 2 【いろいろな数量の表し方】次の数量を，文字式で表しなさい。

教科書 p.74〜75 例 1〜3

□(1) x 人の 60 %　　□(2) x 円の 7 割

□(3) a m の道のりを分速 60 m で歩いたときにかかる時間

□(4) x m の道のりを y 分間で歩いたときの速さ

□(5) 15 km の道のりを時速 a km で 3 時間歩いたときの残りの道のり

□(6) 半径 r cm の円の面積

3 【単位をそろえて表す方法】次の数量の和を，〔　〕に示した単位で表しなさい。

教科書 p.76 例 4

□(1) a g と b kg　〔kg〕　　□(2) x 時間と y 分　〔分〕

●キーポイント
(1) 1 g＝$\frac{1}{1000}$ kg
(2) 1 時間＝60 分

4 【式の意味】あるお店で，1 本 100 円の鉛筆（えんぴつ）を a 本と 1 本 150 円のペンを b 本買いました。このとき，次の式は何を表していますか。また，それぞれの単位をかきなさい。

教科書 p.76 例 5

□(1) $a+b$　　□(2) $100a+150b$

例題の答え **1** ①-3　②-17　③-3　④$1$　**2** ①$\frac{13}{100}x$　②$2$　③$2y$　**3** ①π　②πr^2　③$6\pi r^2$

1節 文字と式 1～5

よく出る **1** 次の式を，×，÷を使わない式にしなさい。

□(1) $y\times x\times(-6)$　□(2) $a\times0.1\times b$　□(3) $b\times a\times(-1)\times b$

□(4) $(x-5)\div2$　□(5) $7\div x\times y$　□(6) $a\times(-4)+b\div5$

2 次の図形の体積や面積を，文字式で表しなさい。

□(1) 縦 a cm，横 b cm，高さ c cm の直方体の体積

□(2) 底面の半径が a cm，高さが 10 cm の円柱の体積

□(3) 対角線の長さが a cm と b cm のひし形の面積

□(4) 上底が a cm，下底が b cm，高さが h cm の台形の面積

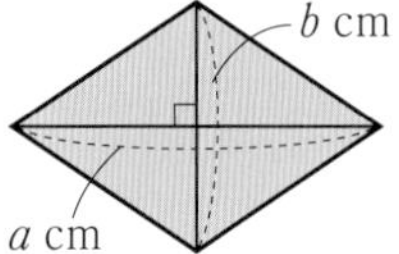

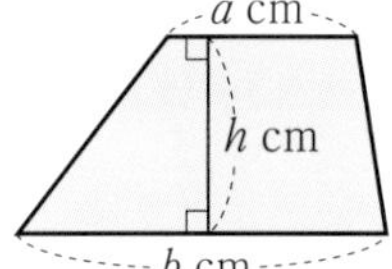

3 次の式を，×，÷を使った式にしなさい。

□(1) $-4ab^2$　□(2) $\dfrac{8}{5x}$

□(3) $\dfrac{a+2b}{3}$　□(4) $3x-\dfrac{y}{6}$

よく出る **4** $x=-6$，$y=5$ のとき，次の式の値(あたい)を求めなさい。

□(1) $3xy$　□(2) $-x^2-y$

□(3) $-\dfrac{18}{x}$　□(4) $\dfrac{4}{15}xy^2$

5 高度が約 10 km までは，地上の気温が a ℃のとき，地上から b km 上空の気温は $(a-6b)$ ℃であることが知られています。地上の気温が 20 ℃のとき，3 km 上空の気温は何 ℃ですか。
□

ヒント **2** (3)ひし形の面積は，(対角線)×(対角線)÷2
(4)台形の面積は，{(上底)+(下底)}×(高さ)÷2

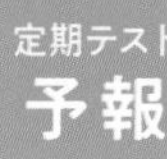

●数量を文字式で表したり，式の値を求めたりできるようになろう。
数量を文字式で表す練習をし，文字式での積や累乗(るいじょう)，商の表し方に慣れよう。式の値を求める問題では，負の数を代入するときは(　)をつけて，乗法の記号×を復活させることに気をつけよう。

よく出る **6** **次の数量を，文字式で表しなさい。**

□(1)　a g の 8 %　　　　□(2)　n 人の 6 割

□(3)　1200 m の道のりを，分速 x m で 7 分歩いたときの残りの道のり

□(4)　3 回のテストの得点が x 点，y 点，85 点のとき，得点の平均

7 **次の数量の和を，〔　〕に示した単位で表しなさい。**

□(1)　x dL と y L　〔dL〕　　　　□(2)　a 分と b 秒　〔分〕

8 **次の(1)，(2)の場合，$a+4b$ は何を表していますか。**

□(1)　メロン 1 個の値段が a 円，オレンジ 1 個の値段が b 円である。

□(2)　封筒(ふうとう)の重さが a g，便せん 1 枚の重さが b g である。

9 **ボールペン 1 本の値段は，鉛筆(えんぴつ) 1 本の値段より 50 円高いそうです。鉛筆 1 本の値段を a 円とするとき，次の式はそれぞれ何を表していますか。**

□(1)　$5a$ 円　　　□(2)　$(a+50)$ 円　　　□(3)　$3(a+50)$ 円

10 □ **n を自然数とするとき，いつも偶数(ぐうすう)になる数を表している式，いつも奇数(きすう)になる数を表している式を，それぞれ次の㋐〜㋗の中からすべて選び，記号で答えなさい。**

㋐　$n+1$　　㋑　$2n$　　㋒　$3n$　　㋓　$2n-1$

㋔　$3n-1$　　㋕　$2n+1$　　㋖　$2(n+1)$　　㋗　$3(n+1)$

2章　教科書66〜76ページ

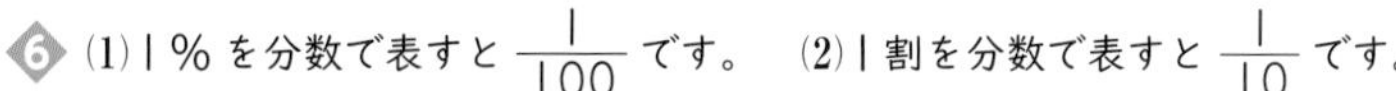
6 (1) 1 % を分数で表すと $\frac{1}{100}$ です。　(2) 1 割を分数で表すと $\frac{1}{10}$ です。
10 n に 1，2，3，…をあてはめて調べることもできます。

解答▶▶ p.10

2章 文字と式

2節 1次式の計算
1 1次式の項と係数／2 1次式の加法と減法

●項と係数

教科書 p.78

□ 例題1 1次式 $-x-7$ の1次の項(こう)とその係数(けいすう)を答えなさい。 ▶▶1

考え方 加法だけの式になおします。

答え $-x-7=(-x)+(-7)$ だから，

1次の項は，①［　　］

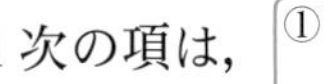

$-x=(-1)\times x$ だから，

$-x$ における x の係数は，②［　　］

プラスワン 項，係数

加法の記号＋で結ばれた1つ1つを**項**，文字をふくむ項で数を**係数**といいます。

$3x-4=\textcircled{3}x+(-4)$（③：係数，$3x$ と (-4)：項）

●項のまとめ方

教科書 p.79

□ 例題2 次の式の項をまとめなさい。 ▶▶2

(1) $-2x+5x$　　(2) $3a+5-8a+1$

考え方 文字の部分が同じ項は，分配法則を使って，1つの項にまとめます。

答え (1) $-2x+5x$

$=(-2+①［　　］)x$　　$ax+bx=(a+b)x$

$=3x$

(2) $3a+5-8a+1$

$=3a-8a+5+1$

$=(3-8)a+(5+1)$

$=-5a+$②［　　］

ここがポイント

1次の項どうし，定数項どうしを集める。

それぞれをまとめる。

●1次式の加法と減法

教科書 p.80〜81

□ 例題3 次の計算をしなさい。 ▶▶3 4

(1) $(2x+4)+(5x-7)$　　(2) $(2x+4)-(5x-7)$

考え方 (1) かっこをはずしてから，1次の項どうし，定数項どうしをまとめます。

(2) 1次式の減法は，ひく式のそれぞれの項をひきます。

答え (1) $(2x+4)+(5x-7)$

$=2x+4+5x-7$　　かっこをはずす。

$=2x+5x+4-7$

$=(2+5)x+(4-7)$

$=7x-$①［　　］

(2) $(2x+4)-(5x-7)$

$=2x+4-5x-(-7)$　　ひく式のそれぞれの項をひく。

$=2x+4-5x+7$

$=2x-5x+4+7$

$=-3x+$②［　　］

絶対理解 **1** 【項と係数】次の1次式について，1次の項とその係数を答えなさい。 教科書 p.78 問1

□(1) $4x-6$

□(2) $-\frac{b}{3}$

●キーポイント
(1) 加法だけの式になおします。

絶対理解 **2** 【項のまとめ方】次の計算をしなさい。 教科書 p.79 例2,3

□(1) $2a+a$

□(2) $4x-9x$

□(3) $7x-9-5x$

□(4) $-13y+9+13y-6$

よく出る **3** 【1次式の加法】次の計算をしなさい。 教科書 p.80 例1

□(1) $(4x+1)+(2x-9)$

□(2) $(-8x+3)+(4x-5)$

□(3) $(-9x+7)+(7x-2)$

□(4) $(-8a-3)+(-a-1)$

よく出る **4** 【1次式の減法】次の計算をしなさい。 教科書 p.81 例2

□(1) $(5x+4)-(3x+6)$

□(2) $(4a-6)-(-10a-3)$

□(3) $(2x-3)-(2x-5)$

□(4) $(-4+3x)-(-3-4x)$

⚠ミスに注意
−(●−■)＝−●＋■
符号(ふごう)に注意しましょう。

例題の答え **1** ①$-x$ ②-1 **2** ①5 ②6 **3** ①3 ②11

2節 1次式の計算
3 1次式と数の乗法／4 1次式を数でわる計算

● 1次式と数の乗法

教科書 p.82〜83

□ 例題 1 次の計算をしなさい。 ▶▶1〜3

(1) $(-2x)\times 3$　　(2) $-4(x-3)$

考え方 (1) 数どうしの積に文字をかけます。

(2) 分配法則 $a(b+c)=ab+ac$ を使って，かっこのない式にします。

答え (1) $(-2x)\times 3=(-2)\times x\times 3$

$=(-2)\times 3\times x$

$=$ ［①　　］

(2) $-4(x-3)=(-4)\times x+(-4)\times($［②　　］$)$

$=-4x+$［③　　］

● かっこがある1次式の計算

教科書 p.83

□ 例題 2 $2(x-3)-3(2x-5)$ を計算しなさい。 ▶▶4

考え方 分配法則を使ってかっこをはずします。

答え $2(x-3)-3(2x-5)$

$=2x-6-6x+$［①　　］

$=2x-6x-6+15$

$=-4x+$［②　　］

● 1次式を数でわる計算

教科書 p.84〜85

□ 例題 3 次の計算をしなさい。 ▶▶5 6

(1) $4x\div 12$　　(2) $(8x-4)\div 2$

考え方 わる数の逆数をかける乗法になおして計算します。

答え (1) $4x\div 12=4x\times\frac{1}{12}$

$=\frac{x}{［①　　］}$

（$\overset{1}{\cancel{4}}x\times\frac{1}{\underset{3}{\cancel{12}}}$）

(2) $(8x-4)\div 2=(8x-4)\times\frac{1}{2}$

$=8x\times\frac{1}{2}-4\times\frac{1}{2}$

$=4x-$［②　　］

$(8x-4)\div 2=\frac{8x-4}{2}$

$=\frac{8x}{2}-\frac{4}{2}$

$=4x-$［②　　］

1 【1次式と数の乗法】次の計算をしなさい。

教科書 p.82 例1

□(1)　$3x\times(-8)$　　□(2)　$\left(-\dfrac{3}{4}y\right)\times(-6)$

●キーポイント
数どうしの積に文字をかけます。

2 【1次式と数の乗法】次の計算をしなさい。

教科書 p.82〜83 例2,3

□(1)　$(2x-5)\times(-3)$　　□(2)　$-(10x-9)$

●キーポイント
(2)の式は，
$(-1)\times(10x-9)$
と考えて，計算します。

3 【分数の形の1次式と数の乗法】次の計算をしなさい。

教科書 p.83 例4

□(1)　$\dfrac{3x-8}{7}\times14$　　□(2)　$(-16)\times\dfrac{9a-1}{4}$

●キーポイント
約分してから分配法則を使います。

4 【かっこがある1次式の計算】次の計算をしなさい。

教科書 p.83 例5

□(1)　$2(x+5)+3(-x+2)$　　□(2)　$-(-x+4)+2(3x-2)$

□(3)　$4(a-2)-8(3a-1)$　　□(4)　$-2(6x-9)-3(-x+1)$

●キーポイント
分配法則を使って，かっこをはずす。

1次の項どうし，定数項（こう）どうしを集める。

それぞれをまとめる。

5 【1次式を数でわる計算】次の計算をしなさい。

教科書 p.84 例1

□(1)　$-20x\div4$　　□(2)　$16x\div\left(-\dfrac{2}{3}\right)$

●キーポイント
わる数の逆数をかける乗法になおして計算します。

6 【定数項がある1次式を数でわる計算】次の計算をしなさい。

教科書 p.84 例2

□(1)　$(18a-6)\div6$　　□(2)　$(-12x+9)\div(-3)$

●キーポイント
わる数の逆数をかける方法と分数の形にする方法があります。

例題の答え **1** ①$-6x$　②-3　③12　**2** ①15　②9　**3** ①3　②2

解答▶▶ p.12

2章 文字と式

3節 文字式の活用
1 碁石の総数を表す式を求め説明しよう
2 等しい関係を表す式／3 大小の関係を表す式

文字式の活用

教科書 p.87～89

例題 1 右の図1のように，1辺に n 個ずつ碁石(ごいし)を並べて，正方形の形をつくります。図2のように考えるとき，碁石の総数を n の式で表しなさい。 ▶▶1

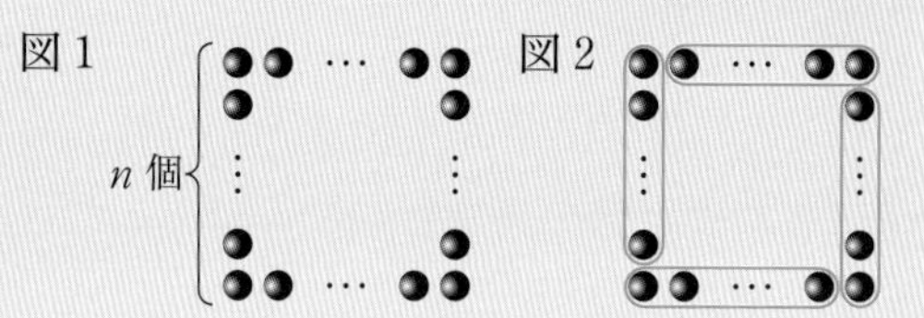

考え方 碁石の総数は，図2の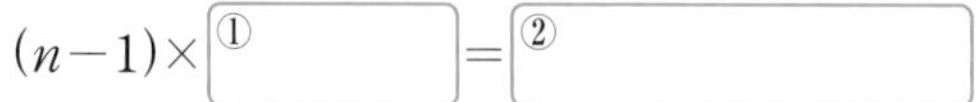の4倍と考えます。

答え 図2の◯にふくまれる碁石の個数は，1辺の個数より1個少ないので，$(n-1)$ 個のまとまりが4つあるから

$(n-1)\times$ ① ＝ ②　　答（②）個

等しい関係を表す式

教科書 p.90～91

例題 2 1本 a 円の鉛筆(えんぴつ)を3本と，1本 b 円のペンを5本買うと，代金は900円です。このとき，数量の間の関係を等式で表しなさい。 ▶▶2

考え方 等しい数量を見つけ，等号＝を使って表します。

答え （鉛筆3本の代金）＋（ペン5本の代金）＝（全部の代金）という関係があるから

$3a+5b=$ □

大小の関係を表す式

教科書 p.92～93

例題 3 1個120円のチョコレートを x 個買うと，代金は1000円以上になります。このとき，数量の間の関係を不等式で表しなさい。 ▶▶3

考え方 数量の大小関係を見つけ，不等号＞，＜，≧，≦を使って式に表します。

答え （チョコレート x 個の代金）≧1000円
という関係があるから

 $\geqq 1000$

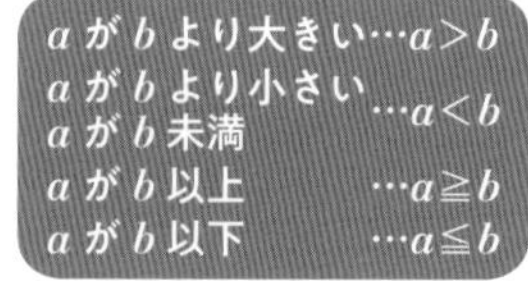

プラスワン 等式，不等式

等式…等号＝を使って，数量の等しい関係を表した式
不等式…不等号＞，＜，≧，≦を使って，数量の大小関係を表した式

$4x+y=200$
$4x+y\leqq 200$
左辺　右辺
両辺

1 【文字式の活用】右の図のように，棒を並べて，正六角形の形をつくります。このとき，正六角形を n 個つくるのに必要な棒の本数を，こうたさんとみどりさんは，次のような式で表しました。

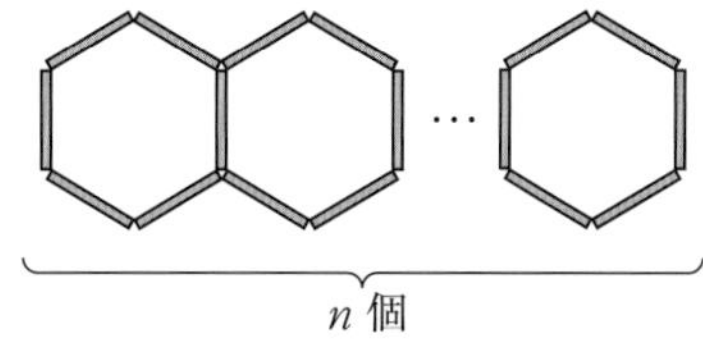

こうた…$6n-(n-1)$　　みどり…$5n+1$

こうたさん，みどりさんは，下の㋐，㋑のどちらの図のように考えましたか。それぞれ答えなさい。

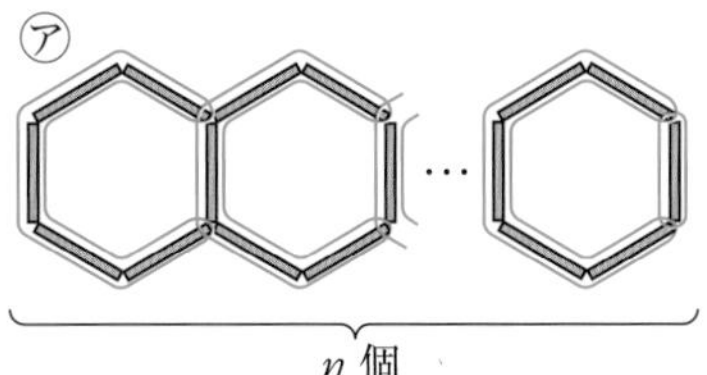

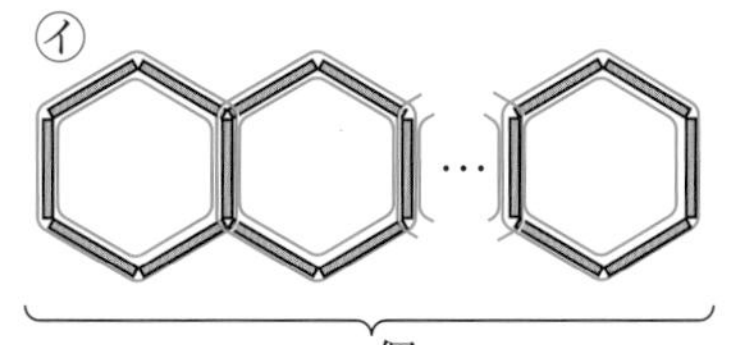

●キーポイント
式の $6n$，$n-1$，$5n$，1がそれぞれ何を表すか考えましょう。

絶対理解 **2** 【等しい関係を表す式】次の数量の間の関係を，等式で表しなさい。

教科書 p.90~91 例 1~3

□(1) 200 枚の画用紙を 30 人に a 枚ずつ配ったら，b 枚残った。

□(2) 1 冊 a 円のノートを 4 冊買って，1000 円出したときのおつりは b 円だった。

よく出る **3** 【大小の関係を表す式】次の数量の間の関係を，不等式で表しなさい。

教科書 p.92~93 例 1,2

□(1) 1 枚 a 円の画用紙を 5 枚買って 1000 円出したら，おつりがもらえた。

□(2) ゆかさんは 1 個 30 円のキャンディーを a 個と 300 円のクッキーを 1 袋(ふくろ)買い，まさとさんは 1 個 80 円のチョコレートを b 個買ったところ，ゆかさんの代金はまさとさんの代金より多くなった。

□(3) ある数 x の 2 倍から 4 をひいた数は，ある数 y から 7 をひいた数以下になる。

⚠ミスに注意
(1)では，おつりがもらえるから，画用紙の代金が 1000 円より少なくなります。

例題の答え **1** ① 4　② $4(n-1)$　**2** 900　**3** $120x$

2節 1次式の計算 1~4
3節 文字式の活用 1~3

1 次の計算をしなさい。

□(1) $8a-5-7a+9$　□(2) $x-6x-4x$　□(3) $\frac{1}{3}x-\frac{1}{5}x$

□(4) $(-4x+3)+(x-2)$　□(5) $(3x-2)-(3x-5)$　□(6) $(-5a-4)-(-a-7)$

2 次の計算をしなさい。

□(1) $(-0.3)\times 4x$　□(2) $5(4x-3)$　□(3) $-\frac{3}{4}(8x-12)$

□(4) $-(4a-1)$　□(5) $\frac{3x-5}{4}\times(-8)$　□(6) $\left(\frac{4}{9}x-\frac{5}{6}\right)\times(-18)$

よく出る **3** 次の計算をしなさい。

□(1) $-5(a+3)-(3a-8)$　□(2) $4(2a-3)+\frac{1}{5}(25a+15)$

□(3) $7x-5-\frac{9x-6}{3}$　□(4) $\frac{1}{6}(12x-42)-\frac{1}{8}(8x-24)$

4 次の計算をしなさい。

□(1) $(-8x)\div(-8)$　□(2) $(8a-6)\div\frac{1}{2}$　□(3) $\frac{7x+21}{7}$

5 次の数量の間の関係を，等式で表しなさい。

□(1) 1冊a円のノートを3冊買って，500円を出したところ，おつりはb円だった。

□(2) 正の整数aを7でわると，商がbで余りが4になる。

□(3) 長さx cmのひもから，y cmのひもを6本切り取ろうとしたら8 cmたりなかった。

ヒント　**2** (5)約分してから分配法則を使います。
5 (2)(わられる数)=(わる数)×(商)+(余り)

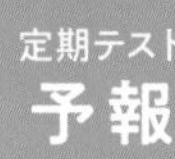

定期テスト 予報

●1次式の計算や，数量の間の関係を等式や不等式で表したりすることができるようになろう。1次式の計算は，1次の項の係数がポイントだよ。また，単位，割合，速さや面積の公式などを復習しよう。文章から数量の間の関係を正しく読み取る力が問われるよ。

よく出る **6** 次の数量の間の関係を，等式や不等式で表しなさい。

□(1) 1枚 a g の封筒(ふうとう)に，1枚 3 g の便せんを x 枚入れて重さをはかったところ，25 g 未満だった。

□(2) A中学校の男子生徒は x 人，女子生徒は y 人で，男子生徒は女子生徒より 12 人少ない。

□(3) x 円持って買い物に行き，定価が y 円の商品を 2 割引きで買ったところ，300 円以上残った。

□(4) x 円で，450 円の筆箱と，1本 60 円の鉛筆(えんぴつ)を y 本買うことができた。

(5) 縦の長さが a cm，横の長さが b cm の長方形があるとき，

□① この長方形の縦の長さは，横の長さより 4 cm 長い。

□② この長方形の面積は 80 cm^2 以下である。

7 ある美術館の入館料は，大人1人が a 円，中学生1人が b 円です。このとき，次の等式や不等式はどんなことがらを表していますか。

□(1) $3a+5b=1400$

□(2) $4a+7b<2000$

□(3) $a-b=120$

□(4) $2a+b\geqq 600$

8 右の図のように，1辺に n 個ずつ碁石(ごいし)を並べて正方形の形をつくります。このとき，碁石の総数を表す式を(1)，(2)のように求めました。式からそれぞれの考えを読み取り，図に表しなさい。

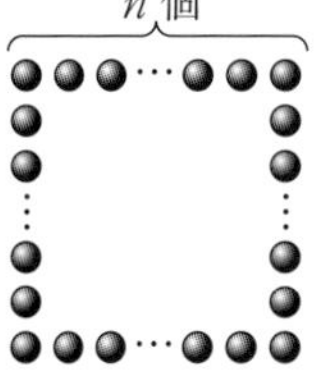

□(1)

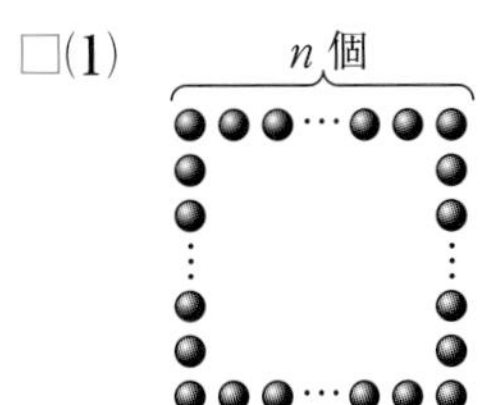

(式) $4(n-2)+4$

□(2)

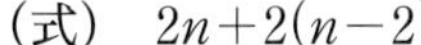

(式) $2n+2(n-2)$

2章 教科書78～93ページ

ヒント

7 左辺と右辺の式の意味を考え，その関係をことばで表します。

8 $(n-2)$ は，1辺から両端(りょうたん)の2個を除いた碁石の個数を表します。

解答▶▶ p.13

ぴたトレ 3 確認テスト

2章　文字と式

❶ 次の式を，×，÷を使わない式にしなさい。知

(1)　$x\times(-8)\times a$　　(2)　$(m-n)\times(-10)$

(3)　$(a+7)\div 6$　　(4)　$x\times 4-y\div 5$

❷ 次の式を，×，÷を使った式にしなさい。知

(1)　$-7x^3y$　　(2)　$\frac{a}{3}+8b$

❸ $x=6$，$y=-4$ のとき，次の式の値を求めなさい。知

(1)　$3x-5y$　　(2)　$\frac{7}{12}xy$

❹ 次の問いに答えなさい。考

(1)　800 g の a % は何 g ですか。

(2)　x km の道のりを a 時間で歩いたときの時速は何 km ですか。

点UP (3)　片道が x m の道のりを，行きは分速 80 m，帰りは分速 60 m で歩くとき，往復するのにかかる時間は何分ですか。

点UP (4)　a 時間 10 分 b 秒を分の単位で表すと何分ですか。

❺ 右の図は，半径が r cm の円を $\frac{1}{4}$ にしたものです。このとき，次の式は何を表していますか。考

(1)　$\frac{1}{4}\pi r^2$

(2)　$2r+\frac{1}{2}\pi r$

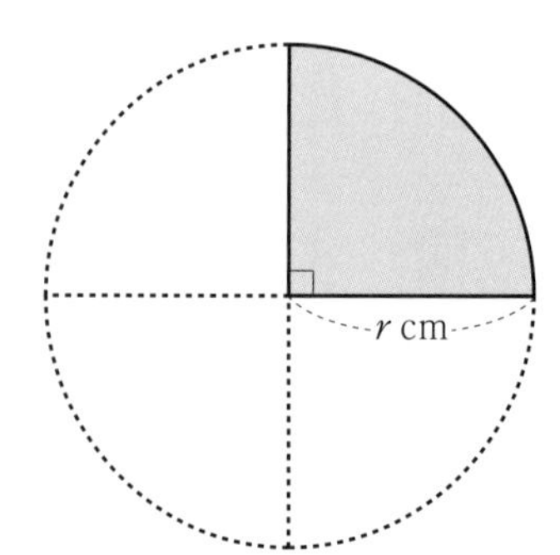

解答欄

❶ 点/12点（各3点）

(1)	
(2)	
(3)	
(4)	

❷ 点/6点（各3点）

(1)	
(2)	

❸ 点/6点（各3点）

(1)	
(2)	

❹ 点/16点（各4点）

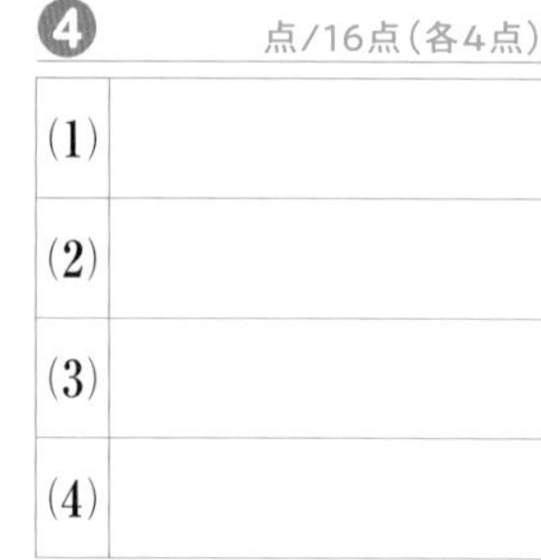

(1)	
(2)	
(3)	
(4)	

❺ 点/8点（各4点）

(1)	
(2)	

成績評価の観点　知…数量や図形などについての知識・技能　考…数学的な思考・判断・表現

6 次の計算をしなさい。知

(1) $(a-8)+(5a+3)$　　(2) $(2x-9)-(3x-5)$

(3) $-\frac{2}{5}(-10x+25)$　　(4) $\frac{x-5}{6}\times(-18)$

(5) $(7a-3)\div\frac{1}{4}$　　(6) $\frac{1}{4}(8x-20)-\frac{1}{6}(6x-18)$

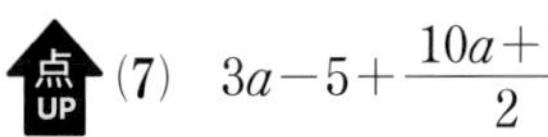

点UP (7) $3a-5+\frac{10a+12}{2}$

6 点/28点(各4点)

(1)	
(2)	
(3)	
(4)	
(5)	
(6)	
(7)	

点UP **7** 解答らんの図のように，1辺に5個ずつ碁石(ごいし)を並べて，正三角形の形を横一列につくっていきます。正三角形を x 個つくるとき，必要な碁石は何個ですか。考え方を解答らんの図に表し，その考え方の式もかきなさい。考

7 点/4点(完答)

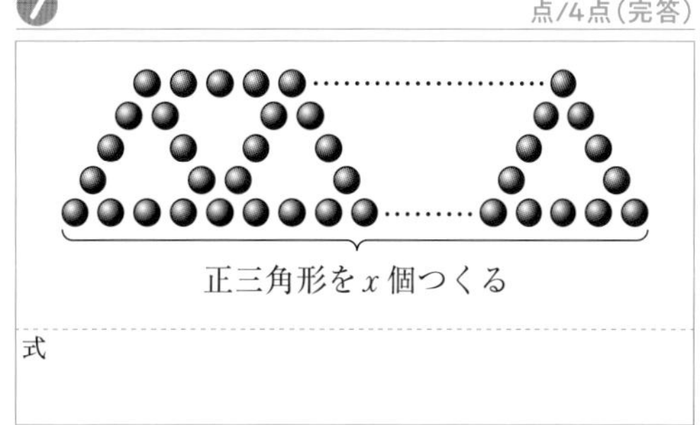

式

8 次の数量の間の関係を，等式や不等式で表しなさい。考

(1) x 個のいちごを，a 個ずつ8人で分けたところ，5個余った。

(2) 現在，兄は a 歳(さい)，妹は b 歳で，年齢(ねんれい)の差は4歳未満である。

(3) 1枚 x g の封筒(ふうとう)に，1枚 y g の写真を6枚入れて重さをはかったところ，50 g 以上であった。

(4) 1000円で，1個 x 円のかきを2個と1個 y 円のなしを3個買うことができた。

(5) 等しい辺の長さが x cm で，残りの辺の長さが y cm の二等辺三角形の周の長さは，1辺が $a$cm の正方形の周の長さより長い。

8 点/20点(各4点)

(1)	
(2)	
(3)	
(4)	
(5)	

2章　教科書64～96ページ

知 /52点	考 /48点

解答▶▶p.15

教科書のまとめ〈2章　文字と式〉

●文字を使った式の表し方

・文字式では，乗法の記号×を省く。
　※$b\times a$ は，ふつうアルファベット順に ab とかく。
・数と文字の積では，数を文字の前にかく。
　※$1\times a$ は a，$(-1)\times a$ は $-a$ と表す。
・同じ文字の積は，累乗（るいじょう）の指数を使ってかく。
・文字式では，除法の記号÷を使わないで，分数の形でかく。

●式の値

・式の中の文字の代わりに数をあてはめることを，文字に数を**代入する**という。
・代入して計算した結果を，その**式の値**（あたい）という。

(例)　$x=-3$ のときの $2x+1$ の値は，
x に -3 を代入して，

$$\begin{aligned}2x+1&=2\times(-3)+1\\&=-5\end{aligned}$$

※負の数を代入するときは，かっこをつけてかく。

●π

・円周率は π で表す。
・π は，積の中では，数のあと，他の文字の前にかく。

●項と係数

・式 $3x+1$ で，加法の記号＋で結ばれた $3x$ と 1 を，式 $3x+1$ の**項**（こう）という。
・文字をふくむ項 $3x$ で，数 3 を x の**係数**という。
・0でない数と1つの文字の積で表される項を**1次の項**という。
・1次の項と数の和で表すことができる式や，1次の項だけの式を，**1次式**という。
・数だけの項を定数項という。

●項のまとめ方

・文字の部分が同じ項は，分配法則 $ax+bx=(a+b)x$ を使って，1つの項にまとめ，簡単にすることができる。
・1次の項と定数項がある式は，1次の項どうし，定数項どうしをそれぞれまとめる。

●1次式の加法と減法

・1次式の加法は，かっこをはずしてから，1次の項どうし，定数項どうしを，それぞれまとめる。
・1次式の減法は，ひく式のそれぞれの項をひく。

●項が2つ以上の1次式に数をかける

・分配法則 $a(b+c)=ab+ac$ を使って計算する。
・かっこの前が－のとき，かっこをはずすと，かっこの中の各項の符号（ふごう）が変わる。

(例)　$-(-a+1)=a-1$

●かっこがある1次式の計算

分配法則を使って，かっこをはずし，項をまとめて計算する。

●項が2つ以上の1次式を数でわる

わる数の逆数をかけるか，分数の形にして，$\dfrac{a+b}{c}=\dfrac{a}{c}+\dfrac{b}{c}$ を使って計算する。

●数量の間の関係を表す式

・等号を使って数量の等しい関係を表した式を**等式**という。
・不等号を使って数量の大小関係を表した式を**不等式**という。

ぴたトレ 0 スタートアップ

3章　方程式

次の学習に入る前に取り組もう。

□**速さ・道のり・時間**　◀ 小学5年

速さ，道のり，時間について，次の関係が成り立ちます。

(速さ)＝(道のり)÷(時間)

(道のり)＝(速さ)×(時間)

(時間)＝(道のり)÷(速さ)

□**比の値**　◀ 小学6年

$a:b$ で表される比で，a が b の何倍になっているかを表す数を比の値(あたい)といいます。

1 速さや道のり，時間について，次の問いに答えなさい。　◀ 小学5年〈速さ〉

(1)　400 m を5分で歩いた人の分速は何 m ですか。

(2)　時速 60 km の自動車が1時間20分で進む道のりは何 km ですか。

(3)　秒速 75 m の新幹線が 54 km 進むのにかかる時間は何時間ですか。

ヒント
単位をそろえて考えると……

2 次の比の値を求めなさい。　◀ 小学6年〈比と比の値〉

(1)　2：5　　(2)　4：2.5　　(3)　$\frac{2}{3}:\frac{4}{5}$

ヒント
$a:b$ の比の値は，a が b の何倍になっているかを考えて……

3 Aさんのクラスは，男子が17人，女子が19人です。　◀ 小学6年〈比と比の値〉

(1)　男子の人数と女子の人数の比をかきなさい。

(2)　クラス全体の人数と女子の人数の比をかきなさい。

ヒント
クラス全体の人数は，男子と女子の合計人数だから……

3章

解答▶▶ p.16

3章　方程式

1節　方程式
1　方程式／2　等式の性質

●方程式とその解

教科書 p.100〜101

□ **例題 1** 次の方程式のうち，2 が解であるものはどちらですか。 ▶▶1

㋐ $3x-1=5$　　　㋑ $4x=x-6$

考え方　それぞれの方程式の左辺と右辺の x に 2 を代入して，(左辺)=(右辺) となるかどうかを調べます。

答え　㋐ x に 2 を代入すると

(左辺)$=3\times$ ①［　］$-1=$ ②［　］

(右辺)$=5$

㋑ x に 2 を代入すると

(左辺)$=4\times$ ①［　］$=8$

(右辺)$=$ ①［　］$-6=$ ③［　］

(左辺)=(右辺) となるのは，④［　］である。

プラスワン　方程式，解

x についての方程式
…x の値(あたい)によって，成り立ったり，成り立たなかったりする等式。
解…方程式を成り立たせる文字の値。
方程式を解く…方程式の解を求めること。

●等式の性質を使った方程式の解き方

教科書 p.102〜103

□ **例題 2** 次の方程式を解きなさい。 ▶▶2 3

(1) $x-7=5$　　　(2) $3x=12$

考え方　等式の性質を使って，左辺を x だけの式に変形します。

答え　(1)

$x-7=5$

$x-7+$ ①［　］$=5+$ ①［　］　　等式の性質1を使って，両辺に 7 をたす。

$x=$ ②［　］

(2)

$3x=12$

$\dfrac{3x}{3}=\dfrac{12}{③［　］}$　　等式の性質4を使って，両辺を 3 でわる。

$x=$ ④［　］

プラスワン　等式の性質

$A=B$ ならば，次の等式が成り立ちます。

1 $A+C=B+C$
2 $A-C=B-C$
3 $A\times C=B\times C$
4 $\dfrac{A}{C}=\dfrac{B}{C}$　ただし，$C\neq0$

「$C\neq0$」は「C と 0 が等しくないこと」を表しています。

絶対理解 **1** 【方程式とその解】次の方程式のうち，-3 が解であるものをすべて選びなさい。

□

教科書 p.101 例 1

㋐ $4x+5=17$　　㋑ $-2x+7=13$

㋒ $-3x=6+x$　　㋓ $5x+8=2x-1$

●キーポイント
x の値を代入して，(左辺)=(右辺) となるかを調べます。

2 【等式の性質】方程式 $\frac{1}{4}x=3$ を，等式の性質を使って解きます。□にあてはまる数をかきなさい。

□

教科書 p.103 例 2

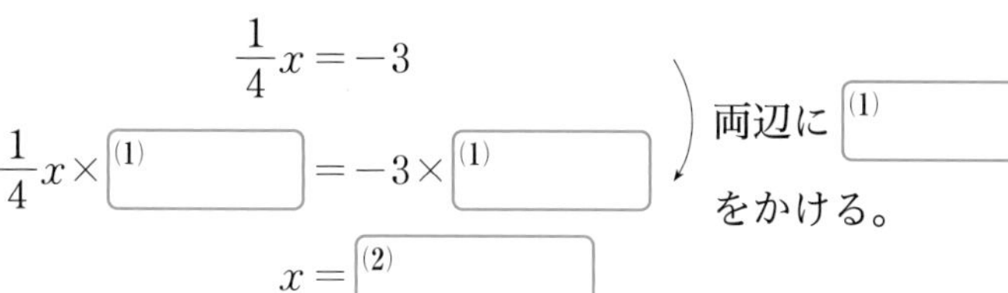

●キーポイント
等式の性質を使って式を変形するとき，等式は成り立ちます。

よく出る **3** 【等式の性質を使った方程式の解き方】次の方程式を解きなさい。

教科書 p.103 例 1,2

□(1) $x-8=4$　　□(2) $x+2=7$

□(3) $x-3=-10$　　□(4) $9+x=1$

□(5) $\frac{1}{3}x=4$　　□(6) $6x=54$

□(7) $-\frac{1}{5}x=6$　　□(8) $-4x=-20$

□(9) $\frac{4}{3}x=8$　　□(10) $8x=2$

例題の答え **1** ①2　②5　③-4　④㋐　**2** ①7　②12　③3　④4

ぴたトレ 1 要点チェック

3章　方程式

1節　方程式
3　1次方程式の解き方

●移項を使った方程式の解き方①

教科書 p.104

□ **例題 1**　方程式 $x-6=3$ を解きなさい。 ▶▶1

考え方　移項(いこう)を使って，$x=$(数) の形に変形します。

答え

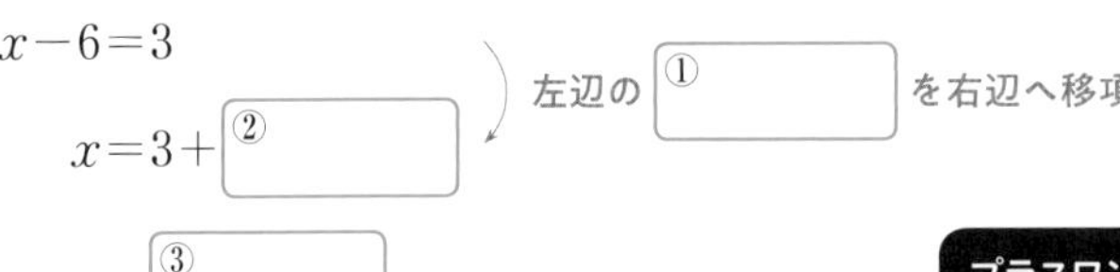

$x-6=3$

$x=3+$ ②［　　］

左辺の ①［　　］ を右辺へ移項する

$x=$ ③［　　］

プラスワン　移項

等式の一方の辺にある項を，符号(ふごう)を変えて他方の辺へ移すことを**移項**といいます。

●移項を使った方程式の解き方②

教科書 p.105

□ **例題 2**　方程式 $3x=-2x+25$ を解きなさい。 ▶▶2

考え方　1次の項を移項して，左辺を文字をふくむ項だけ，右辺を定数項だけにします。

答え

$3x=-2x+25$

右辺の $-2x$ を左辺へ移項する。

$3x+$ ①［　　］ $=25$

②［　　］ $x=25$

$x=$ ③［　　］

● 1次の項と定数項を移項して解く方法

教科書 p.105

□ **例題 3**　方程式 $7x-4=3x+8$ を解きなさい。 ▶▶3

考え方　文字をふくむ項は左辺に，定数項は右辺に移項します。

答え

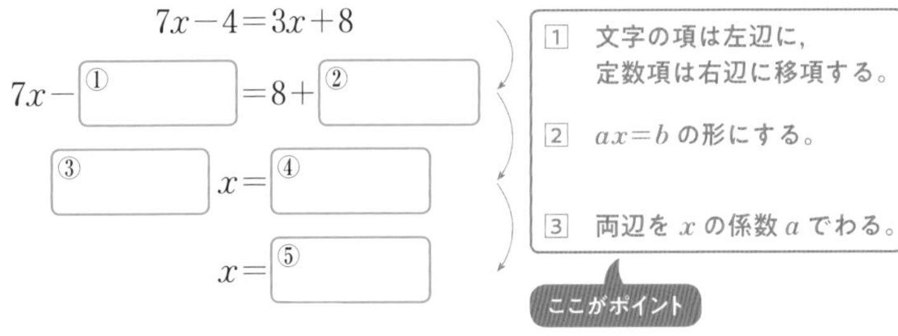

$7x-4=3x+8$

$7x-$ ①［　　］ $=8+$ ②［　　］

③［　　］ $x=$ ④［　　］

$x=$ ⑤［　　］

1　文字の項は左辺に，定数項は右辺に移項する。

2　$ax=b$ の形にする。

3　両辺を x の係数 a でわる。

ここがポイント

移項するときは符号を変えることを忘れないようにしましょう。

絶対理解 **1** 【移項を使った方程式の解き方①】次の方程式を解きなさい。

教科書 p.104 例1

□(1) $x-8=-3$　　□(2) $x+6=4$

□(3) $9+x=-1$　　□(4) $-32+x=-20$

●キーポイント
移項を使って $x=$(数)の形に変形します。

2 【移項を使った方程式の解き方②】次の方程式を解きなさい。

教科書 p.105 例2

□(1) $8x-9=7$　　□(2) $-7x+13=-8$

□(3) $7x=4x-15$　　□(4) $2x=8x+12$

●キーポイント
移項を使って $ax=b$ の形に変形します。

よく出る **3** 【1次の項と定数項を移項して解く方法】次の方程式を解きなさい。

□(1) $5x-9=2x-3$　　□(2) $6x-1=7x+4$

□(3) $3x-5=x-3$　　□(4) $3x-8=12+5x$

□(5) $8x+5=4x+7$　　□(6) $8-12x=-7x+8$

●キーポイント
移項して，左辺を1次の項だけ，右辺を定数項だけにします。

⚠ミスに注意
移項するときは，項の符号が変わることに注意しましょう。

例題の答え **1** ①-6　②6　③9　**2** ①$2x$　②5　③5　**3** ①$3x$　②4　③4　④12　⑤3

1節 方程式
4 いろいろな1次方程式の解き方①
5 いろいろな1次方程式の解き方②

●かっこがある方程式
教科書 p.106

□ 例題 1 方程式 $4x-15=-3(x-2)$ を解きなさい。 ▶▶1

考え方 かっこをはずしてから解きます。

答え

$4x-15=-3(x-2)$

$4x-15=-3x+$ ①□

$4x+3x=6+15$

$7x=21$

$x=$ ②□

ここがポイント：かっこをはずす。

$-3x$，-15 を移項(いこう)する。

両辺を 7 でわる。

●係数に小数をふくむ方程式
教科書 p.107

□ 例題 2 方程式 $1.8x=0.4x-4.2$ を解きなさい。 ▶▶2

考え方 両辺に 10 や 100 などをかけて，係数に小数をふくまない形にしてから解きます。

答え

$1.8x=0.4x-4.2$

$1.8x\times10=(0.4x-4.2)\times$ ①□

$18x=4x-42$

$18x-4x=-42$

$14x=-42$

$x=$ ②□

両辺に 10 をかけて，係数を整数にする。（ここがポイント）

かっこをはずす。

$4x$ を移項する。

両辺を 14 でわる。

●係数に分数をふくむ方程式
教科書 p.108

□ 例題 3 方程式 $\frac{2}{3}x-2=\frac{1}{2}x$ を解きなさい。 ▶▶3

考え方 両辺に分母の公倍数をかけて，係数に分数をふくまない形にしてから解きます。

答え

$\frac{2}{3}x-2=\frac{1}{2}x$

$\left(\frac{2}{3}x-2\right)\times6=\frac{1}{2}x\times$ ①□

$4x-12=3x$

$4x-3x=12$

$x=$ ②□

3 と 2 の公倍数 6 を両辺にかけて，係数を整数にする。（ここがポイント）

かっこをはずす。

$3x$，-12 を移項する。

定数項にも 6 をかけるのを忘れないようにしましょう。

絶対理解 **1** 【かっこがある方程式】次の方程式を解きなさい。 教科書 p.106 例 1,2

□(1) $7x+4=4(x-5)$　　□(2) $x-2(2x-7)=5$

□(3) $5(x+6)=50$　　□(4) $48x=6(5x-21)$

●キーポイント
(3)(4) 分配法則を使って解くほかに，両辺を5，6でわってから解くこともできます。

2 【係数に小数をふくむ方程式】次の方程式を解きなさい。 教科書 p.107 例 3

□(1) $1.6x=0.8x-1.6$　　□(2) $0.04x+0.48=0.2x$

●キーポイント
両辺に10や100などをかけて，係数を整数にします。

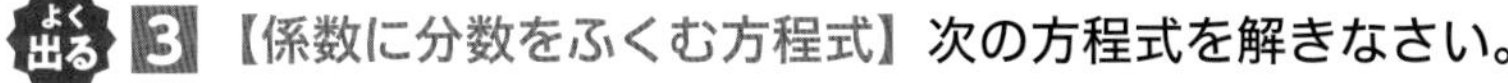

よく出る **3** 【係数に分数をふくむ方程式】次の方程式を解きなさい。 教科書 p.108～109 例 1,2

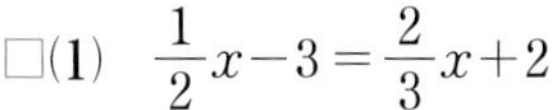

□(1) $\dfrac{1}{2}x-3=\dfrac{2}{3}x+2$　　□(2) $\dfrac{2x+1}{3}=\dfrac{3x-1}{4}$

●キーポイント
分母の公倍数を両辺にかけて，係数を整数にします。

4 【x についての方程式の a の値】x についての方程式 $6x+4=-x+2a$ の解が 2 であるとき，
□ a の値(あたい)を求めなさい。 教科書 p.109 例 3

●キーポイント
解が2なので，$x=2$ を代入したとき，方程式は成り立ちます。

3章 教科書106～110ページ

例題の答え **1** ①6 ②3 **2** ①10 ②−3 **3** ①6 ②12

1 次の方程式で，〔　〕の中の数は，その方程式の解であるか調べなさい。

□(1)　$x-6=2$　〔4〕

□(2)　$3x+7=-4$　〔-1〕

□(3)　$9x-16=4x-1$　〔3〕

□(4)　$5(x+2)=2x-5$　〔-5〕

2 次の方程式を解く過程で，文字をふくむ項(こう)を左辺に，定数項を右辺に移項しています。□にあてはまる＋か－の記号をかき入れなさい。

□(1)　$8x-9=15$

$8x=15$ ①□ 9

□(2)　$2x+3=8-3x$

$2x$ ②□ $3x=8$ ③□ 3

よく出る **3** 次の方程式を解きなさい。

□(1)　$-2+x=5$

□(2)　$-8x=-72$

□(3)　$x+\frac{2}{5}=-\frac{3}{5}$

□(4)　$-\frac{1}{3}x=\frac{5}{3}$

□(5)　$6x+5=-7$

□(6)　$2-3x=9$

□(7)　$x=7x-18$

□(8)　$-4x=-5x+6$

□(9)　$4x-9=x+3$

□(10)　$2-7x=-10-3x$

□(11)　$5a+3=17-2a$

□(12)　$12a+85=-4a+5$

□(13)　$9x-2=-4+3x$

□(14)　$-5x+7=-2x+7$

ヒント　**3**　(4)両辺を x の係数でわることは，両辺に x の係数の逆数をかけると考えることもできます。
(13)解が分数になることもあります。約分を忘れないようにしましょう。

定期テスト 予報
●等式の性質を理解し，方程式が解けるようになろう。
係数に小数や分数をふくむ方程式は，まず，係数を整数になおすこと。方程式を解いて解が得られたら，検算しよう。得た解をもとの方程式の x に代入して，成り立つことを確かめればいいね。

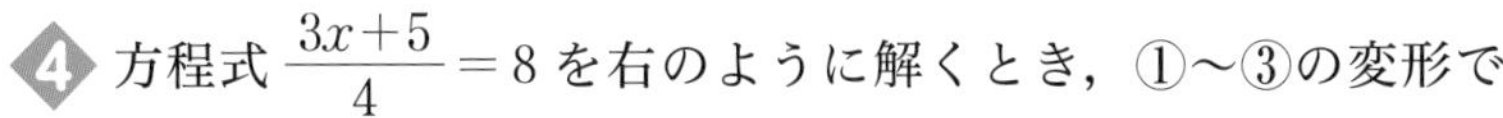

4 □ 方程式 $\frac{3x+5}{4}=8$ を右のように解くとき，①～③の変形では，それぞれ等式の性質[1]～[4]のどれを使っていますか。また，そのときの C にあたる数を答えなさい。

$A=B$ ならば，次の等式が成り立つ。

[1] $A+C=B+C$　　[2] $A-C=B-C$

[3] $AC=BC$　　[4] $\frac{A}{C}=\frac{B}{C}$　$(C\neq0)$

$$\frac{3x+5}{4}=8$$
①
$$3x+5=32$$
②
$$3x=27$$
③
$$x=9$$

よく出る **5** 次の方程式を解きなさい。

□(1) $6(x-3)=5(x-6)$

□(2) $2a-3(1-a)=9+a$

□(3) $7(2x+3)+3=2(4-x)$

□(4) $-5(2-x)=4(5x+3)-17$

□(5) $0.7x+8=1.2x$

□(6) $0.3x-4=-0.4x+0.9$

□(7) $0.25a+0.3=0.17a-0.02$

□(8) $\frac{x}{2}+\frac{x}{6}=10$

□(9) $\frac{x}{6}+\frac{1}{3}=2+\frac{x}{9}$

□(10) $3x-\frac{x-1}{2}=8$

□(11) $\frac{x+5}{6}-\frac{3x-2}{4}=-1$

□(12) $\frac{4}{5}x-3=0.5x-1.2$

6 □ x についての方程式 $x+2a=-4a+5x$ の解が 9 であるとき，a の値(あたい)を求めなさい。

ヒント
5 (12)両辺に 10 をかけて，分数や小数をふくまない形にします。
6 $x=9$ のとき，方程式は成り立ちます。

解答▶▶ p.18

ぴたトレ **1** 要点チェック

3章　方程式

2節　方程式の活用
1　方程式の活用／2　過不足の問題／3　速さの問題

●方程式の活用

教科書 p.112〜113

□ 例題 1　220円のジュース1本と，お菓子(かし)を4個買って1000円を出したら，おつりが460円でした。お菓子1個の値段を求めなさい。 ▸▸1

考え方　お菓子1個の値段を x 円として，等しい関係にある数量を見つけます。

答え

お菓子1個の値段を x 円とすると　―　[1] どの数量を x で表すか決める。

お菓子4個の代金は $4x$ 円　―　[2] 問題にふくまれる数量を，x を使って表す。

220円のジュース1本と，お菓子を4個買って1000円を出したら，おつりが460円だったことから

$1000-(220+4x)=$ ①［　　］　―　[3] 等しい関係に着目して，方程式をつくる。

$-4x=460-780$

$-4x=-320$

$x=$ ②［　　］　―　[4] 方程式を解く。

お菓子1個の値段を ②［　　］ 円とすると，問題にあう。　―　[5] 方程式の解が，問題にあうかどうかを確かめる。

答 ②［　　］ 円

ここがポイント

●過不足の問題

教科書 p.114〜115

□ 例題 2　鉛筆(えんぴつ)を何人かの子どもに配ります。1人に4本ずつ配ると8本たりません。また，1人に3本ずつ配ると6本余ります。子どもの人数を求めなさい。 ▸▸2

考え方　子どもの人数を x 人として，等しい関係にある数量を見つけます。

求める数量　　鉛筆の本数

4本ずつ配る → $(4x-8)$ 本

3本ずつ配る → $(3x+6)$ 本

図に整理する

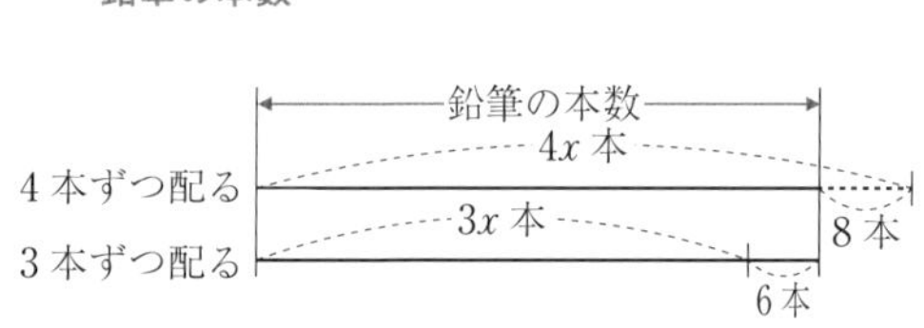

答え　子どもの人数を x 人とすると

$4x-8=3x+6$

$4x-3x=6+$ ①［　　］

$x=$ ②［　　］

子どもの人数を ②［　　］ 人とすると，問題にあう。　答 ②［　　］ 人

1 【方程式の活用】兄は800円，弟は500円を持って，お菓子を買いに出かけました。同じ値段のお菓子を兄は2個，弟は1個買ったところ，兄の残金と弟の残金が等しくなりました。お菓子1個の値段を求めなさい。 □

教科書 p.112 例1

●キーポイント
等しい関係にある数量は，兄と弟の残金です。

2 【過不足の問題】あめを何人かの子どもに配ります。あめを1人に4個ずつ配ると40個たりません。また，1人に3個ずつ配ると45個余ります。子どもの人数を求めなさい。 □

教科書 p.114 例1

●キーポイント
等しい関係にある数量は，あめの個数です。

3 【速さの問題】弟は，家を出発して900 m 離(はな)れた図書館に向かいました。その9分後に，兄は自転車で弟を追いかけました。弟は分速60 m，兄は分速240 m で進んだとすると，兄が弟に追いつくのは，兄が家を出発してから何分後ですか。

教科書 p.116 例1

□(1) 兄が家を出発してから x 分後に弟に追いつくとして，問題にふくまれる数量を，図や表に整理します。□にあてはまる数や式をかきなさい。

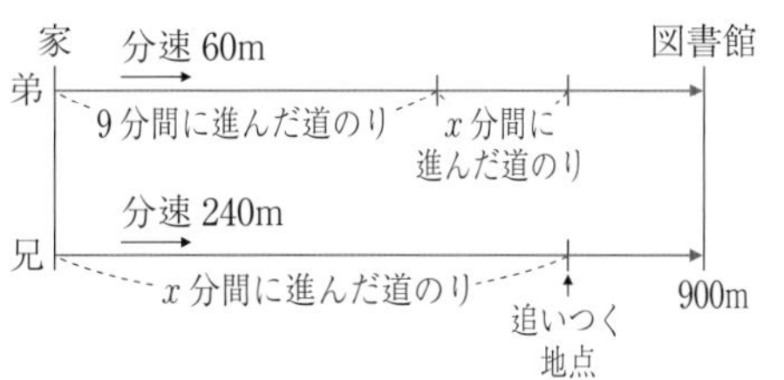

	速さ(m/min)	時間(分)	道のり(m)
弟	①	$9+x$	③
兄	240	②	④

●キーポイント
図に整理すると，等しい数量は，家から追いつく地点までの道のりであることがわかります。

□(2) 等しい関係に着目して方程式をつくり，答えを求めなさい。

例題の答え **1** ①460 ②80 **2** ①8 ②14

ぴたトレ 1

要点チェック

3章 方程式

2節 方程式の活用
4 比例式とその活用

●比例式の x の値の求め方

教科書 p.118～119

□ 例題 1 次の比例式（ひれいしき）が成り立つとき，x の値（あたい）を求めなさい。 ▶▶1

(1) $x：7=6：14$　　(2) $8：x=12：3$

考え方 比例式の性質を使って，方程式をつくります。

答え (1) $x：7=6：14$

$x\times14=7\times$ ①[　　]　　$a：b=c：d$ のとき $ad=bc$

$14x=42$

$x=$ ②[　　]

(2) $8：x=12：3$

$8\times3=x\times$ ③[　　]

$12x=24$

$x=$ ④[　　]

プラスワン 比例式の性質

$a：b=c：d$ のとき
$ad=bc$

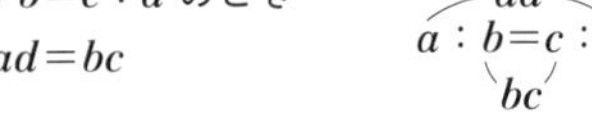

●比例式を使って解く身のまわりの問題

教科書 p.119

□ 例題 2 横と縦の長さの比が $5：3$ の花だんがあります。縦の長さが 12 m のとき，横の長さを求めなさい。 ▶▶2～4

考え方 横の長さ（求める数量）を x m として，等しい比に着目して比例式をつくります。

答え 横の長さを x m とすると

$x：12=5：3$ ←（横の長さ）：（縦の長さ）$=5：3$

$x\times$ ①[　　] $=12\times5$

$3x=60$

$x=$ ②[　　]

横の長さを ②[　　] m とすると，問題にあう。　　答 ②[　　] m

絶対理解 **1** 【比例式の x の値の求め方】次の比例式が成り立つとき，x の値を求めなさい。

教科書 p.119 例 1

□(1)　$x:6=4:3$

□(2)　$5:2=x:10$

□(3)　$7:9=4:x$

□(4)　$3:8=x:(25+x)$

●キーポイント
$a:b=c:d$ のとき $ad=bc$ を使って，方程式をつくります。
(4)　$(25+x)$ は，1つのまとまりと考えます。

よく出る **2** 【比例式を使って解く身のまわりの問題】牛乳の量とコーヒーの量の比が 6：5 となるようにミルクコーヒーをつくります。牛乳を 300 mL 使うとき，コーヒーを何 mL 混ぜればよいですか。

□

教科書 p.119 例 2

3 【比例式を使って解く身のまわりの問題】ある水族館で，大人 1 人と中学生 1 人の入館料の比は 5：3 です。中学生の入館料が 1200 円のとき，大人 1 人の入館料を求めなさい。

□

教科書 p.119 例 2

4 【比例式を使って解く身のまわりの問題】あたりとはずれの本数の比が 1：4 になるようにくじをつくります。くじ全体の本数が 150 本のとき，はずれは何本つくればよいですか。

□

教科書 p.119 例 2

●キーポイント
はずれを x 本つくるとすると，あたりは $(150-x)$ 本となります。

例題の答え **1** ①6　②3　③12　④2　**2** ①3　②20

解答▶▶ p.20

◆1 1000 円持って買い物に行き，ノート 4 冊と 280 円のコンパス 1 個を買ったところ，200 円
□ 残りました。ノート 1 冊の値段を求めなさい。

◆2 長さ 100 cm のリボンを 3 本に切り分けて，中は小より 8 cm 長く，大は中より 9 cm 長く
□ します。このとき，切り分けた大，中，小のリボンの長さを求めなさい。

よく出る ◆3 **いちごを何人かの子どもに分けるのに，1 人に 6 個ずつ分けると 4 個たりません。また，1 人に 5 個ずつ分けると 12 個余ります。**
はじめにあったいちごの個数を，次の 2 通りの方法で求めなさい。

□(1)　はじめにあったいちごの個数を x 個として方程式をつくる。

□(2)　子どもの人数を x 人として方程式をつくる。

◆4 持っているお金では，プリンを 8 個買うのに 280 円たりません。また，そのプリンを 6 個
□ 買うと 40 円余ります。プリン 1 個の値段と持っている金額を求めなさい。

よく出る ◆5 **自転車で 2 地点 A，B 間を往復しました。行きは時速 15 km，帰りは時速 10 km で走ったところ，往復でちょうど 3 時間かかりました。**
A，B 間の道のりを，次の 2 通りの方法で求めなさい。

□(1)　A，B 間の道のりを x km として方程式をつくる。

□(2)　行きにかかった時間を x 時間として方程式をつくる。

ヒント　◆3 (1)子どもの人数を2通りの式で表し，方程式をつくります。
◆5 (2)帰りにかかった時間は $(3-x)$ 時間になります。

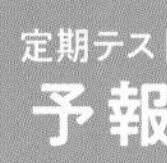

●方程式や比例式を活用して，文章題が解けるようになろう。
方程式や比例式を活用する問題では，問題文の中の数量の間の関係を正しく理解して式をつくろう。そのためには図や表が役に立つよ。図や表にまとめる練習をしておこう。

6 250 L まで水がはいる A，B 2つの水そうに，A には 40 L，B には 24 L の水がはいっています。A には毎分 15 L，B には毎分 2 L の割合で水を入れるとき，次の問いに答えなさい。

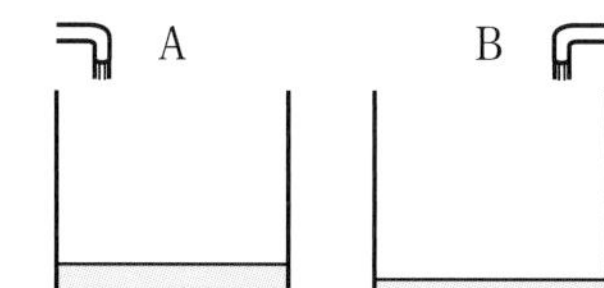

□(1) A の水の量が B の水の量の 4 倍になるのは，入れ始めてから何分後ですか。

□(2) A の水の量が B の水の量の 5 倍になることはありますか。その理由も答えなさい。

7 愛(あい)さんと妹は，毎月 100 円ずつ貯金しています。今月の分を貯金した時点で，愛さんの貯金は 3500 円，妹の貯金は 1300 円になりました。
愛さんは，自分の貯金が妹の貯金の 3 倍になるのはいつかと疑問をもちました。

□(1) x か月後に，愛さんの貯金が妹の貯金の 3 倍になるとして方程式をつくりなさい。

□(2) (1)の方程式の解を求めなさい。
また，その解の意味を考えて，愛さんの疑問に答えなさい。

8 次の比例式が成り立つとき，x の値(あたい)を求めなさい。

□(1) $6:x=8:12$　　□(2) $18:8=45:x$

□(3) $5:12=(x-4):36$　　□(4) $x:(x+8)=6:7$

9 次の問いに答えなさい。

□(1) 酢(す)とサラダ油を 5：8 の割合で混ぜてドレッシングをつくります。いま，酢が 100 mL，サラダ油が 200 mL あります。サラダ油を全部使ってドレッシングをつくるには，酢はあと何 mL あればよいですか。

□(2) A，B 2つの箱に鉛筆(えんぴつ)が 40 本ずつはいっています。いま，A の箱の鉛筆を何本か B の箱に移したら，A の箱と B の箱の鉛筆の本数の比が 2：3 になりました。移した鉛筆の本数は何本ですか。

6 (2)5倍になったときの A の水の量を考えます。
7 (2)「x か月後」の x の値が負の数になる場合です。

3章　教科書112～119ページ

解答▶▶ p.20

3章　方程式

時間30分　／100点　合格70点

❶ 次の方程式を，等式の性質を使って解きなさい。また，そのとき使った等式の性質を，下の1～4から選んでかきなさい。知

(1) $x-\dfrac{2}{3}=\dfrac{4}{3}$　　(2) $x+12=-3$

(3) $-7x=42$　　(4) $\dfrac{4}{9}x=-\dfrac{8}{3}$

$A=B$ ならば，次の等式が成り立つ。

1 $A+C=B+C$　　2 $A-C=B-C$

3 $AC=BC$　　4 $\dfrac{A}{C}=\dfrac{B}{C}$ $(C\neq0)$

❶ 点/12点（各3点）

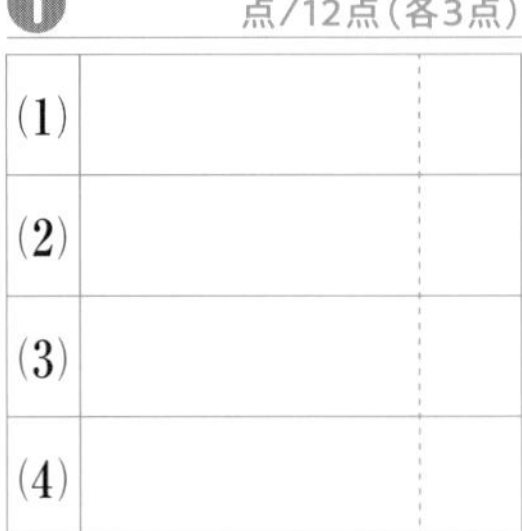

(1)		
(2)		
(3)		
(4)		

（(1)～(4)各完答）

❷ 次の方程式を解きなさい。知

(1) $8x+9=25$　　(2) $6x+23=x-17$

(3) $2-9a=20-3a$　　(4) $7x+16=81-6x$

❷ 点/12点（各3点）

(1)	
(2)	
(3)	
(4)	

❸ 次の方程式を解きなさい。知

(1) $4(2x-5)=-8(x+2)$　　(2) $0.23x+1=0.08x-0.05$

(3) $4x-\dfrac{3x+5}{7}=10$　　(4) $\dfrac{2x-1}{3}-\dfrac{x+3}{4}=1$

❸ 点/16点（各4点）

(1)	
(2)	
(3)	
(4)	

❹ 次の比例式が成り立つとき，x の値（あたい）を求めなさい。知

(1) $7:2=x:6$　　(2) $16:x=24:42$

(3) $x:28=75:140$　　(4) $6:10=21:(x+5)$

❹ 点/12点（各3点）

(1)	
(2)	
(3)	
(4)	

成績評価の観点　知…数量や図形などについての知識・技能　考…数学的な思考・判断・表現

5 **縦の長さが横の長さより 5 cm 短い長方形があります。この長方形の周の長さが 40 cm であるとき，次の問いに答えなさい。** 考

(1) 長方形の横の長さを x cm として，方程式をつくりなさい。

(2) (1)の方程式を解いて，この長方形の縦の長さと横の長さを求めなさい。

5　点/10点（各5点）
(1)
(2) 縦
横
（(2)完答）

点UP **6** 持っているお金では，A のドーナツを 7 個買うのに 40 円たりません。また，A より 30 円安い B のドーナツを 8 個買うと 80 円余ります。A のドーナツ 1 個の値段と持っている金額を求めなさい。考

6　点/5点（完答）

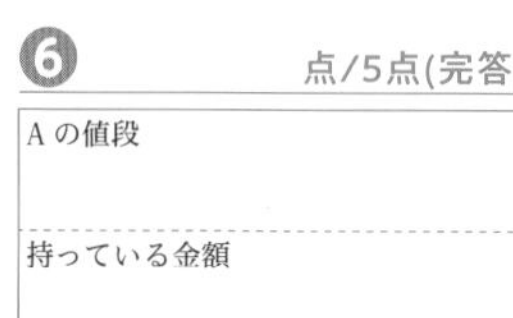

7 **家から学校まで行くのに，分速 70 m で歩くと，分速 350 m の自転車で行くより 16 分多くかかります。このとき，次の問いに答えなさい。** 考

(1) 家から学校までの道のりを x m として，方程式をつくりなさい。

(2) 自転車でかかる時間を x 分として，方程式をつくりなさい。

(3) (1)または(2)を解いて，家から学校までの道のりを求めなさい。

7　点/18点（各6点）
(1)
(2)
(3)

点UP **8** **現在，守(まもる)さんは 13 歳(さい)，お母さんは 40 歳です。お母さんの年齢(ねんれい)が守さんの年齢の 4 倍になるのはいつかを求めます。次の問いに答えなさい。** 考

(1) x 年後に，お母さんの年齢が守さんの年齢の 4 倍になるとして，方程式をつくりなさい。

(2) お母さんの年齢が守さんの年齢の 4 倍になるのはいつですか。

8　点/10点（各5点）
(1)
(2)

9 オリーブ油 240 mL と酢(す) 150 mL を混ぜて，ドレッシングをつくりました。これと同じドレッシングを，もっとたくさんつくりたいと思います。オリーブ油 400 mL に対して，酢を何 mL 混ぜればよいですか。考

9　点/5点

3章　教科書98～122ページ

知　/52点	考　/48点

解答▶▶ p.22

教科書のまとめ〈3章　方程式〉

●方程式

・等式 $4x+2=14$ のように，x の値(あたい)によって成り立ったり，成り立たなかったりする等式を，x についての**方程式**という。

・方程式を成り立たせる文字の値を，その方程式の**解**という。

・方程式の解を求めることを，方程式を**解く**という。

●等式の性質

$A=B$ ならば，次の等式が成り立つ。

① $A+C=B+C$
両辺に同じ数をたしても成り立つ。

② $A-C=B-C$
両辺から同じ数をひいても成り立つ。

③ $AC=BC$
両辺に同じ数をかけても成り立つ。

④ $\frac{A}{C}=\frac{B}{C}$
両辺を同じ数でわっても成り立つ。ただし，$C\neq 0$ である。

●移項

等式の一方の辺にある項(こう)を，符号(ふごう)を変えて他方の辺に移すことを**移項**という。

(例) $3x-4=2x+1$
$2x$，-4 を移項すると
$3x-2x=1+4$
$x=5$

●かっこがある方程式の解き方

分配法則 $a(b+c)=ab+ac$ を使って，かっこをはずしてから解く。

[注意] かっこをはずすとき，符号に注意。

●係数に小数をふくむ方程式の解き方

両辺に 10 や 100 などをかけて，係数に小数をふくまない形にしてから解く。

●係数に分数をふくむ方程式の解き方

・両辺に分母の公倍数をかけて，係数に分数をふくまない形にしてから解く。

・分数をふくむ方程式の両辺に分母の公倍数をかけて，分数をふくまない形にすることを**分母をはらう**という。

●x についての1次方程式を解く手順

① 係数に小数や分数があれば，両辺を何倍かして，係数が整数である方程式にする。

② かっこがあればはずす。

③ x をふくむ項を左辺に，定数項を右辺に移項する。

④ 両辺を簡単にして，$ax=b$ の形にする。

⑤ 両辺を x の係数 a でわる。

●方程式の活用

① どの数量を x で表すか決める。

② 問題にふくまれる数量を，x を使って表す。

③ 等しい関係に着目して，方程式をつくる。

④ 方程式を解く。

⑤ 方程式の解が，問題にあうかどうかを確かめる。

●比例式の性質

$a:b=c:d$ のとき $ad=bc$

(例) $x:18=2:3$
比例式の性質を使って
$x\times 3=18\times 2$
$x=12$

4章　比例と反比例

次の学習に入る前に取り組もう。

□**比例** ◀ 小学6年

ともなって変わる2つの量 x，y があります。x の値が2倍，3倍，4倍，…になると，y の値は2倍，3倍，4倍，…になります。

関係を表す式は，y＝［きまった数］×x になります。

□**反比例** ◀ 小学6年

ともなって変わる2つの量 x，y があります。x の値が2倍，3倍，4倍，…になると，y の値は $\frac{1}{2}$ 倍，$\frac{1}{3}$ 倍，$\frac{1}{4}$ 倍，…になります。

関係を表す式は，y＝［きまった数］÷x になります。

1 次のことがらについて，y を x の式で表し，y が x に比例するものには○，y が x に反比例するものには△をつけなさい。 ◀ 小学6年〈比例と反比例〉

(1) 1000円持っているとき，使ったお金 x 円と残っているお金 y 円

(2) 分速90 m で歩くとき，歩いた時間 x 分と歩いた道のり y m

(3) 面積100 cm^2 の長方形の縦の長さ x cm と横の長さ y cm

ヒント
一方を何倍かすると，他方は……

2 下の表は，高さが6 cm の三角形の底辺を x cm，その面積を y cm^2 として，面積が底辺に比例するようすを表したものです。表のあいているところにあてはまる数をかき入れなさい。 ◀ 小学6年〈比例〉

x(cm)	1		3	4	5		7	
y(cm^2)		6		12		18		

ヒント
［きまった数］を求めて……

3 下の表は，面積が決まっている平行四辺形の高さ y cm が底辺 x cm に反比例するようすを表したものです。表のあいているところにあてはまる数をかき入れなさい。 ◀ 小学6年〈反比例〉

x(cm)	1	2	3		5	6	
y(cm)			16	12			

ヒント
［きまった数］を求めて……

解答▶▶ p.23

関数

教科書 p.126〜127

□ **例題 1** 次の場合，y は x の関数（かんすう）であるといえますか。 ▶▶1

(1) 1個90円のクッキーを x 個買うときの代金 y 円

(2) 周の長さが x cm の長方形の横の長さ y cm

考え方 x の値（あたい）を決めたとき，y の値がただ1つに決まるかどうかを調べます。

答え (1) クッキーの個数を決めると，代金がただ1つに決まります。

だから，y は x の関数と ① ＿＿＿＿。

(2) 周の長さを決めても，横の長さはただ1つに決まりません。

だから，y は x の関数と ② ＿＿＿＿。

いろいろな値をとる文字を変数（へんすう）といいます。

プラスワン 関数

ともなって変わる2つの変数 x，y があって，x の値を決めると，それに対応する y の値がただ1つ決まるとき，**y は x の関数である**といいます。

比例を表す式

教科書 p.128〜129

□ **例題 2** 1個120円のりんごを x 個買ったときの代金を y 円とします。 ▶▶2

(1) y を x の式で表しなさい。

(2) y が x に比例するかどうかを調べ，比例する場合には，比例定数（ひれいていすう）を答えなさい。

考え方 (2) $y=ax$ の式で表されるとき，y は x に比例するといいます。

答え (1) (代金)＝(1個の値段)×(個数) だから，$y=$ ① ＿＿＿＿

（代金→y，1個の値段→120，個数→x）

(2) $y=ax$ の式で表されるので，

y は x に比例 ② ＿＿＿＿。

その比例定数は ③ ＿＿＿＿

y が x に比例する⇔$y=ax$ ここがポイント

プラスワン 比例定数

比例の関係を表す式 $y=ax$ の a を**比例定数**といいます。

変域

教科書 p.130〜131

□ **例題 3** 変数 x の変域（へんいき）が -3 以上2以下のとき，x の変域を，不等号を使って表しなさい。 ▶▶3 4

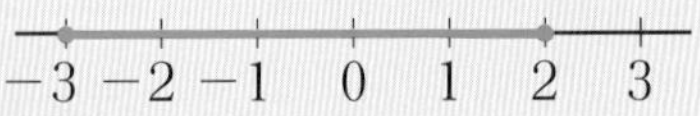

（数直線：-3 -2 -1 0 1 2 3）

考え方 変数 x の変域は，不等号<，>，≦，≧や数直線を使って表します。

答え -3 ① ＿＿ x ② ＿＿ 2

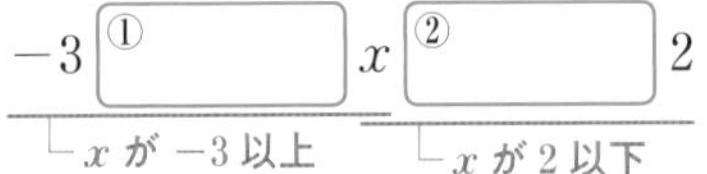

プラスワン 変域

変数のとる値の範囲（はんい）を，その変数の**変域**といいます。

絶対理解 **1** 【関数】次の場合で，y が x の関数であるといえるものをすべて選びなさい。

□

教科書 p.127 例 1,2

㋐ 20 cm のろうそくが x cm 燃えたときの残りの長さ y cm

㋑ 体重が x kg の人の身長 y cm

㋒ 正三角形の 1 辺の長さ x cm と周の長さ y cm

●キーポイント
x の値を決めたとき，y の値がただ1つに決まるものを選びます。

よく出る **2** 【比例を表す式】次の(1)と(2)について，y を x の式で表しなさい。また，y が x に比例するものには○，比例しないものには×をかき，比例する場合には比例定数をかきなさい。

教科書 p.129 例 1

□(1) 時速 40 km で走る自動車が，x 時間に進む道のり y km

□(2) 長さ 6 m の針金から x m 切り取った残りの長さ y m

3 【変域】次の場合について，変数 x の変域を，不等号を使って表しなさい。

教科書 p.131 問 1

□(1) x は 5 より大きい　　□(2) x は 3 以上

□(3) x は 6 以上 12 以下　　□(4) x は 2 以上 10 未満

⚠ミスに注意
以上，以下，未満の意味のちがいに注意しましょう。

4 【変域】8 L の水を x L 使ったときの残りの水の量を y L とするとき，変数 x，y の変域を，不等号を使ってそれぞれ表しなさい。

□

教科書 p.131 問 3

5 【数の範囲の広がりと比例の性質】比例の関係 $y=-3x$ について，次の問いに答えなさい。

教科書 p.133 問 2

□(1) 下の表の□をうめなさい。

x	……	-2	-1	0	1	2	……
y	……	6	①	0	-3	②	……

●キーポイント
正の数の範囲でいえたことが，負の数の範囲でも同じようにいえます。

□(2) x の値が 2 倍，3 倍，…になるとき，それに対応する y の値は，それぞれ何倍になりますか。

□(3) $x \neq 0$ のとき，対応する x と y の商 $\dfrac{y}{x}$ を求めなさい。

例題の答え **1** ①いえる　②いえない　**2** ①$120x$　②する　③120　**3** ①≦　②≦

解答▶▶ p.23

2節 比例
4 座標／5 比例のグラフ／6 比例のグラフのかき方と特徴(1)

●座標

教科書 p.134～135

□ **例題 1** 右の図で，点 A，B，C，D の座標(ざひょう)を表しなさい。 ▶▶1 2

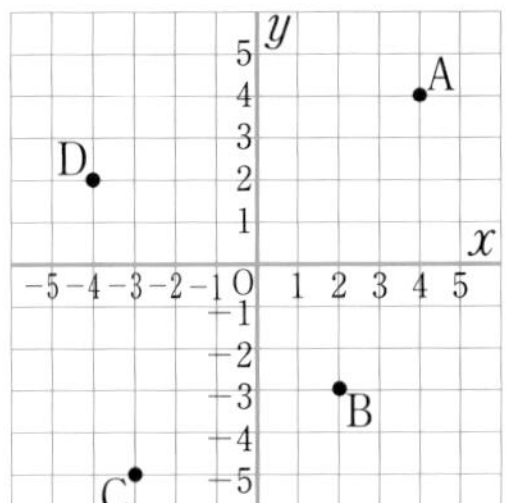

考え方 座標は，(x 座標，y 座標)と表します。

答え 点 A の座標は (①　　，②　　)

点 B の座標は (③　　，④　　)

点 C の座標は (⑤　　，⑥　　)

点 D の座標は (⑦　　，⑧　　)

座標が (4, 4) である点 A を A(4, 4) と表します。

プラスワン 座標

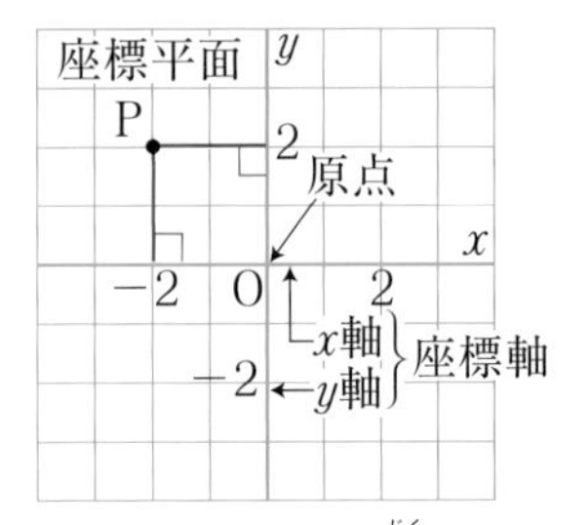

上の図の点 P は，x 軸(じく)上の −2 と y 軸上の 2 を組み合わせて，(−2, 2) と表します。これを点 P の**座標**，−2 を点 P の **x 座標**，2 を点 P の **y 座標**といいます。

●比例のグラフのかき方

教科書 p.138～139

□ **例題 2** 比例の関係 $y=\frac{3}{2}x$ のグラフをかきなさい。 ▶▶3

考え方 原点のほかにグラフが通る点を 1 つとり，その点と原点を通る直線をひきます。
グラフが通るもう 1 点は，x 座標と y 座標が両方とも整数である点をさがします。

答え $x=2$ のとき $y=$ ①　　

だから，グラフは，原点以外に

点 (②　　，①　　) を通る，

右のような直線になる。

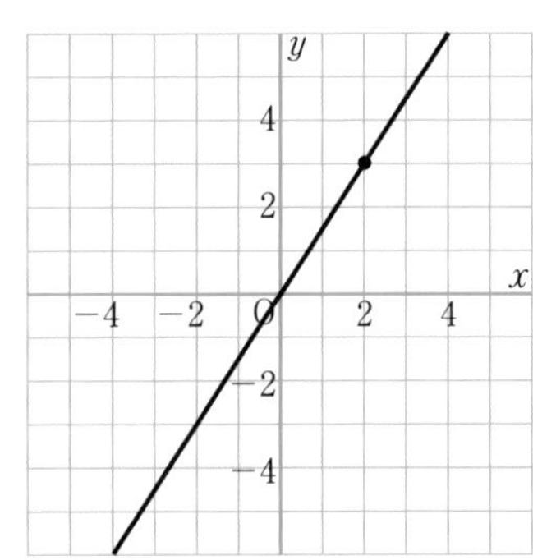

絶対理解 **1** 【座標】下の図で，点 A，B，C，D，E の座標を表しなさい。 教科書 p.135 問 1

□

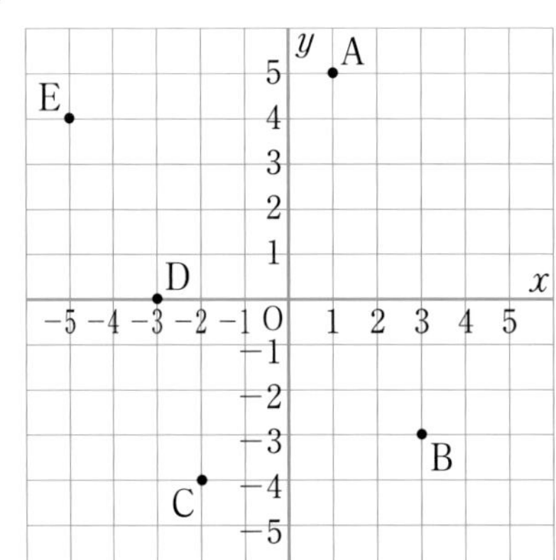

⚠ミス に注意

座標は，x 座標，y 座標の順にかきます。逆にかかないように注意しましょう。

2 【座標】次の点を，下の図にかき入れなさい。 教科書 p.135 問 2

□ F(3, 3)　G(−2, 5)　H(5, 0)　I(0, −4)

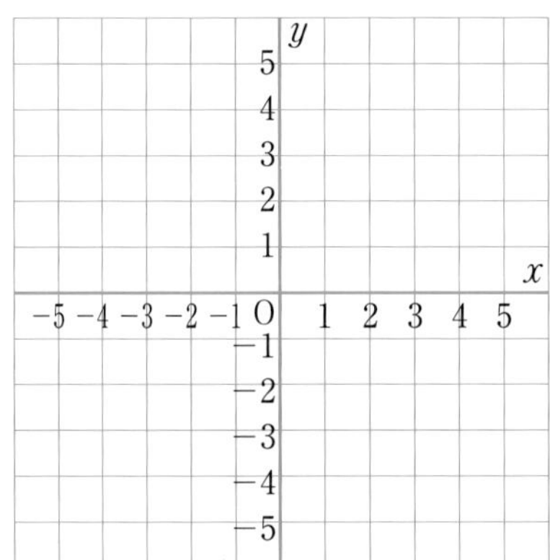

●キーポイント

(1, 2) は，x 座標が 1，y 座標が 2 である点を表しています。

4章

教科書 134〜139 ページ

よく出る **3** 【比例のグラフのかき方】次の比例のグラフを，下の図にかきなさい。

□(1)　$y=-x$

□(2)　$y=\dfrac{1}{4}x$

□(3)　$y=-\dfrac{2}{3}x$

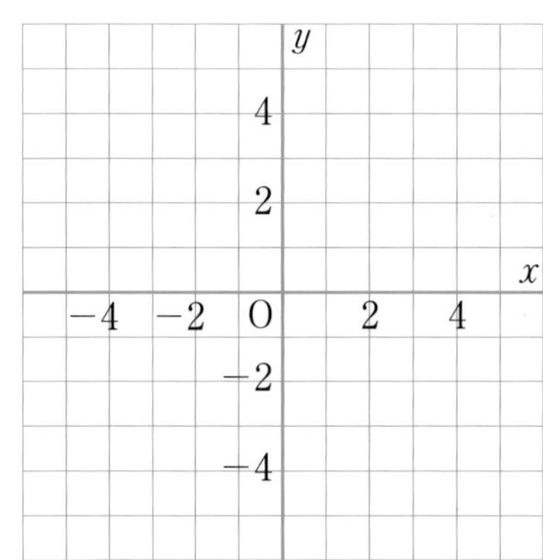

●キーポイント

原点のほかにグラフが通る点を 1 つさがし，その点と原点を通る直線をひきます。

例題の答え **1** ① 4　② 4　③ 2　④ −3　⑤ −3　⑥ −5　⑦ −4　⑧ 2　**2** ① 3　② 2

2節　比例
6　比例のグラフのかき方と特徴(2)／7　比例の式の求め方

●比例の関係 $y=ax$ のグラフの特徴

教科書 p.139〜140

□ **例題1** 比例の関係 $y=-3x$ で，x の値(あたい)が1増加すると，y の値はどのように変化しますか。 ▸▸1

x	……	-3	-2	-1	0	1	2	3	……
y	……	9	6	3	0	-3	-6	-9	……

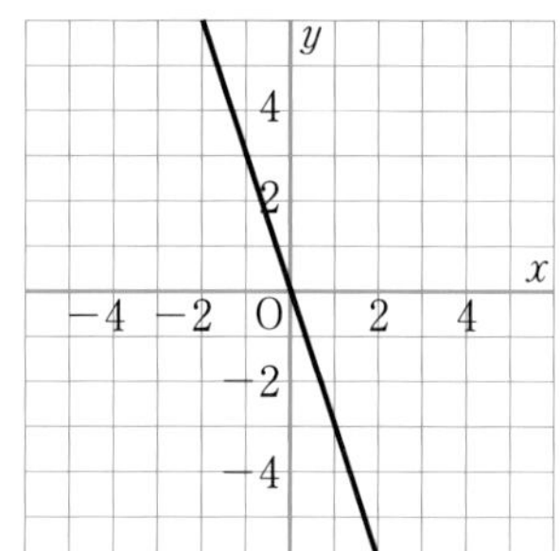

考え方　表やグラフを見て，y の値の変化を考えます。

答え　x の値が1増加すると，y の値は［　　］減少する。

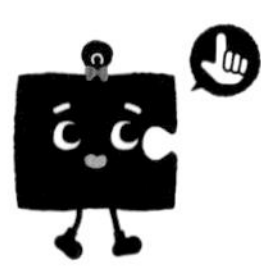

プラスワン　比例の関係 $y=ax$ のグラフ

原点と，点 $(1,\ a)$ を通る直線です。

1　$a>0$ のときは右上がり　　2　$a<0$ のときは右下がり

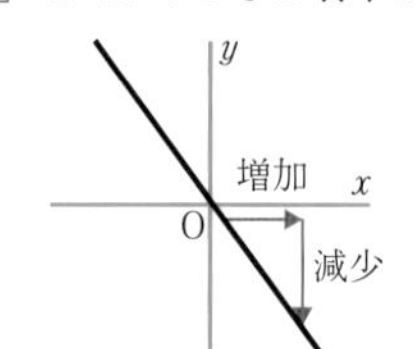

●1組の x，y の値から比例の式を求める

教科書 p.141

□ **例題2** y が x に比例し，$x=4$ のとき $y=24$ です。y を x の式で表しなさい。 ▸▸2

考え方　y が x に比例するから，$y=ax$ と表されます。このときの比例定数 a の値を求めます。

答え　y が x に比例するから，比例定数を a とすると，$y=ax$

$x=4$ のとき $y=24$ だから，

$24=a\times$ ①［　　］

$a=$ ②［　　］

したがって，$y=$ ③［　　］

$y=ax$ に，$x=4$，$y=24$ を代入する。

a の値を求める。$a=\frac{y}{x}$

ここがポイント

●比例のグラフから式を求める

教科書 p.142

□ **例題3** y が x に比例し，そのグラフが右の図の直線であるとき，y を x の式で表しなさい。 ▸▸3

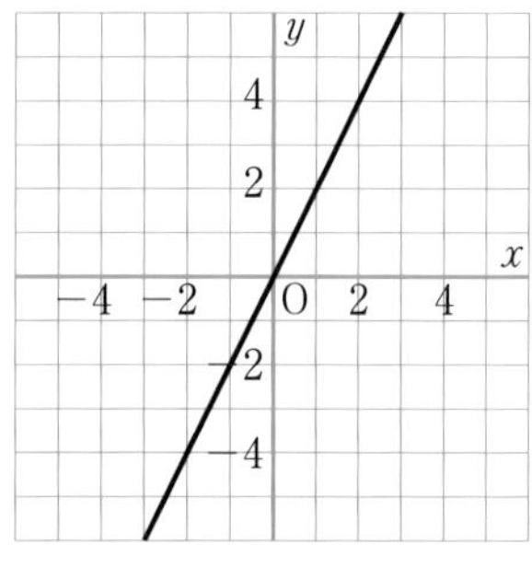

考え方　グラフが通る点の座標の値を $y=ax$ に代入します。

答え　y が x に比例するから，比例定数を a とすると，$y=ax$

$x=1$ のとき $y=2$ だから　←点 $(1,\ 2)$ を通る。

$2=a\times1$　　$a=$［　　］

したがって，$y=2x$

絶対理解 **1** 【比例の関係 $y=ax$ のグラフ】比例の関係 $y=3x$ について，次の問いに答えなさい。

教科書 p.139 問 4

□(1) 下の表の□をうめなさい。

x	……	-2	-1	0	1	2	……
y	……	-6	①	0	3	②	……

●キーポイント
(3)のグラフは，(1)の表の x と y の値の組を座標とする点をとって，その点を通る直線をひきます。

□(2) x の値が 1 増加すると，y の値はどのように変化しますか。

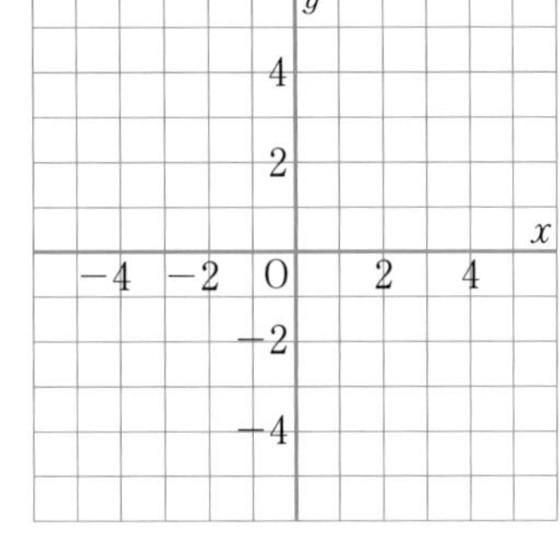

□(3) グラフを，右の図にかきなさい。

□(4) グラフで右へ 1 めもり分進むと，上下のどちらの方向へ何めもり分進みますか。

よく出る **2** 【1 組の x，y の値から比例の式を求める】次の場合について，y を x の式で表しなさい。

教科書 p.141 例 1

□(1) y が x に比例し，$x=4$ のとき $y=-28$ である。

□(2) y が x に比例し，$x=-12$ のとき $y=8$ である。

●キーポイント
比例定数を a とすると，$y=ax$ と表されます。

3 【比例のグラフから式を求める】y が x に比例し，そのグラフが下の図の(1)，(2)の直線であるとき，それぞれ y を x の式で表しなさい。

教科書 p.142 例 2

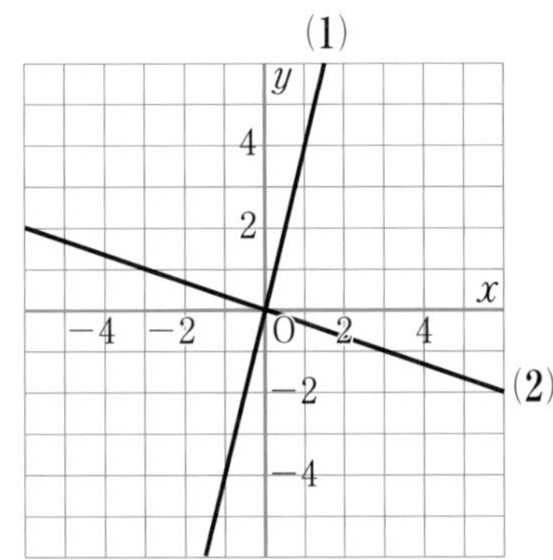

□(1)

□(2)

●キーポイント
原点のほかにグラフが通る 1 点の座標を読み取ります。このとき，x 座標も y 座標も整数である点をとると，読み取りやすいです。

例題の答え **1** 3 **2** ①4 ②6 ③$6x$ **3** 2

4章 教科書139～142ページ

解答▶▶ p.24

よく出る **1** 次の㋐〜㋔のことがらについて，(1)，(2)の問いに答えなさい。

㋐ x km の道のりを 3 km 進んだときの残りの道のりを y km とする。

㋑ x L のジュースを 6 人で等分したときの 1 人分の量を y L とする。

㋒ 面積が x cm^2 である三角形の高さを y cm とする。

㋓ 半径が x cm の円の周の長さを y cm とする。

㋔ 半径が x cm の円の面積を y cm^2 とする。

□(1) y は x の関数であるといえるものをすべて選び，記号で答えなさい。

□(2) y が x に比例しているものをすべて選び，y を x の式で表しなさい。また，その比例定数を答えなさい。

2 次の表は，y が x に比例する関係を表したものです。下の問いに答えなさい。

x	…	-2	-1	0	1	2	3	…
y	…	㋐	5	0	-5	-10	㋑	…

□(1) 上の表の ㋐ ，㋑ にあてはまる数を求めなさい。

□(2) 次の文章の ㋒ ，㋓ にあてはまる数を求めなさい。

・$x \neq 0$ のとき，商 $\dfrac{y}{x}$ の値は一定で， ㋒ になる。

・x の値を 3 倍すると，y の値は ㋓ 倍になる。

□(3) y を x の式で表しなさい。また，比例定数を答えなさい。

3 次の問いに答えなさい。

□(1) 右の図で，7 つの点 A，B，C，D，E，F，G の座標を表しなさい。

□(2) 次の点を，右の図にかき入れなさい。

H (3, 4)　　I (−1, −3)

J (−2, 6)　　K (0, 1)

L (4, −2)　　M (−3, 0)

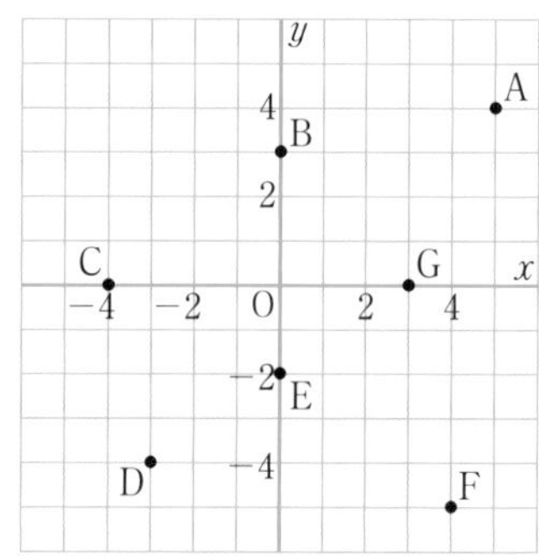

ヒント **1** (2)㋓円周率 π は決まった数を表すので，定数です。
3 (1)座標は (x 座標，y 座標) で表します。

定期テスト予報
●「$y=ax$ ならば比例」,「比例ならば $y=ax$」を理解して使い分けよう。
関数や比例では，図形の周の長さや面積，速さ・時間・道のりの関係がよく題材にされるよ。グラフはかくのも読むのも，x 座標と y 座標が両方とも整数である点を見つけることがポイントだ。

4 y が x に比例し，$x=-9$ のとき $y=12$ です。次の問いに答えなさい。

□(1) y を x の式で表しなさい。

□(2) $x=12$ のときの y の値を求めなさい。

5 次の比例のグラフを，右の図にかきなさい。

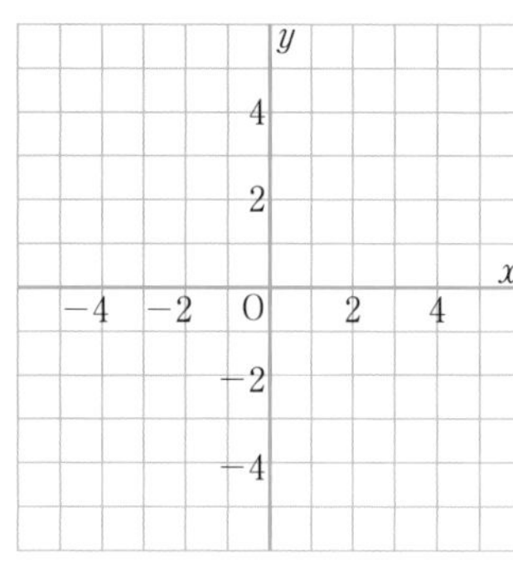

□(1) $y=\frac{5}{2}x$　　□(2) $y=-\frac{3}{4}x$

□(3) $(-20,\ -5)$ を座標とする点を通る

6 y が x に比例し，そのグラフが右の図の(1)，(2)の直線であるとき，それぞれ y を x の式で表しなさい。

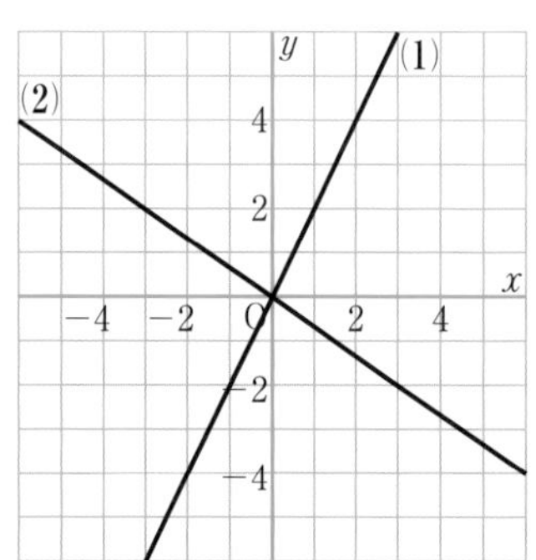

□(1)

□(2)

7 高さ 60 cm まで水がはいる直方体の空（から）の水そうに，満水になるまで一定の割合で水を入れたところ，5 分間で水面の高さが 20 cm になりました。水を入れ始めてから x 分後の水面の高さを y cm として，次の問いに答えなさい。

□(1) y を x の式で表しなさい。

□(2) 水面の高さが 36 cm になるのは，水を入れ始めて何分後ですか。

□(3) x の変域を表しなさい。

ヒント　**5** (3)比例定数を求めてからグラフをかきます。
7 (3)x の変域は，満水になるまでの時間となります。

4章　教科書126～142ページ

解答▶▶ p.25

ぴたトレ 1 要点チェック

4章　比例と反比例

3節　反比例

1　反比例を表す式／2　数の範囲の広がりと反比例の性質
3　反比例のグラフ(1)

●反比例を表す式

教科書 p.144~145

□ 例題 1　24 km の道のりを時速 x km の自動車で走ると，y 時間かかります。 ▶▶1

(1)　y を x の式で表しなさい。

(2)　y が x に反比例するかどうかを調べ，反比例する場合には，比例定数を答えなさい。

考え方　(2)　$y=\frac{a}{x}$ の式で表されるとき，y は x に反比例するといいます。

答え　(1)　(時間)＝(道のり)÷(速さ) だから，$y=\frac{24}{①\square}$
（時間 → y，道のり → 24，速さ → x）

(2)　$y=\frac{a}{x}$ の式で表されるので，

y は x に反比例 ②□。

その比例定数は ③□

y が x に反比例する ⇔ $y=\frac{a}{x}$　ここがポイント

プラスワン　比例定数

反比例の関係を表す式 $y=\frac{a}{x}$ の a を**比例定数**といいます。

●反比例のグラフ

教科書 p.148~149

□ 例題 2　反比例の関係 $y=\frac{12}{x}$ のグラフをかきなさい。 ▶▶3

考え方　対応する x，y の値(あたい)の組を座標とする点をとり，なめらかな曲線で結びます。

答え

x	…	−6	−4	−3	−2	−1	0	1	2	3	4	6	…
y	…	−2	−3	−4	−6	−12	×	12	①	②	③	④	…

これらの値の組を座標とする点をかき入れ，なめらかな曲線で結ぶと，右のようなグラフになります。

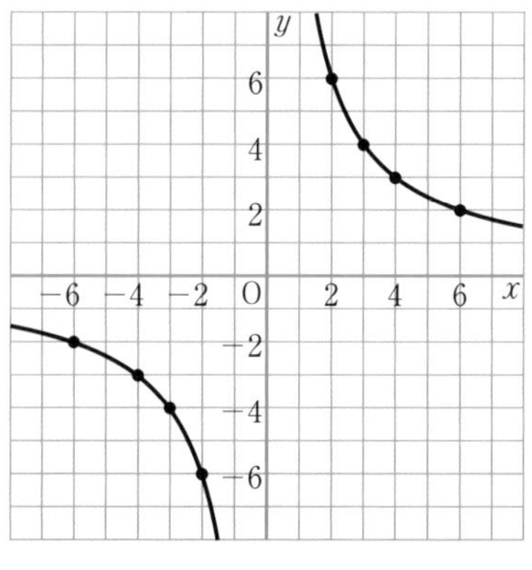

絶対理解 **1** 【反比例を表す式】次の(1)〜(3)について，y を x の式で表しなさい。また，y が x に反比例するものには○，反比例しないものには×をかき，反比例する場合には，比例定数をかきなさい。 教科書 p.145 例 1

□(1) 90 cm の針金を x cm 使ったときの残りの長さ y cm

□(2) 底辺 x cm，高さ y cm の平行四辺形の面積が 18 cm^2

□(3) 50 cm のリボンを x 等分したときの 1 本分の長さ y cm

2 【数の範囲の広がりと反比例の性質】反比例の関係 $y=-\dfrac{36}{x}$ について，次の問いに答えなさい。 教科書 p.147 問 3

□(1) 下の表の㋐〜㋓にあてはまる数をかきなさい。

x	−4	−3	−2	−1	0	1	2	3	4
y	㋐	12	18	㋑	×	−36	㋒	−12	㋓

●キーポイント
(2)，(3)は，(1)の表から考えます。

□(2) x の値が 2 倍，3 倍，4 倍，…になるとき，それに対応する y の値はそれぞれ何倍になりますか。

□(3) 対応する x と y の積 xy は，何を表していますか。

3 【反比例のグラフ】次の関数のグラフをかきなさい。 教科書 p.149 問 3,4

□(1) $y=\dfrac{8}{x}$

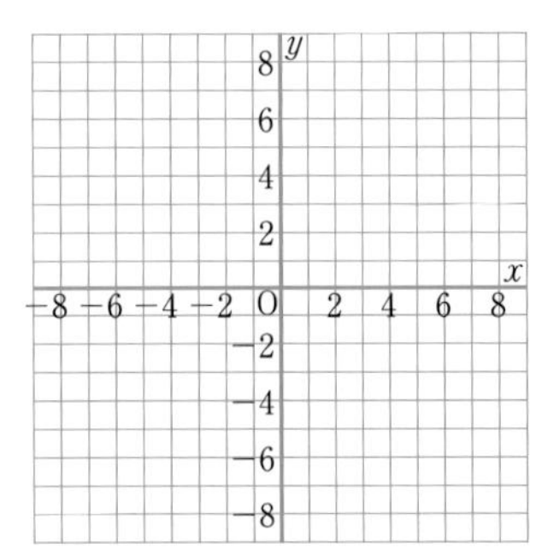

□(2) $y=-\dfrac{9}{x}$

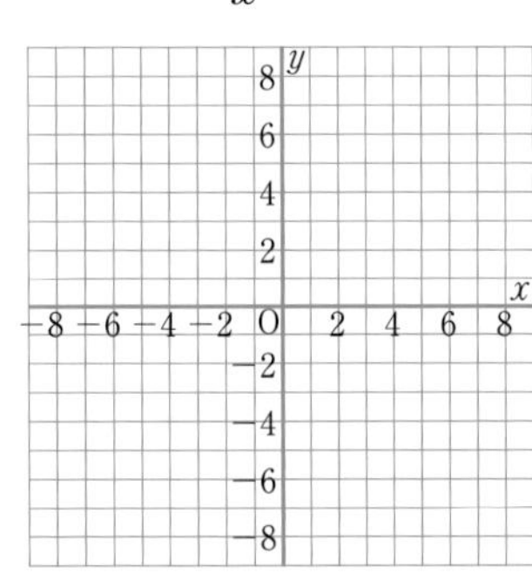

⚠ミスに注意
グラフは x 軸，y 軸と交わらないように注意してかきましょう。

例題の答え **1** ①x ②する ③24 **2** ①6 ②4 ③3 ④2

ぴたトレ 1 要点チェック

4章　比例と反比例

3節　反比例
3　反比例のグラフ(2)／4　反比例の式の求め方

●1組の x，y の値から反比例の式を求める

教科書 p.151

□ **例題1** y が x に反比例し，$x=2$ のとき $y=-8$ です。y を x の式で表しなさい。 ▶▶2 3

考え方　y が x に反比例するから，$y=\frac{a}{x}$ と表されます。このときの比例定数 a の値(あたい)を求めます。

答え　y が x に反比例するから，比例定数を a とすると　$y=\frac{a}{x}$

$x=2$ のとき，$y=-8$ だから

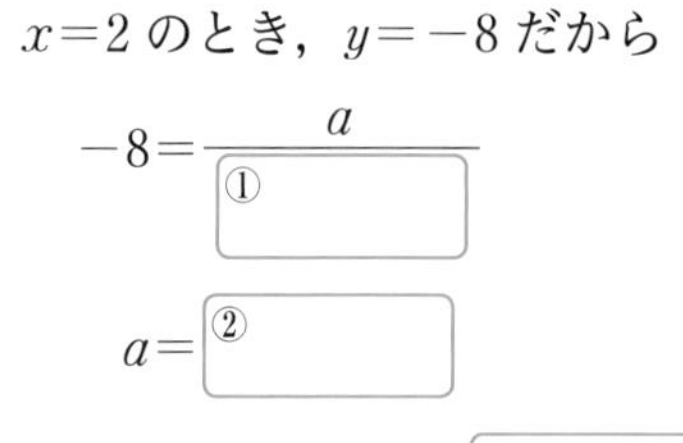

$-8=\frac{a}{①}$

$a=$②

$y=\frac{a}{x}$ に，$x=2$，$y=-8$ を代入する。

a の値を求める。$a=xy$

ここがポイント

したがって，$y=-\frac{③}{x}$

●反比例のグラフから式を求める

教科書 p.152

□ **例題2** y が x に反比例し，そのグラフが右の図の双曲線(そうきょくせん)であるとき，y を x の式で表しなさい。 ▶▶2

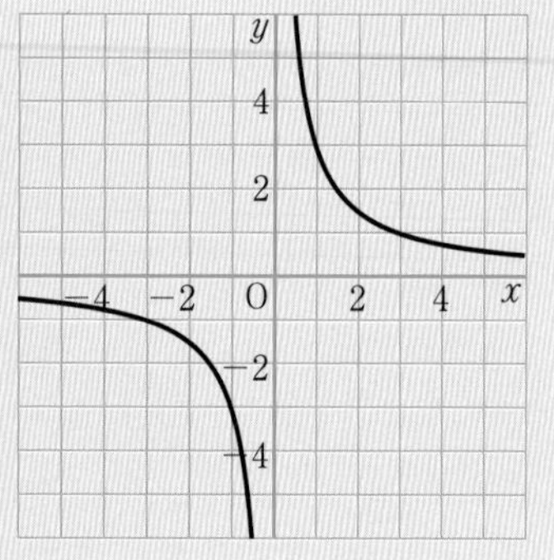

考え方　反比例の関係のグラフである1組の曲線を双曲線といいます。
上の図で，グラフは点 (1，3) を通ります。

答え　y が x に反比例するから，比例定数を a とすると　$y=\frac{a}{x}$

$x=$① のとき $y=$② だから

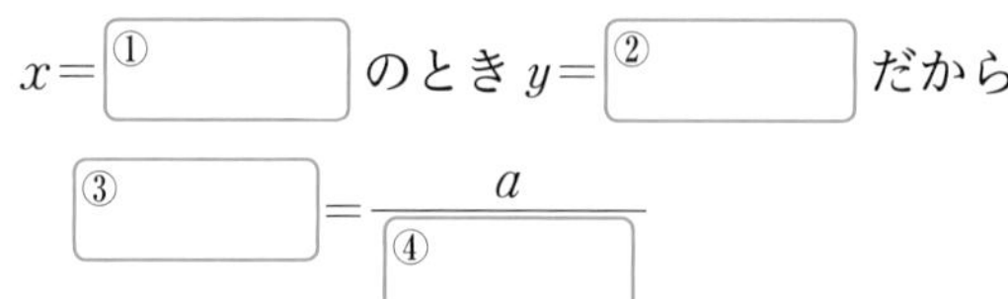

③ $=\frac{a}{④}$

$a=$⑤

したがって　$y=$⑥

x 座標と y 座標が両方とも整数である点の座標を読み取って，比例定数 a を求めます。

答　$y=$⑥

絶対理解 **1** 【反比例のグラフ】反比例の関係 $y=\dfrac{16}{x}$ について，次の問いに答えなさい。

教科書 p.150 問5

□(1) 下の表の，対応する x，y の値の組を座標とする点をとり，グラフを，下の図にかきなさい。

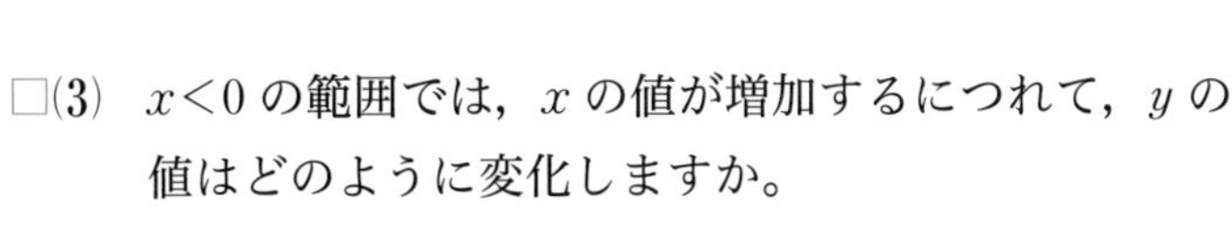

x	-8	-4	-2	-1	0	1	2	4	8
y	-2	-4	-8	-16	×	16	8	4	2

●キーポイント

(1) グラフはなめらかな2つの曲線になります。

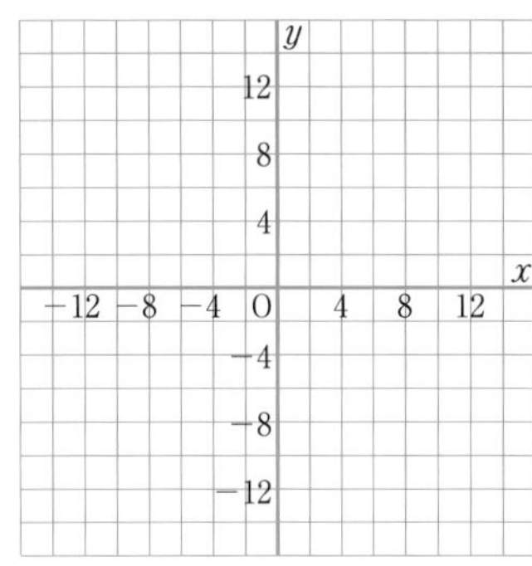

□(2) $x>0$ の範囲（はんい）では，x の値が増加するにつれて，y の値はどのように変化しますか。

□(3) $x<0$ の範囲では，x の値が増加するにつれて，y の値はどのように変化しますか。

よく出る **2** 【反比例の式を求める】次の(1)，(2)について，y を x の式で表しなさい。

教科書 p.151〜152 例1,2

□(1) y が x に反比例し，$x=6$ のとき $y=8$ である。

□(2) y が x に反比例し，そのグラフが点 $(-2,\ -15)$ を通る。

3 【1組の x，y の値から反比例の式を求める】家から学校まで分速 80 m で歩くと 15 分かかります。この道のりを分速 x m で歩くときにかかる時間を y 分として，次の問いに答えなさい。

教科書 p.151 問2

□(1) y を x の式で表しなさい。

□(2) この道のりを分速60 m で歩くときにかかる時間を求めなさい。

□(3) $60 \leqq x \leqq 80$ のときの y の変域を表しなさい。

例題の答え **1** ①2 ②−16 ③16 **2** ①1 ②3 ③3 ④1 ⑤3 ⑥$\dfrac{3}{x}$

4章 比例と反比例

4節 比例と反比例の活用
1 比例と反比例の活用／2 比例のグラフの活用
3 ポスターの文字の大きさを決めよう

●比例の関係の活用

教科書 p.154

□ 例題 1 重さが 800 g の用紙の束(たば)があります。これと同じ用紙 30 枚の重さが 120 g でした。束になっている用紙の枚数を求めなさい。 ▶▶1

考え方 用紙の重さは枚数に比例することを使います。

答え x 枚分の用紙の重さを y g とする。

y は x に比例するから，比例定数を a とすると

$y=ax$

$x=30$ のとき，$y=120$ だから

$120=a\times$ ①［　　］　　$a=$ ②［　　］

1 比例定数 a の値(あたい)を求める。

したがって　$y=4x$

$y=800$ のとき

$800=4x$　　$x=$ ③［　　］

2 y の値を代入して，x の値を求める。

答 ③［　　］枚

●反比例の関係の活用

教科書 p.155

□ 例題 2 右の図のように，天びんの左側におもり A をつるし，右側におもり B をつるしました。おもり A は支点から 10 cm のところにつるしたままにして，天びんがつり合うときのおもり B の重さと支点からの距離(きょり)を調べたら，下の表のようになりました。

10 cm
A
B

支点からの距離(cm)	5	10	15	20
おもり B の重さ(g)	240	120	［　］	60

表の［　］にあてはまる数を求めなさい。 ▶▶2

考え方 (支点からの距離)×(おもり B の重さ)が一定だから，反比例の関係があると考えられます。

答え 支点から x cm の距離につるしたおもり B の重さを y g とする。

y は x に反比例するから，比例定数を a とすると　$y=\dfrac{a}{x}$

$x=5$ のとき，$y=240$ だから　$a=$ ①［　　］

したがって　$y=\dfrac{1200}{x}$

$x=15$ のとき　$y=\dfrac{1200}{15}=$ ②［　　］

答 ②［　　］

絶対理解 **1** 【比例の関係の活用】4 個のトマトから約 200 mL のジュースができるそうです。x 個のトマトから y mL のジュースができるとして，60 個のトマトからできるジュースの量を，次の 2 通りの方法でそれぞれ求めなさい。 教科書 p.154 例 1

□(1) y を x の式で表して，その式を使って求める。

□(2) 右の表を使って求める。

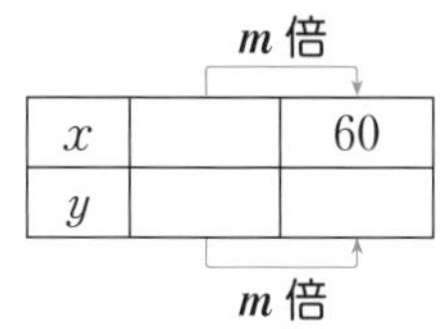

2 【反比例の関係の活用】右の図のように，天びんの支点の左側にみかんをつるして固定し，支点の右側には，x g のおもりを，天びんがつり合うように，支点から y cm の距離につるします。下の表は，x と y の関係をまとめたものです。45 g のおもりをつるしてつり合うときの支点からの距離を，次の 2 通りの方法でそれぞれ求めなさい。 教科書 p.155 例 2

x	5	10	15	20	25
y	36	18	12	9	7.2

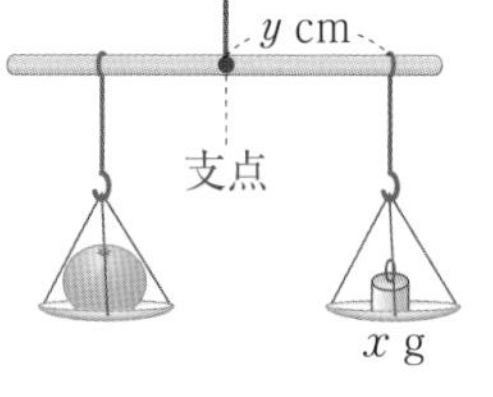

□(1) y を x の式で表して，その式を使って求める。

□(2) 右の表を使って求める。

m 倍

x		45
y		

$\frac{1}{m}$ 倍

3 【比例のグラフの活用】家から 1000 m 離(はな)れた公園へ走って行きました。右の図は，家を出てから公園に着くまでの，時間と道のりの関係を表したグラフです。家を出てから x 分後に，家からの道のりが y m になったとして，次の問いに答えなさい。 教科書 p.156 問 1

□(1) y を x の式で表しなさい。また，x の変域を表しなさい。

□(2) y を x の式で表したときの比例定数は，どんな数量を表していますか。

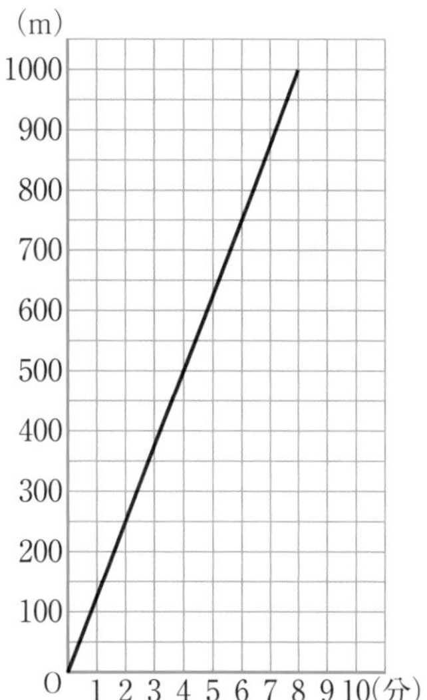

●キーポイント

比例定数 a は $\frac{y}{x}$ で，$\frac{(道のり)}{(時間)}$ を表しています。

例題の答え **1** ①30 ②4 ③200 **2** ①1200 ②80

4章 教科書154〜159ページ

3節　反比例　1～4
4節　比例と反比例の活用　1～3

1 次のことがらについて，y を x の式で表し，y は x に反比例するかどうかを調べなさい。

□(1)　時速 4 km で x 時間歩いたときの道のりを y km とする。

□(2)　10 km の道のりを x 時間で歩いたときの速さを時速 y km とする。

□(3)　10 km の道のりを時速 x km で歩いたときにかかる時間を y 時間とする。

2 次の表は，y が x に反比例する関係を表したものです。下の問いに答えなさい。

x	…	-2	-1	0	1	2	3	…
y	…	㋐	-30	×	30	15	㋑	…

□(1)　上の表の ㋐ ，㋑ にあてはまる数を求めなさい。

□(2)　次の文章の ㋒ ，㋓ にあてはまる数を求めなさい。

・xy の値(あたい)は一定で， ㋒ になる。

・x の値を 2 倍にすると，y の値は ㋓ 倍になる。

□(3)　y を x の式で表しなさい。また，比例定数を答えなさい。

3 次の反比例のグラフを，右の図にかきなさい。
また，x の変域が $2 \leqq x \leqq 4$ のとき，それぞれ y の変域を表しなさい。

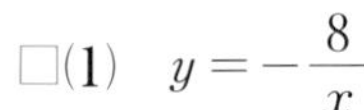

□(1)　$y=-\dfrac{8}{x}$

□(2)　$x=24$ のとき $y=0.5$

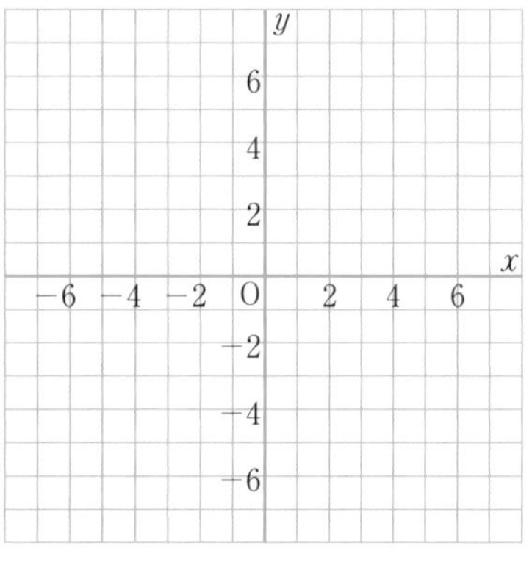

4 y が x に反比例し，$x=2$ のとき $y=5$ です。次の問いに答えなさい。

□(1)　y を x の式で表しなさい。

□(2)　$x=5$ のときの y の値，$y=-10$ のときの x の値を，それぞれ求めなさい。

ヒント　**1** 速さ，時間，道のりの関係を利用します。
3 変域はグラフから読み取ります。

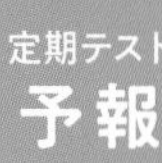

定期テスト予報

●反比例の「$xy=a$(比例定数)」は便利な性質だ。大いに利用しよう。
反比例の式は $y=\frac{a}{x}$ の形で答えるよ。xの値がm倍になるとyの値は $\frac{1}{m}$ 倍になることも特徴的(とくちょうてき)だ。
グラフは，$x<0$，$x>0$ で分かれた双曲線。これらの反比例に特有の性質が出題のねらいめになる。

よく出る **5** 同じ種類の紙がたくさんあります。この紙 50 枚を積んだ高さと，全部の紙を積んだ高さはそれぞれ 6 mm，42 mm です。全部の紙の枚数は約何枚かを求めなさい。

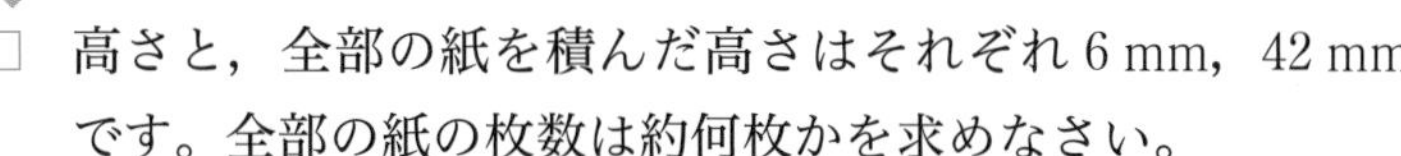

よく出る **6** 用意したリボンを 12 人で等分すると，1 人分が 40 cm になります。このリボンを x 人で等分すると，1 人が y cm になるとして，次の問いに答えなさい。

□(1) y を x の式で表しなさい。

□(2) (1)の式の比例定数は，どんな数量を表していますか。

□(3) 何人かで等分すると，1 人分が 30 cm になりました。何人で等分しましたか。

7 列車 A と列車 B は，山町駅から 18 km 先の海町駅まで，同じ時刻に出発しました。下の図は，出発してから x 分後には，山町駅から y km 進んだとして，列車 A，B の進んだようすをグラフに表したものです。次の問いに答えなさい。

□(1) 速さが速いのは，どちらの列車ですか。

□(2) 2 つの列車が海町駅に着くまでにかかった時間の差は何分ですか。

□(3) 2 つの列車が 3 km 離(はな)れるのは，山町駅を出発してから何分後ですか。

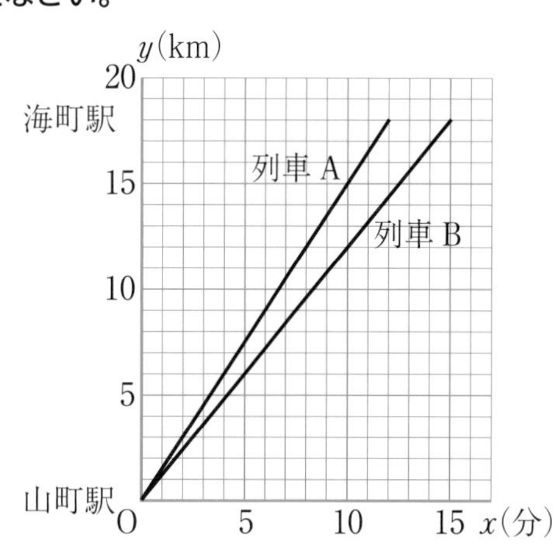

ヒント

5 紙の高さと枚数が比例することを利用します。

7 (3)グラフから，y の値の差が 3km になる x の値を読み取ります。

4章

教科書 144〜159ページ

解答▶▶ p.27

ぴたトレ **3** 確認テスト

4章　比例と反比例

❶ 次の㋐～㋓のことがらについて，(1)～(3)の問いに答えなさい。 知

㋐　35人のクラスで，欠席者が x 人のときの出席者を y 人とする。

㋑　1個70円のトマトを x 個買うときの代金を y 円とする。

㋒　80 m^2 のへいに，1時間に x m^2 の割合でペンキをぬるとき，このへいをすべてぬるのにかかる時間を y 時間とする。

㋓　上底が3 cm，下底が x cmの台形の面積を y cm^2 とする。

(1)　y は x の関数であるといえるものをすべて選び，記号で答えなさい。

(2)　y が x に比例しているものを選び，y を x の式で表しなさい。

(3)　y が x に反比例しているものを選び，y を x の式で表しなさい。

❶　点/15点（各5点）

(1)	
(2)	記号 式
(3)	記号 式

（(2), (3)各完答）

❷ 次の問いに答えなさい。 知

(1)　y が x に比例し，$x=-6$ のとき $y=10$ です。

①　y を x の式で表しなさい。

②　$x=15$ のときの y の値（あたい）を求めなさい。

(2)　y が x に反比例し，$x=-9$ のとき $y=-8$ です。

①　y を x の式で表しなさい。

②　$y=-18$ のときの x の値を求めなさい。

❷　点/20点（各5点）

(1)	①
	②
(2)	①
	②

❸ 次の問いに答えなさい。 知

(1)　次の①，②のグラフをかきなさい。

①　$y=\dfrac{4}{3}x$　　　②　$y=-\dfrac{4}{x}$

(2)　右の図の①は比例のグラフ，②は反比例のグラフです。それぞれ y を x の式で表しなさい。

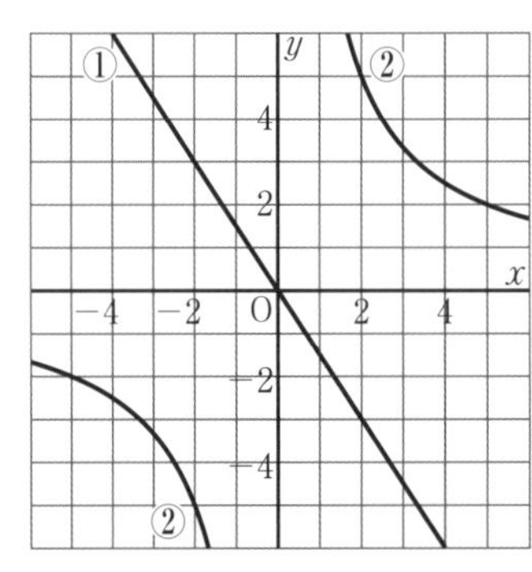

❸　点/20点（各5点）

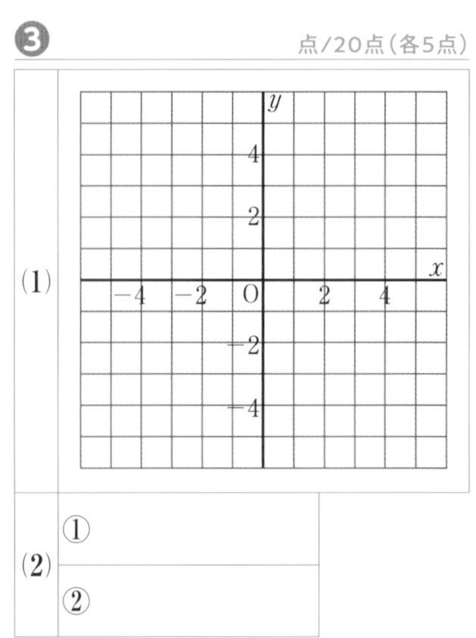

(2)	①
	②

成績評価の観点　知…数量や図形などについての知識・技能　考…数学的な思考・判断・表現

4 家から駅まで分速 60 m で歩くと 12 分かかります。この道のりを分速 x m で歩くときにかかる時間を y 分として，次の問いに答えなさい。知

(1) y を x の式で表しなさい。

(2) この道のりを分速 80 m で歩くときにかかる時間を求めなさい。

(3) $40 \leqq x \leqq 90$ のときの y の変域を表しなさい。

4 点/15点（各5点）

(1)	
(2)	
(3)	

点UP **5** 1 辺 30 cm の正方形の厚紙があります。重さは 36 g です。この厚紙から，右の図のようなペンギンの形を切りぬき，その重さをはかったところ，20 g でした。このペンギンの形の面積を求めなさい。考

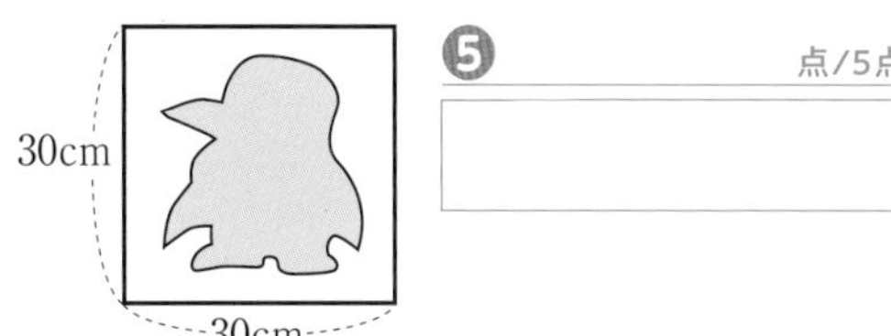

点UP **6** 姉と弟は，家から 900 m 離(はな)れた学校へ向かって歩きました。右の図は，2 人が家を出てから学校に着くまでの，時間と道のりの関係を表したグラフです。次の問いに答えなさい。考

(1) 学校にはどちらが何分先に着きましたか。

(2) 2 人が家を出てから 10 分後に，2 人は何 m 離れていますか。

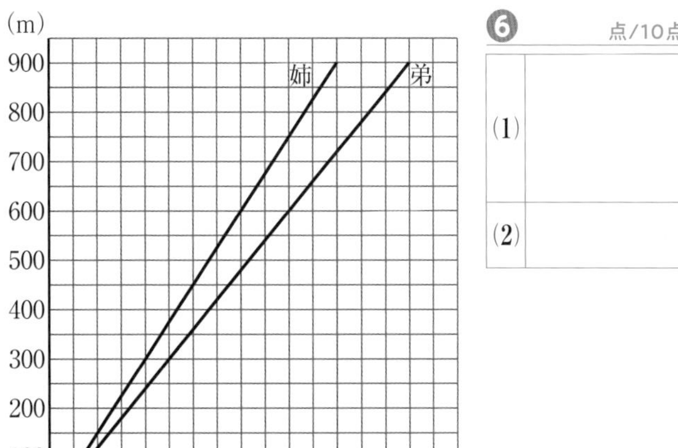

6 点/10点（各5点）

(1)	
(2)	

7 右の図の直角三角形 ABC で，点 P は B を出発して，辺 BC 上を C まで進みます。点 P が B から x cm 進んだときにできる直角三角形 ABP の面積を y cm^2 として，次の問いに答えなさい。考

(1) y を x の式で表しなさい。

(2) x，y の変域をそれぞれ表しなさい。

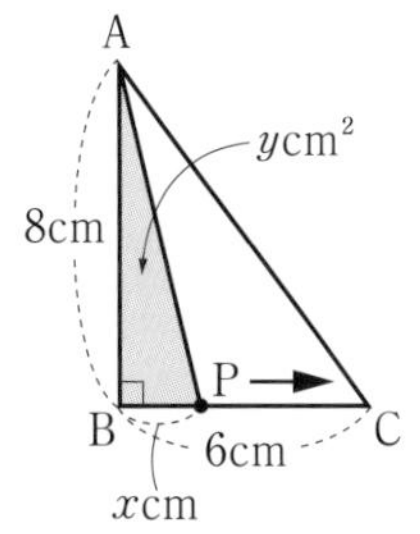

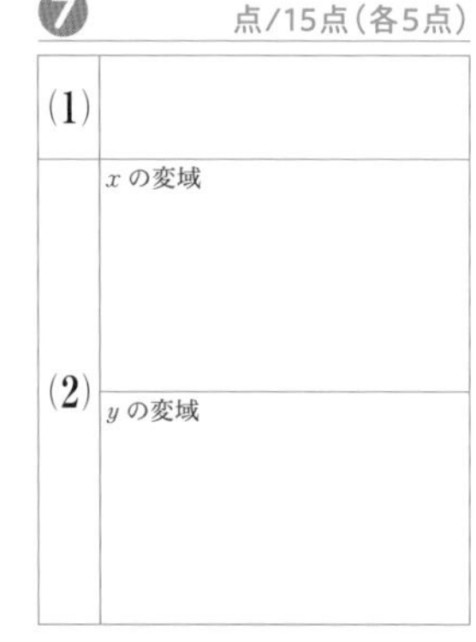

4章 教科書124～162ページ

教科書のまとめ〈4章　比例と反比例〉

●関数

ともなって変わる2つの変数x，yがあって，xの値を決めると，それに対応するyの値がただ1つ決まるとき，**yはxの関数である**という。

●比例の式

yがxの関数で，$y=ax$という式で表されるとき，**yはxに比例する**といい，定数aを**比例定数**という。

●変域

変数のとる値の範囲を，その変数の**変域**といい，不等号＜，＞，≦，≧を使って表す。

●比例の関係

比例の関係$y=ax$では，

1. xの値がm倍になると，それに対応するyの値もm倍になる。
2. $x \neq 0$のとき，対応するxとyの商$\dfrac{y}{x}$は一定で，比例定数aに等しい。

●座標

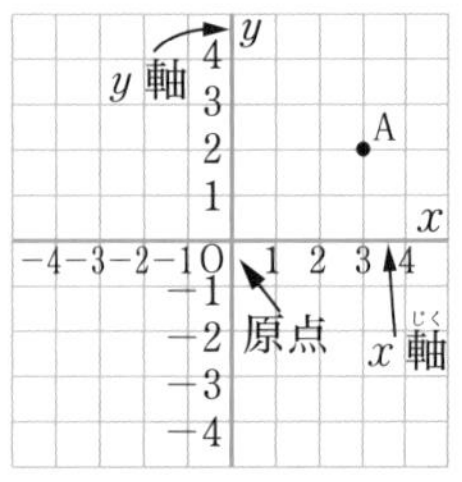

・x軸とy軸を合わせて**座標軸**という。

・上の図の点Aを表す数の組(3，2)を点Aの**座標**という。

・座標軸を使って，点の位置を座標で表すようにした平面を座標平面という。

●比例の関係 $y=ax$ のグラフ

原点と，点(1，a)を通る直線である。

$a>0$のとき

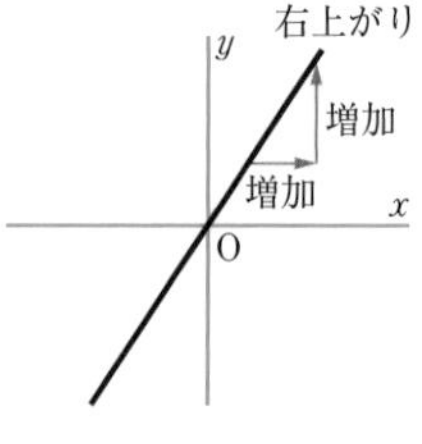

$a<0$のとき

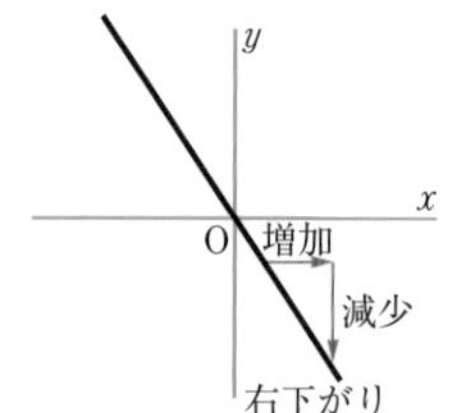

●反比例の式

yがxの関数で，$y=\dfrac{a}{x}$という式で表されるとき，**yはxに反比例する**といい，定数aを**比例定数**という。

●反比例の関係

反比例の関係$y=\dfrac{a}{x}$では，

1. xの値がm倍になると，それに対応するyの値は$\dfrac{1}{m}$倍になる。
2. 対応するxとyの積xyは一定で，比例定数aに等しい。

●反比例の関係 $y=\dfrac{a}{x}$ のグラフ

$a>0$のとき

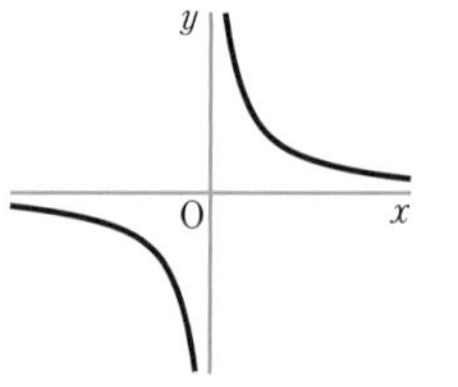

$a<0$のとき

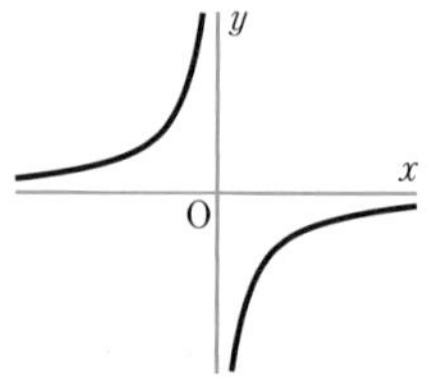

反比例の関係$y=\dfrac{a}{x}$のグラフである1組の曲線を**双曲線**という。

5章　平面図形

次の学習に入る前に取り組もう。

□線対称(たいしょう)な図形の性質　◀小学6年

・対応する2点を結ぶ直線は，対称の軸(じく)と垂直に交わります。
・その交わる点から，対応する2点までの長さは等しくなります。

□点対称な図形の性質　◀小学6年

・対応する2点を結ぶ直線は，対称の中心を通ります。
・対称の中心から，対応する2点までの長さは等しくなります。

1 右の図は，線対称な図形です。次の問いに答えなさい。　◀小学6年〈対称な図形〉

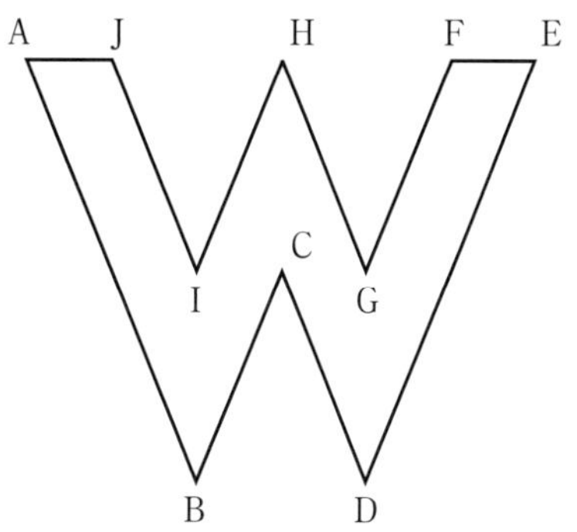

(1) 対称の軸を図にかき入れなさい。

(2) 点BとDを結ぶ直線BDと，対称の軸とは，どのように交わっていますか。

(3) 直線AHの長さが3 cmのとき，直線EHの長さは何cmになりますか。

ヒント
2つに折ると，両側がぴったりと重なるから……

2 右の図は，点対称な図形です。次の問いに答えなさい。　◀小学6年〈対称な図形〉

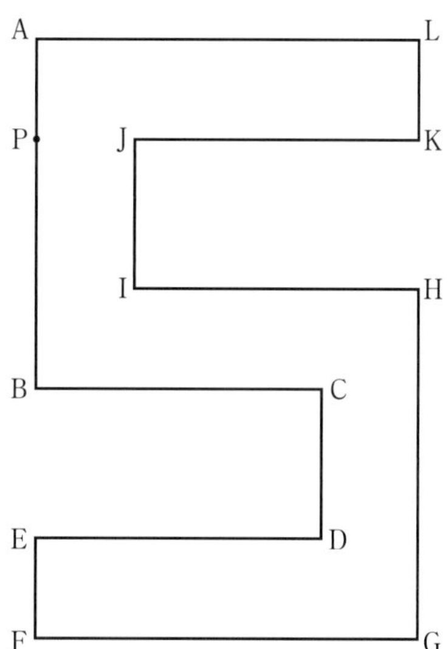

(1) 対称の中心Oを図にかき入れなさい。

(2) 点Bに対応する点はどれですか。

(3) 右の図のように，辺AB上に点Pがあります。この点Pに対応する点Qを図にかき入れなさい。

ヒント
対応する点を結ぶ直線をかくと……

解答▶▶ p.29

5章 平面図形

1節 基本の図形
1 直線と角／2 平行と垂直／3 円

●点と直線

教科書 p.166～169

例題 1 右の図のひし形について，次のことがらを記号で表しなさい。 ▶▶1～3

(1) 辺 AB と辺 BC の長さが等しいこと
(2) アの角
(3) 対角線 AC と BD が垂直であること
(4) 辺 AB と辺 CD が平行であること
(5) 3 点 A，B，C を頂点とする三角形

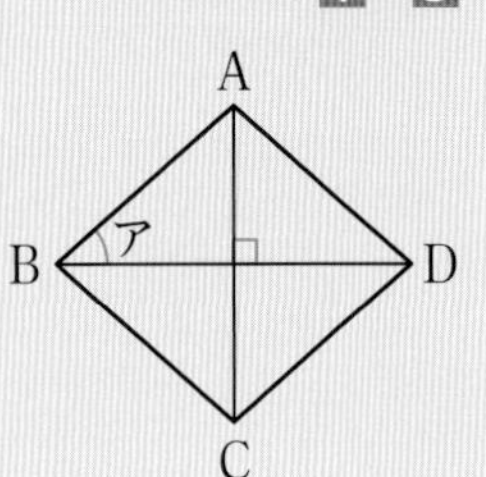

考え方 (2) アの角は，2 つの半直線 BA，BD でつくられる角です。

答え
(1) AB ① BC
(2) ② ABD
(3) AC ③ BD
(4) AB ④ CD
(5) ⑤ ABC

プラスワン ∠，⊥，//

∠ABC は「角 ABC」と読みます。
AB⊥CD は「AB 垂直 CD」と読みます。
AD // BC は「AD 平行 BC」と読みます。

●円

教科書 p.170～171

例題 2 右の図の円 O について，次の問いに答えなさい。 ▶▶4

(1) 円周の A から B までの弧(こ)を，記号を使って表しなさい。
(2) 円の弦(げん)が最も長くなるのは，どんなときですか。
(3) 直線 ℓ は，円 O 上の点 C を通る円の接線(せっせん)です。直線 ℓ と半径 OC の位置関係を，記号を使って表しなさい。

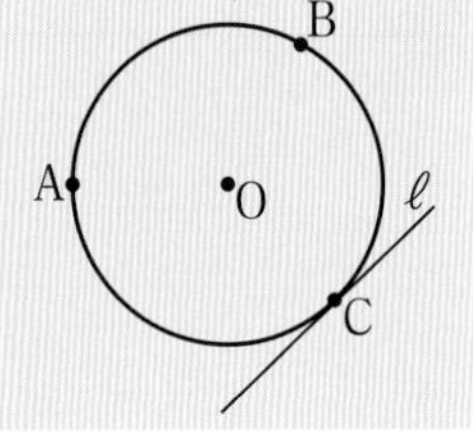

考え方 (3) 円の接線は，接点(せってん)を通る半径に垂直であることを使います。
└円と直線が接する点

答え
(1) $\overset{\frown}{①}$
(2) 弦 AB が ② になるとき
(3) ℓ ③ OC

プラスワン 弧，弦

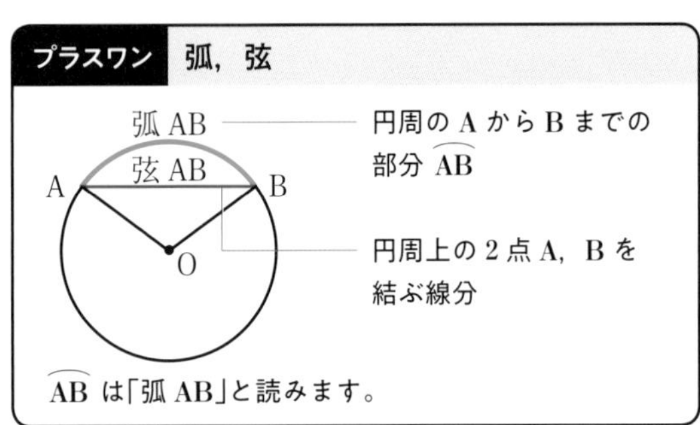

$\overset{\frown}{AB}$ は「弧 AB」と読みます。

1 【直線と線分】次の線を下の図にかきなさい。

教科書 p.166 Q

□(1) 直線 BC

□(2) 線分 AD

●キーポイント

「線分 AD」は，2点 A，D を両端（りょうたん）とする直線の一部です。

絶対理解 **2** 【直線と角，平行と垂直】下の図の四角形 ABCD は長方形です。次の問いに答えなさい。

教科書 p.167 問 3，p.168～169 問 1,2

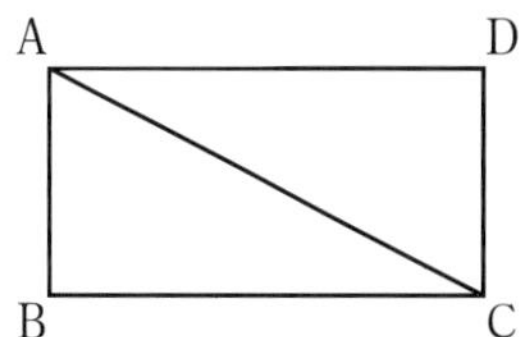

□(1) 辺 AB と辺 DC の長さの関係を，記号を使って表しなさい。

□(2) 半直線 CA と CB でつくられる角を，記号を使って表しなさい。

□(3) 辺 AB と辺 BC の位置関係を，記号を使って表しなさい。

□(4) 辺 AD と辺 BC の位置関係を，記号を使って表しなさい。

よく出る **3** 【点と点，点と直線，直線と直線との距離】下の図の平行四辺形について，次の距離（きょり）を求めなさい。

教科書 p.166,169

□(1) 点 C と点 D

□(2) 点 A と辺 BC

□(3) 辺 AD と辺 BC

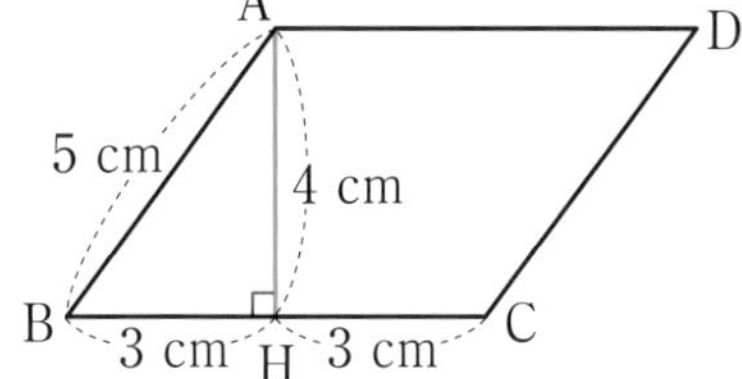

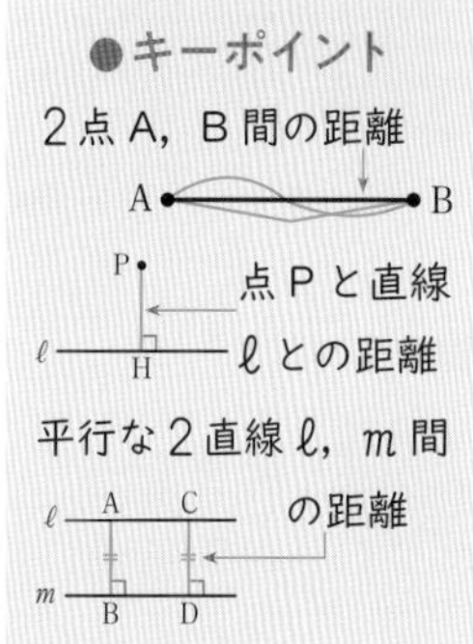

よく出る **4** 【円と直線】右の図で，直線 PA，PB は円 O の接線です。

□ ∠APB＝50° であるとき，∠AOB の大きさを求めなさい。

教科書 p.171 問 2

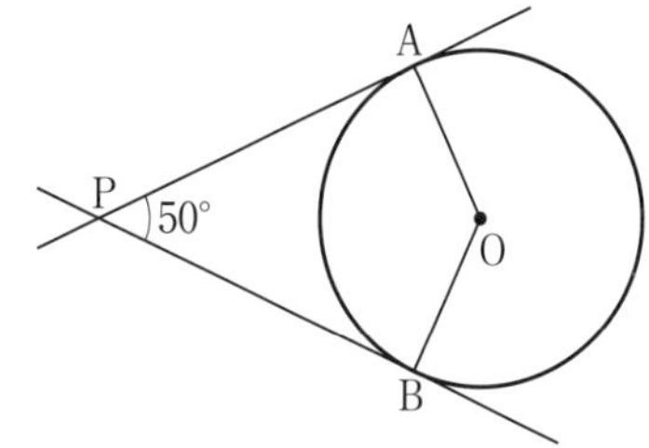

例題の答え **1** ①＝ ②∠ ③⊥ ④∥ ⑤△ **2** ①AB ②直径 ③⊥

5章 教科書 166～171ページ

2節 図形の移動
1 図形の移動／2 平行移動，回転移動，対称移動

●平行移動

教科書 p.174

□ 

例題 1 右の図で，△A′B′C′ は，△ABC を矢印の方向に，矢印の長さだけ平行移動したものです。
次の問いに答えなさい。 ▶▶1 4

(1) 線分 AA′ と長さの等しい線分を答えなさい。

(2) 線分 AA′ と平行な線分を答えなさい。

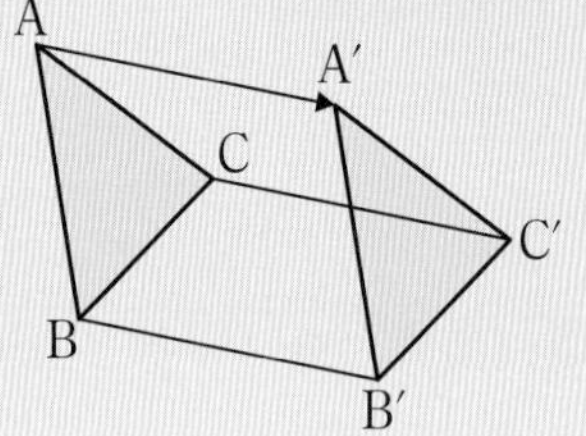

考え方 平行移動では，対応する点を結ぶ線分は，すべて平行で，長さが等しいです。

答え (1) 線分 BB′，線分 ①［　　］ (2) 線分 BB′，線分 ②［　　］

AA′＝BB′＝CC′　　AA′∥BB′，AA′∥CC′

●回転移動

教科書 p.175

□ 

例題 2 右の図で，△A′B′C′ は，△ABC を，点 O を回転の中心として，反時計まわりに回転移動したものです。
次の問いに答えなさい。 

(1) 線分 OA と長さの等しい線分を答えなさい。

(2) ∠BOB′ と大きさの等しい角を答えなさい。

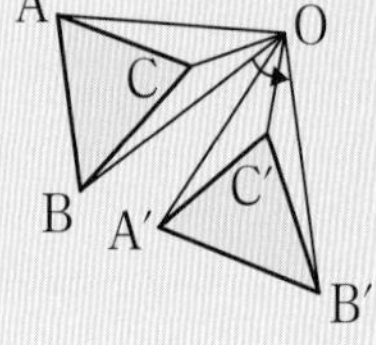

考え方 回転移動では

(1) 対応する点は，回転の中心から等しい距離(きょり)にあります。

(2) 対応する点と回転の中心を結んでできる角の大きさは，すべて等しいです。

答え (1) 線分 ①［　　］ (2) ∠AOA′，∠②［　　］

OA＝OA′　　∠AOA′＝∠BOB′＝∠COC′

●対称移動

教科書 p.176〜177

□ 

例題 3 右の図で，△A′B′C′ は，△ABC を直線 ℓ を対称(たいしょう)の軸(じく)として対称移動したものです。線分 AA′，BB′，CC′ と直線 ℓ との交点をそれぞれ P，Q，R とするとき，次の問いに答えなさい。 ▶▶3 4

(1) 線分 AA′ と直線 ℓ との関係を記号を使って表しなさい。

(2) 線分 AP と線分 A′P との関係を記号を使って表しなさい。

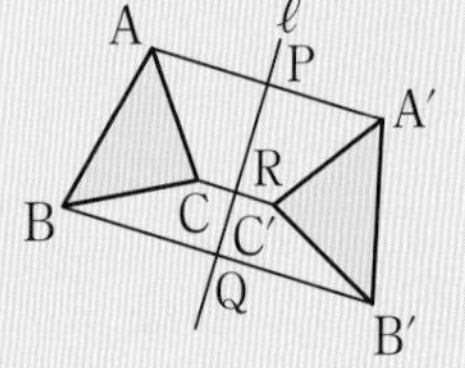

考え方 対称移動では，対応する点を結ぶ線分は，対称の軸によって垂直に 2 等分されます。
垂直二等分線であることを記号で表します。

答え (1) AA′ ①［　　］ ℓ (2) AP ②［　　］ A′P

絶対理解 **1** 【平行移動】下の図の △ABC を，矢印の方向に，矢印の長さだけ平行移動した △A′B′C′ をかきなさい。

教科書 p.174 問 2

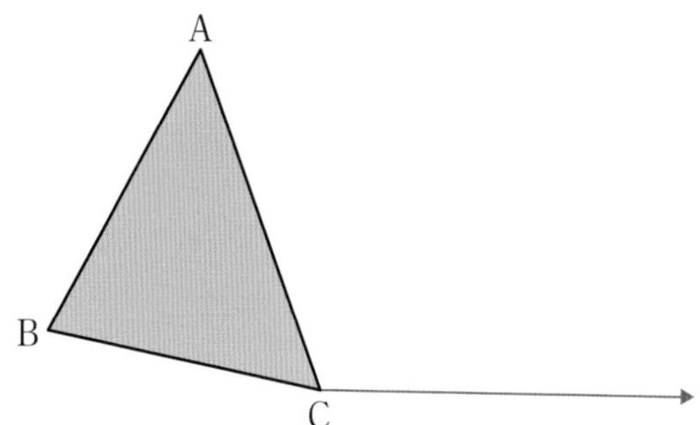

●キーポイント
定規とコンパスを使い，AA′＝CC′，BB′＝CC′，AA′∥CC′，BB′∥CC′ となるように，点 A′，B′ を決めます。

よく出る **2** 【回転移動】下の図の △ABC を，点 O を回転の中心として 180° 回転移動した △A′B′C′ をかきなさい。

教科書 p.175 問 4

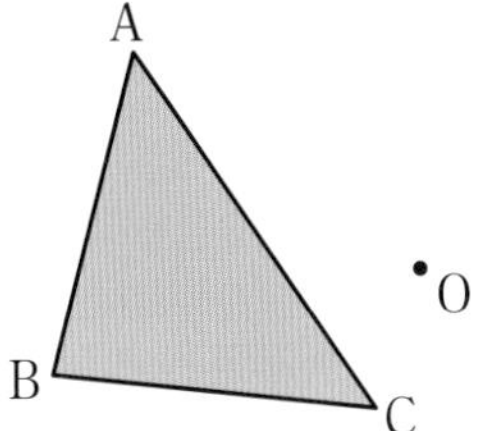

●キーポイント
180° の回転移動を，点対称移動といいます。点対称移動では，対応する点と回転の中心は，それぞれ 1 つの直線上にあります。

よく出る **3** 【対称移動】右の四角形 ABCD を，直線 ℓ を対称の軸として対称移動した四角形 A′B′C′D′ をかきなさい。

教科書 p.177 問 7

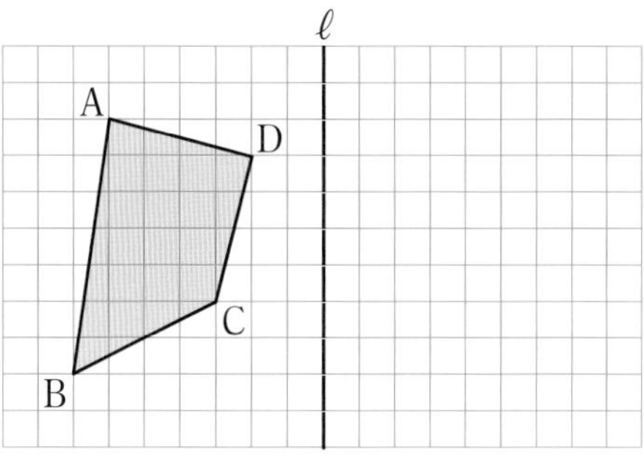

●キーポイント
対応する 2 点と直線 ℓ までの距離は等しくなります。また，対応する 2 点と直線 ℓ は垂直に交わります。

4 【移動の組み合わせ】右の図は，△ABC を △PQR に移動したところを示しています。どのような移動を組み合わせたものか，移動した順にかきなさい。

教科書 p.177 問 8

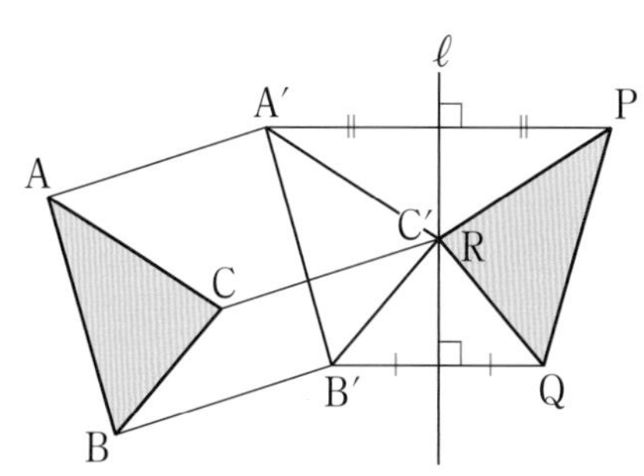

例題の答え **1** ①CC′ ②CC′ **2** ①OA′ ②COC′ **3** ①⊥ ②＝

解答▶▶ p.30

1 **右の図の四角形 ABCD は台形です。次の問いに答えなさい。**

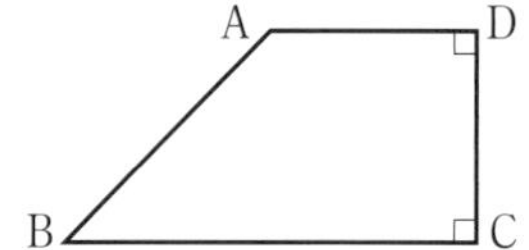

□(1)　辺 AD と辺 BC の位置関係を，記号を使って表しなさい。

□(2)　辺 CD と辺 BC の位置関係を，記号を使って表しなさい。

2 **右の図で，直線 PA は円 O の接線，A は接点，B，C は直線 PO と円 O の交点です。次の問いに答えなさい。**

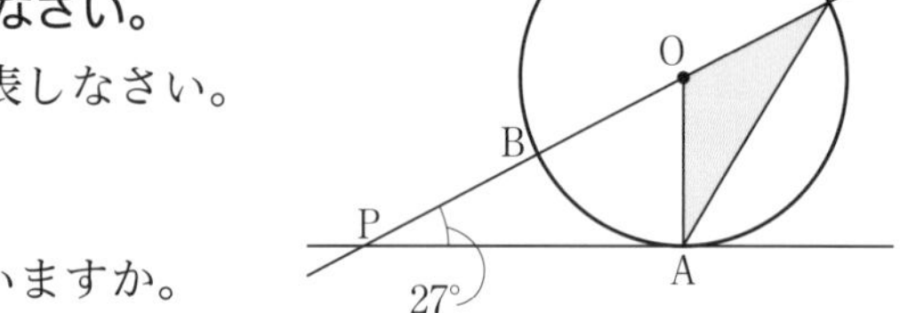

□(1)　円周の点 A から点 C までの部分を記号で表しなさい。

□(2)　円周上の 2 点 A，C を結ぶ線分を何といいますか。

□(3)　線分 OA と線分 OC の長さの関係を，記号を使って表しなさい。

□(4)　3 点 O，A，C を頂点とする三角形を，記号を使って表しなさい。

□(5)　半直線 AO と AP でつくられる角の大きさは何度ですか。

□(6)　∠AOB の大きさを求めなさい。

よく出る **3** **右の図は，合同な直角三角形をしきつめたものです。次の(1)～(3)にあてはまるものをすべて選び㋐～㋟の記号で答えなさい。ただし，回転の中心は三角形の頂点とします。**

□(1)　㋚を，1 回の平行移動で重ね合わせることができるもの

□(2)　㋐を，1 回の回転移動で重ね合わせることができるもの

□(3)　㋐を，1 回の対称移動で重ね合わせることができるもの

ヒント　**2** (6)三角形の３つの角の大きさの和は 180° であることを利用します。
3 直角二等辺三角形ではないので，斜め（なな）の辺は対称の軸（じく）にはなりません。除いて考えます。

定期テスト予報 ●新しい用語や記号がたくさんでてきた。正しく理解して使いこなせるようにしておこう。用語や記号の理解度，使い方が問われるよ。図形の移動は，3種類の移動それぞれについて，その特徴(とくちょう)を理解していないと答えられないこともある。移動後の図形，移動の方法にも注目だ。

4 右の図は，合同な6個の正三角形㋐～㋕をしきつめてできた正六角形です。次の問いに答えなさい。

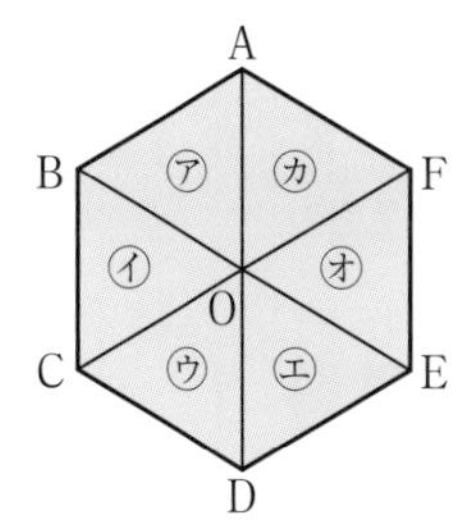

□(1) ㋐を，点Oを回転の中心として，時計まわりに120°回転移動したとき，重なり合うものはどれですか。

□(2) ㋐を，点Oを回転の中心として，時計まわりに回転移動して，㋒に重ね合わせるには，どれだけ回転移動すればよいですか。

□(3) (2)のとき，㋐の頂点Aは，どの点に重なりますか。

5 右の図の台形ABCDを，頂点Aが点Pに重なるまで平行移動した図をかきなさい。□

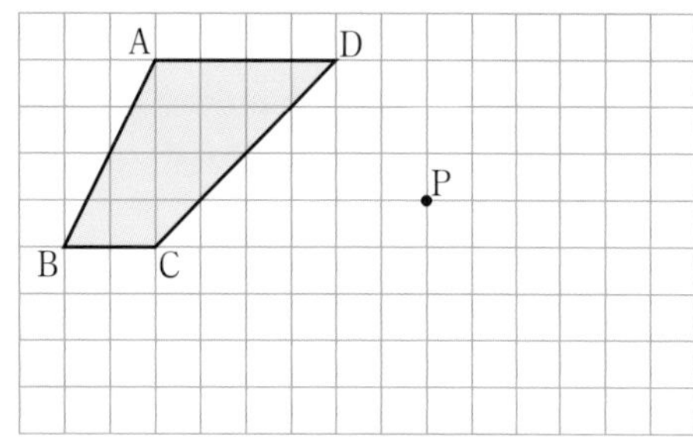

6 右の図の△ABCを，次のように移動した図を，それぞれかきなさい。

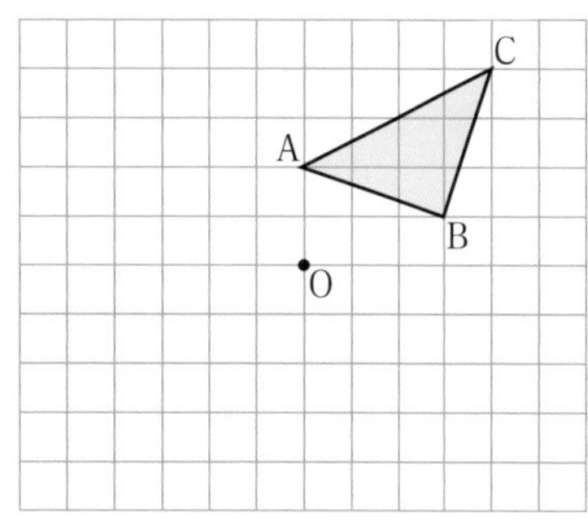

□(1) 点Oを回転の中心として，反時計まわりに90°回転移動した△DEF

□(2) 点Oを中心として，点対称移動した△GHI

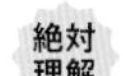

7 下の図(1)，(2)の三角形を，直線ℓを対称の軸として対称移動した図を，それぞれかきなさい。

□(1)

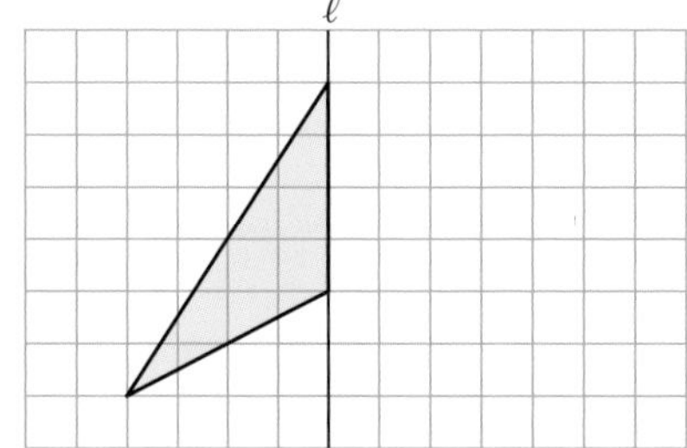

□(2)

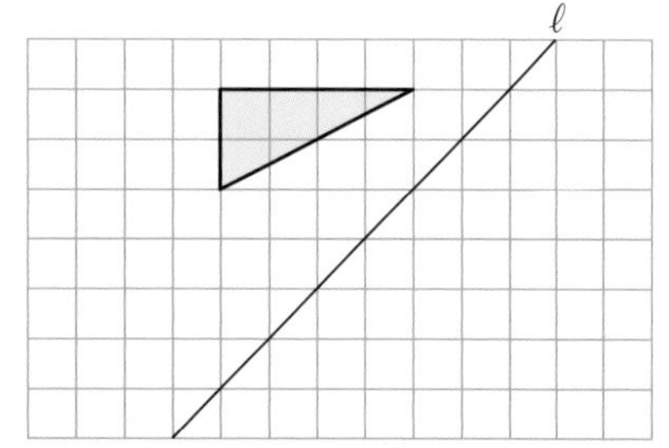

ヒント **5** 下へ3，右へ6移動します。 **6** (2)Aに対応する点は半直線AO上にあります。
7 (2)対応する点を結ぶ線分は，方眼の線にはなりません。

5章 教科書166～177ページ

解答▶▶ p.31

3節　基本の作図
1　基本の作図／2　垂直二等分線の作図／3　垂線の作図

●垂直二等分線の作図

教科書 p.180〜181

例題 1 線分 AB の垂直二等分線の作図のしかたを説明しなさい。 ▶▶1 2

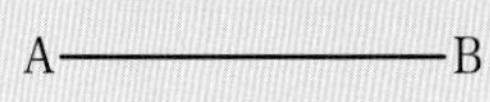

答え
1　点 A を中心とする円をかく。
2　点 [　　　] を中心として，1と等しい半径の円をかき，その交点を C，D とする。
3　直線 CD をひく。

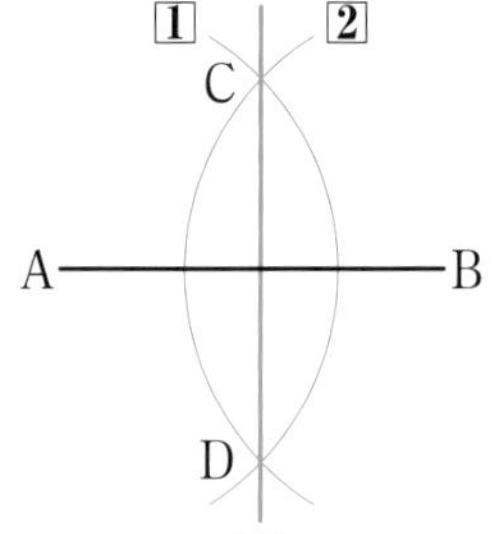

プラスワン　垂直二等分線

線分 AB の垂直二等分線 ℓ 上に点 P があるとき，PA=PB です。また，2点 A，B からの距離(きょり)が等しい点は，線分 AB の垂直二等分線上にあります。

●垂線の作図

教科書 p.182〜183

例題 2 直線 ℓ 上にない点 P を通る，直線 ℓ の垂線の作図のしかたを説明しなさい。 ▶▶3 4

•P
ℓ

答え
1　直線 ℓ 上に点 A をとり，A を中心として，AP を半径とする円をかく。
2　直線 ℓ 上に点 B をとり，B を中心として，[　　　] を半径とする円をかいて，点 P 以外の1の円との交点を Q とする。
3　直線 PQ をひく。

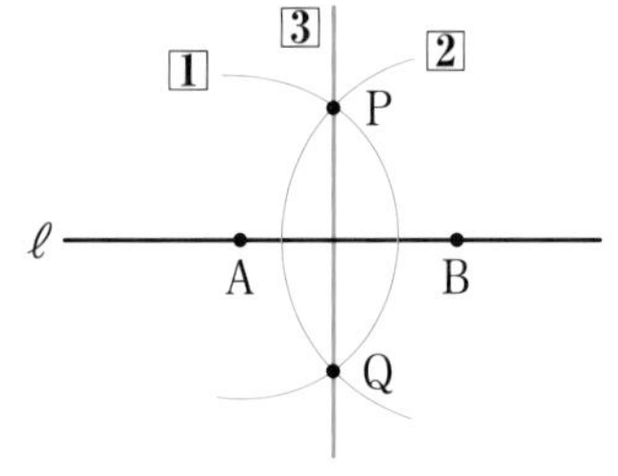

プラスワン　直線 ℓ 上にない点 P を通る直線 ℓ の垂線の作図(別の方法)

1　点 P を中心とする円をかき，その円と直線 ℓ との交点を A，B とする。
2　点 A，B をそれぞれ中心とする等しい半径の円をかき，その交点を Q とする。
3　直線 PQ をひく。

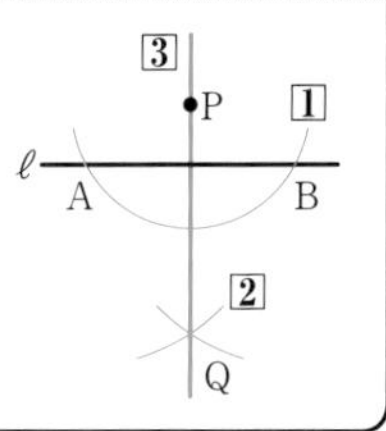

作図といえば，定規とコンパスだけを使って図をかきます。

絶対理解 **1** 【垂直二等分線の作図】右の図で，線分AB の垂直二等分線を作図しなさい。 教科書 p.180 例 1

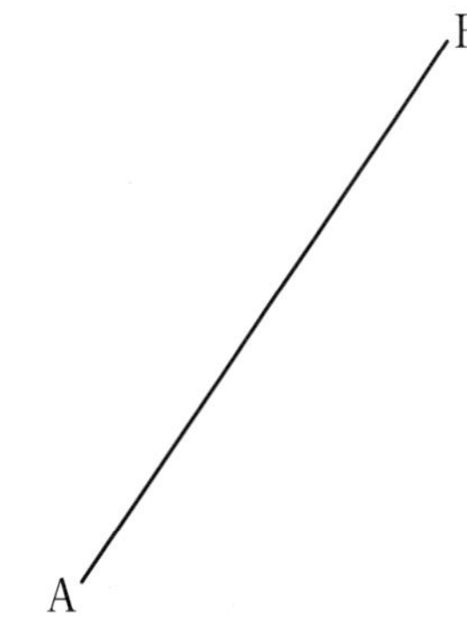

⚠ミスに注意
作図でかいた線は，消さずに残しておきましょう。

2 【垂直二等分線の作図を使う】右の図で，直線 ℓ 上にあって，2 点 A，B から等しい距離にある点 P を作図しなさい。 教科書 p.181 問 2

絶対理解 **3** 【垂線の作図】下の図で，点 P を通る直線 ℓ の垂線を作図しなさい。 教科書 p.183 問 1

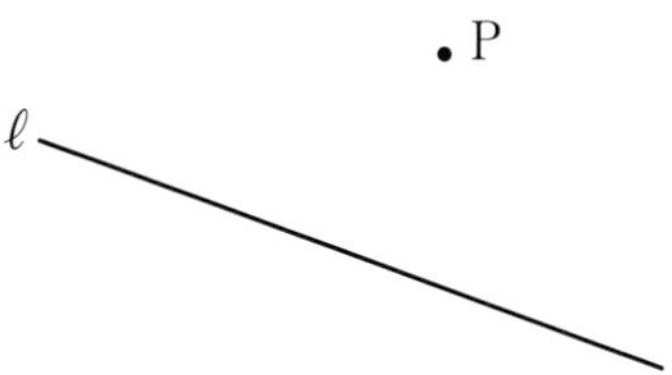

よく出る **4** 【垂線の作図を使う】下の図の △ABC で，底辺を BC としたときの高さとなる線分を作図しなさい。 教科書 p.183 問 3

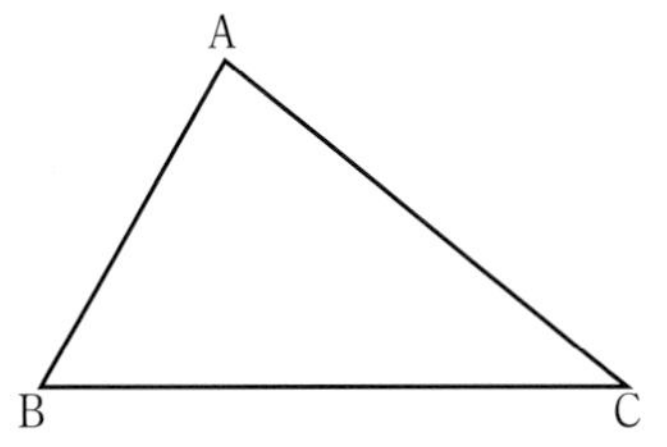

●キーポイント
高さは，頂点 A から辺 BC への垂線になります。

例題の答え **1** B **2** BP

5章

教科書 179～183ページ

解答▶▶ p.32

5章 平面図形

3節 基本の作図
4 角の二等分線の作図／5 作図の活用
6 作図の方法を説明しよう

●角の二等分線の作図

教科書 p.184〜185

□ **例題 1** 右の図の ∠XOY の二等分線の作図のしかたを説明しなさい。 ▶▶1

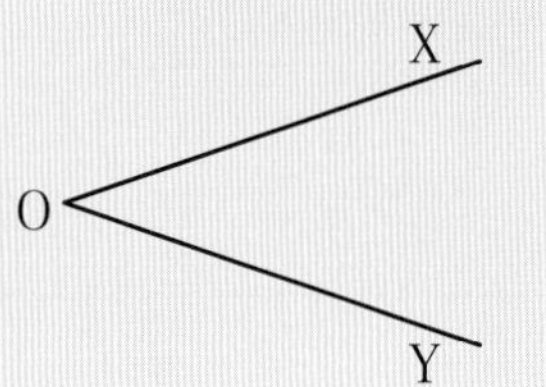

答え

1 点 O を中心として，適当な半径の円をかき，辺 OX，OY との交点をそれぞれ A，B とする。

2 点 A，［　　　］を中心として，等しい半径の円を交わるようにかき，その交点の 1 つを P とする。

3 半直線 OP をひく。

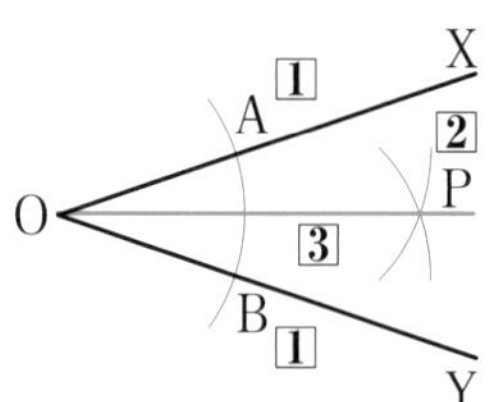

プラスワン 角の二等分線

角の二等分線上にある点は，角の 2 辺から等しい距離（きょり）にあります。
また，角の 2 辺から等しい距離にある点は，その角の二等分線上にあります。

●いろいろな作図

教科書 p.186〜187

□ **例題 2** 右の図で，円周上の点 M を通る円 O の接線の作図のしかたを説明しなさい。 ▶▶2 3

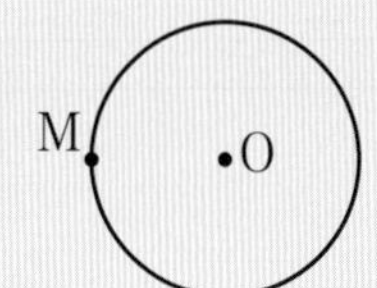

考え方 円の接線は，接点を通る円の半径に垂直です。

答え

1 2 点 O，M を通る直線 ℓ をひく。

2 点 M を通る ℓ の［　　　］をひく。

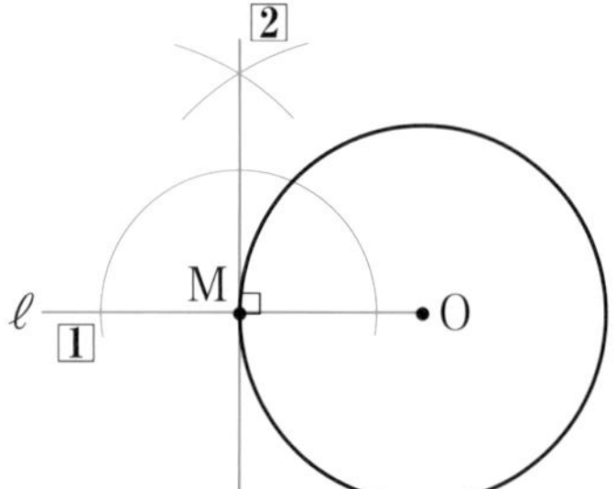

接線の作図では，角の二等分線の作図を利用して，一直線の角 180° の二等分線を作図しています。

1 【角の二等分線の作図】下の図で，∠XOY の二等分線をそれぞれ作図しなさい。

教科書 p.184 例 1

●キーポイント
90°より大きい角でも，同じように作図します。

□(1)

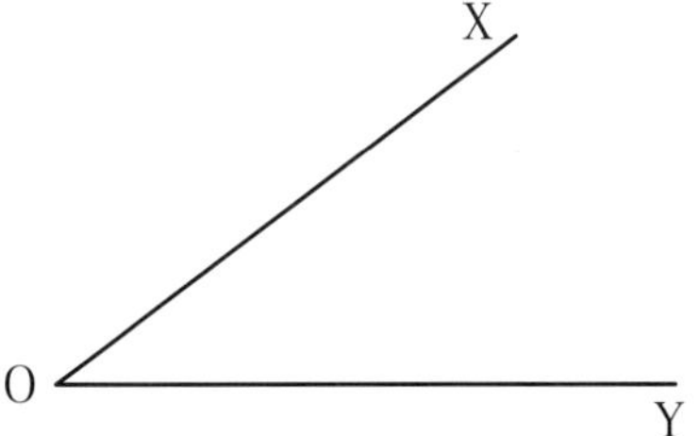

□(2)

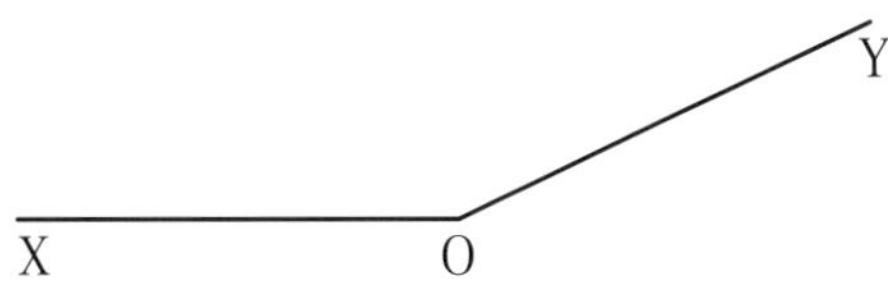

2 【作図の活用】右の図で，円周上の点 A を通る円 O の接線を作図しなさい。

教科書 p.186 問 2

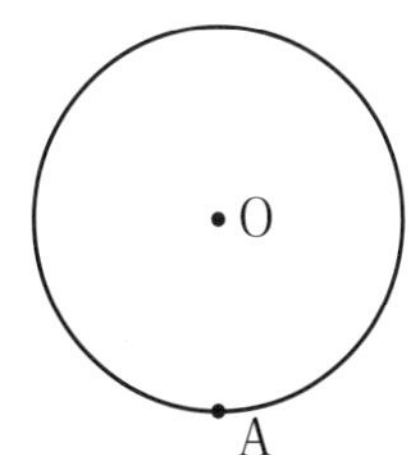

3 【角の作図】下の線分 AB について，次の問いに答えなさい。

教科書 p.188 Q

●キーポイント
(1)は，線分 AB を 180° の角 ∠AOB とみて，角の二等分線を作図します。
(2)は，90°÷2＝45° を利用して，作図の方法を考えます。

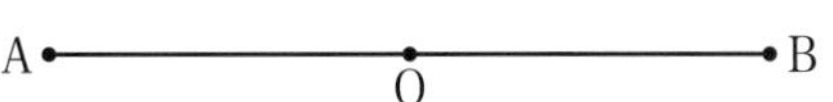

□(1) ∠AOC＝90° となる角を作図しなさい。

□(2) ∠AOD＝45° となる角を作図しなさい。

例題の答え **1** B **2** 垂線

ぴたトレ 1 要点チェック

5章 平面図形

4節 おうぎ形
1 おうぎ形の弧の長さと面積

●おうぎ形の弧の長さと面積

教科書 p.191〜193

□ 
例題 1 半径が 8 cm，中心角が 45° のおうぎ形の弧(こ)の長さと面積を求めなさい。 ▶▶2

考え方 1つの円で，おうぎ形の弧の長さや面積は中心角に比例します。

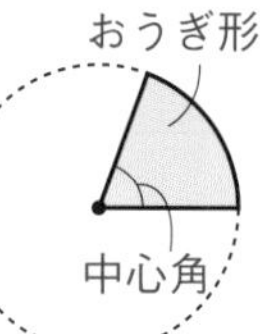

答え おうぎ形の弧の長さ

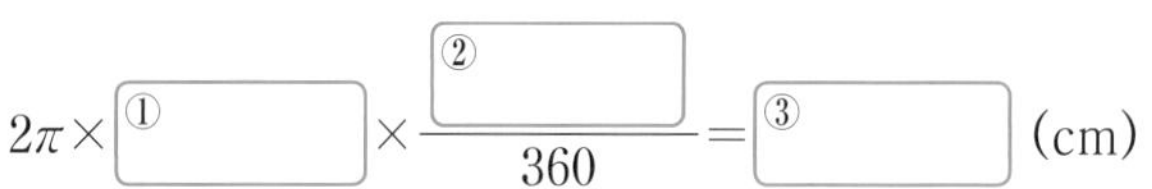

$2\pi\times$ ① $\times\dfrac{②}{360}=$ ③ (cm)

おうぎ形の面積 $\pi\times$ ①^2 $\times\dfrac{②}{360}=$ ④ (cm^2)

プラスワン おうぎ形の弧の長さと面積

半径 r，中心角 x° のおうぎ形の弧の長さを ℓ，面積を S とすると，

弧の長さ $\ell=2\pi r\times\dfrac{x}{360}$ 面積 $S=\pi r^2\times\dfrac{x}{360}$

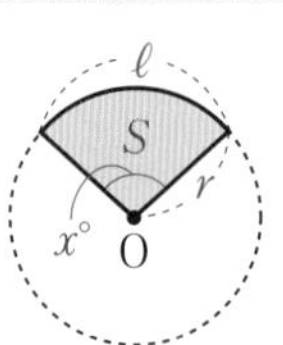

●おうぎ形の中心角

教科書 p.192〜193

□ 例題 2 半径が 6 cm，弧の長さが 5π cm のおうぎ形の中心角の大きさを求めなさい。 ▶▶3

考え方 (おうぎ形の中心角)$=360^\circ\times\dfrac{(\text{おうぎ形の弧の長さ})}{(\text{もとの円の周の長さ})}$

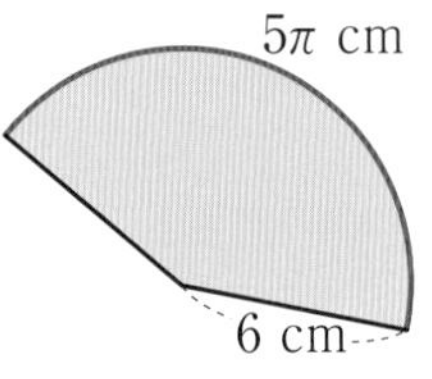

答え 半径が 6 cm の円の周の長さは $2\pi\times6=12\pi$

1つの円で，おうぎ形の弧の長さは ① に

比例するから，求める中心角の大きさは

$360^\circ\times\dfrac{5\pi}{12\pi}=360^\circ\times\dfrac{5}{12}$

$=$ ② °

中心角を x° として，弧の長さを求める公式にあてはめて
$5\pi=2\pi\times6\times\dfrac{x}{360}$
として，方程式を解いて求めることもできます。

●おうぎ形の弧の長さと面積

教科書 p.193

□ 
例題 3 半径が 8 cm，弧の長さが 4π cm のおうぎ形の面積を求めなさい。 ▶▶4

考え方 半径 r，弧の長さ ℓ のおうぎ形の面積 S は

$S=\dfrac{1}{2}\ell r$

答え $S=\dfrac{1}{2}\times$ ① $\times8=$ ② (cm^2)

1 【円とおうぎ形】右の図の色をつけたおうぎ形について，次の問いに答えなさい。 教科書 p.191 問 1

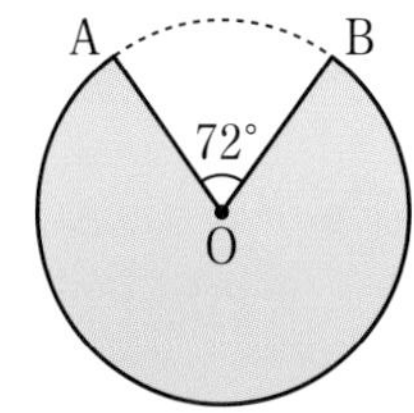

□(1) おうぎ形の中心角は何度ですか。

□(2) おうぎ形の弧の長さは円 O の周の長さの何分のいくつですか。

よく出る **2** 【おうぎ形の弧の長さと面積】次のおうぎ形の弧の長さと面積を求めなさい。 教科書 p.192 例 1

□(1) 半径が 10 cm，中心角が 36° のおうぎ形

□(2) 半径が 6 cm，中心角が 210° のおうぎ形

3 【おうぎ形の中心角】次のおうぎ形の中心角の大きさを求めなさい。 教科書 p.192 例 2

□(1) 半径が 5 cm，弧の長さが 4π cm のおうぎ形

□(2) 半径が 12 cm，弧の長さが 16π cm のおうぎ形

●キーポイント
中心角の大きさの求め方は，次の2通りあります。
[1] 中心角が弧の長さに比例することを使う。
[2] おうぎ形の弧の長さの公式を使う。

4 【おうぎ形の面積】半径が 4 cm，弧の長さが 3π cm のおうぎ形の面積を求めなさい。 教科書 p.193 問 4

□

●キーポイント
おうぎ形の面積 S は，半径を r，弧の長さを ℓ とすると $S=\frac{1}{2}\ell r$

例題の答え **1** ①8 ②45 ③$2\pi$ ④$8\pi$ **2** ①中心角 ②150 **3** ①$4\pi$ ②$16\pi$

5章 教科書191～193ページ

解答▶▶ p.33

1 下の △ABC と合同な △A′B′C′ を，右の半直線上に点 C′ をとって作図しなさい。

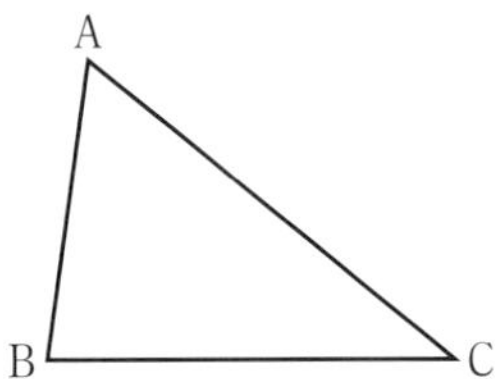

B′

2 右の図の長方形 ABCD を頂点 D が頂点 B に重なるように折ります。折り目となる線分を作図しなさい。

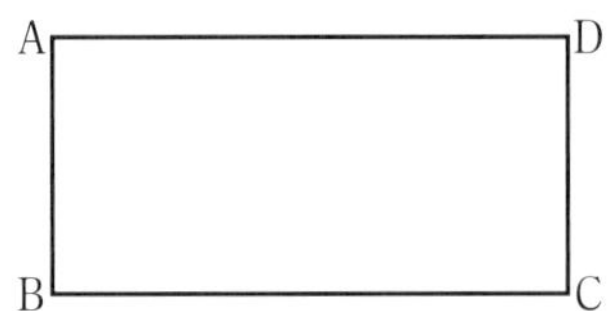

3 右の 2 つの三角形は合同で，一方を 1 回だけ対称移動すると，他方に重ね合わせることができる位置にあります。その対称の軸（じく）を作図しなさい。

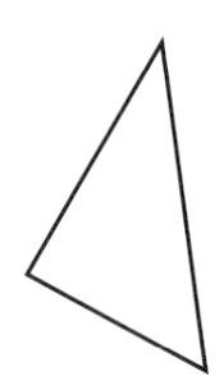

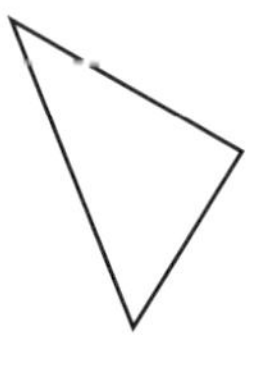

4 次の作図をしなさい。

(1) 下の図の △ABC で，

□① 頂点 A から辺 BC への垂線

□② 頂点 B から辺 CA への垂線

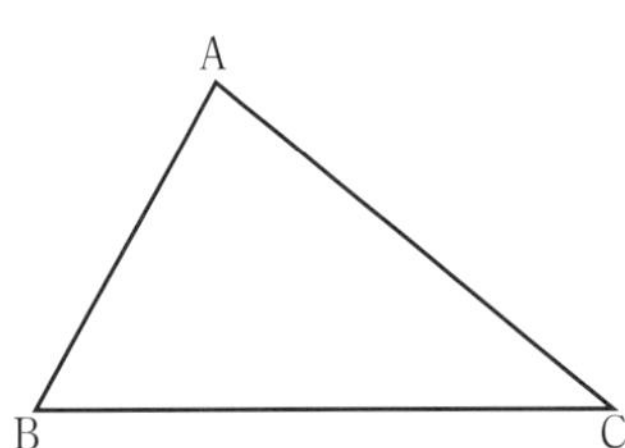

(2) 下の図の直線 ℓ と点 P で，

□① 点 P を通る，直線 ℓ の垂線

□② 点 P を通る，直線 ℓ に平行な直線

ヒント **2** 2点 B，D は折り目の直線について対称です。
4 (1)②辺を延長して，作図しやすくします。

定期テスト予報　●垂直二等分線，垂線，角の二等分線の作図の手順は「公式」として覚えておこう。
垂直二等分線の作図は，円の中心や対称移動の軸を求めるとき，垂線の作図は，円の接線やいろいろな角度の作図に使われる。基本の作図だけでなく，このような応用問題にも慣れておこう。

5 次のような △ABC を，右に作図しなさい。

□ 辺 AB の長さが下の線分 PQ の半分で，
辺 BC の長さが線分 PQ に等しく，
∠B＝90° である △ABC

P　Q

6 **頂点を O とし，1 つの辺を直線 ℓ 上にとって，次の大きさの角を作図しなさい。**

□(1)　30°

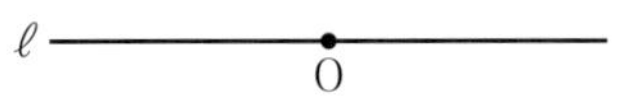

□(2)　45°

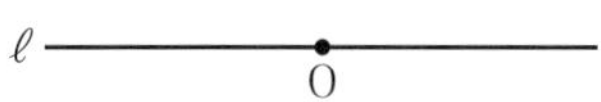

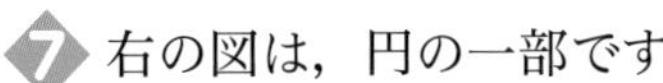
7 右の図は，円の一部です。

□ この円の中心 O を作図で求め，円 O を完成しなさい。

8 **次の問いに答えなさい。**

□(1)　半径 9 cm，中心角 160° のおうぎ形の弧(こ)の長さと面積を求めなさい。

□(2)　半径 12 cm，弧の長さ 3π cm のおうぎ形の中心角の大きさと面積を求めなさい。

6 (1)30°＝60°÷2，(2)45°＝90°÷2 として，作図を考えます。
7 円の弦の垂直二等分線は円の中心を通ります。適当な 2 つの弦を作図して中心を求めます。

解答▶▶ p.34

5章　平面図形

❶ 下の図は，ひし形 ABCD の対角線の交点を O としたものです。次のことがらを記号で表しなさい。知

(1) 辺 AB と辺 DC は平行である。

(2) 対角線 BD は ∠ABC を 2 等分する。

(3) 対角線 AC は対角線 BD の垂直二等分線である。

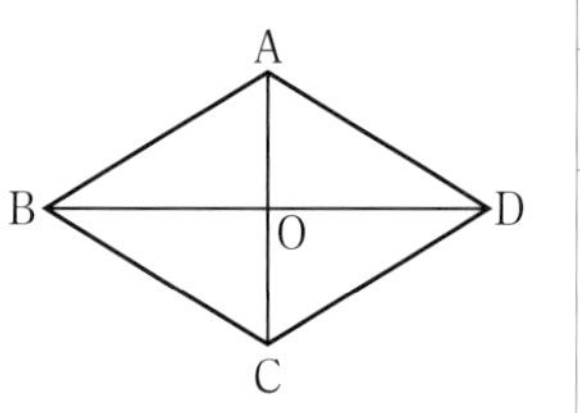

❷ 次の問いに答えなさい。知

(1) 右の図の △ABC を，次の①～③のように移動した図を，それぞれかきなさい。

① 矢印の方向に矢印の長さだけ平行移動した △PQR

② 点 B を回転の中心として反時計まわりに 90° 回転移動した △DBE

③ 直線 ℓ を対称の軸(じく)として対称移動した △FGC

(2) (1)①の移動では，線分 AP と，線分 BQ，CR は，どんな関係がありますか。記号を使って表しなさい。

❷ 点/24点(各6点)

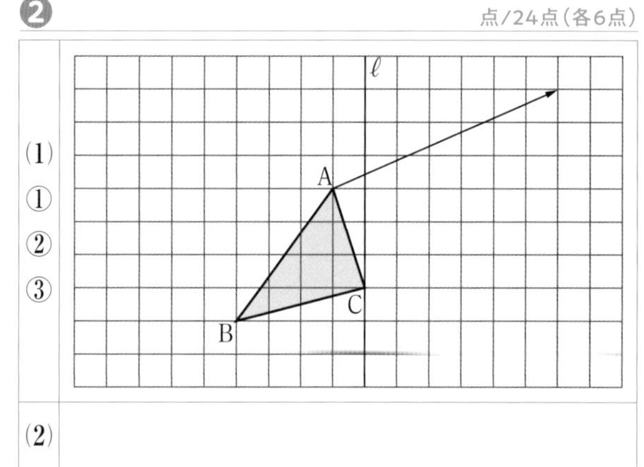

❸ 右の図は，合同な直角三角形をしきつめたものです。㋐の三角形を 2 回の移動で，次の(1)，(2)の三角形に重ね合わせる場合，それぞれどんな移動をすればよいですか。ただし，回転の中心は三角形の頂点とします。移動の方法の 1 つを，(　)には移動の種類を，□には移動先の三角形の記号をかき入れて示しなさい。考

(1) ㋒の三角形

(2) ㋗の三角形

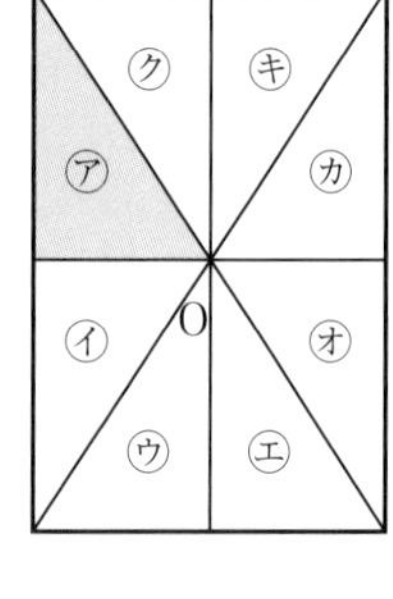

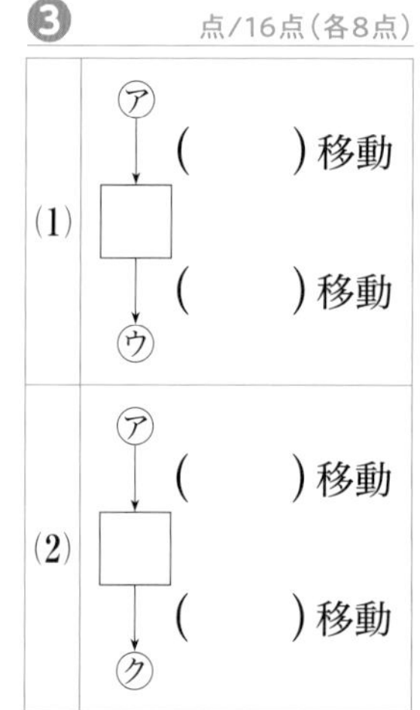

成績評価の観点　知…数量や図形などについての知識・技能　考…数学的な思考・判断・表現

❹ 右の図の △ABC において，次の点を作図で求めなさい。考

(1) 辺 AC を底辺とみたときの高さを BH とするとき，辺 AC 上の点 H

(2) △ABC の面積を 2 等分する線分を CM とするとき，辺 AB 上の点 M

❹ 点/18点（各9点）

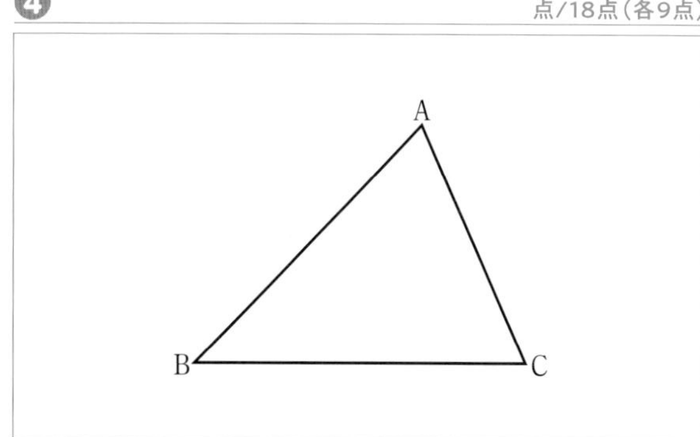

❺ 点 O を頂点とし，1 つの辺を直線 ℓ 上にとって，75° の角を作図しなさい。

考

❺ 点/9点

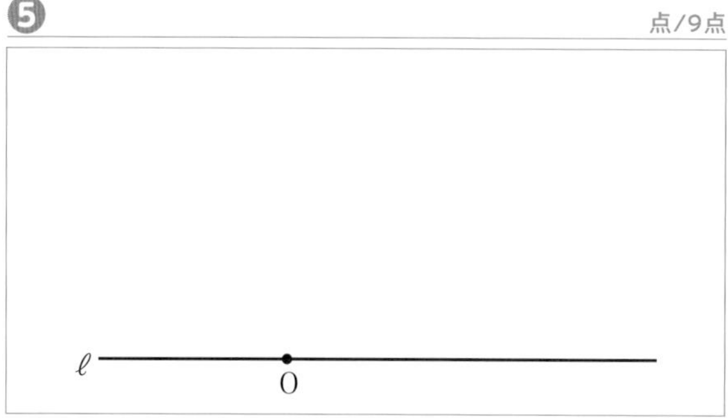

❻ 右の図で，線分 AB は，1 回の回転移動で，線分 CD に重ね合わせることができます。ただし，点 A と点 C，点 B と点 D がそれぞれ対応します。
回転の中心 O を作図で求めなさい。考

❻ 点/9点

A
B
C
D

❼ 次の問いに答えなさい。知

(1) 半径 8 cm，中心角 135° のおうぎ形について，弧（こ）の長さと面積を求めなさい。

(2) 半径 6 cm，弧の長さ 9π cm のおうぎ形の面積を求めなさい。

❼ 点/12点（各4点）

(1)	弧の長さ
	面積
(2)	

知 /48点	考 /52点

5章

教科書164～196ページ

解答▶▶ p.35

教科書のまとめ〈5章　平面図形〉

●円の接線

円の接線は，接点を通る半径に垂直である。

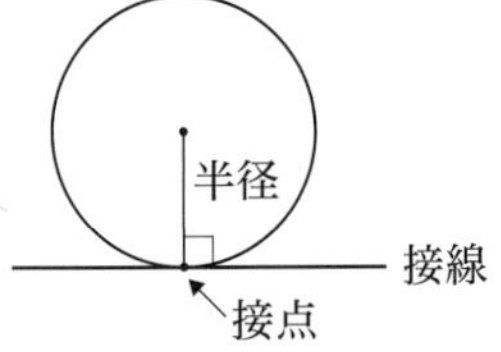

●平行移動

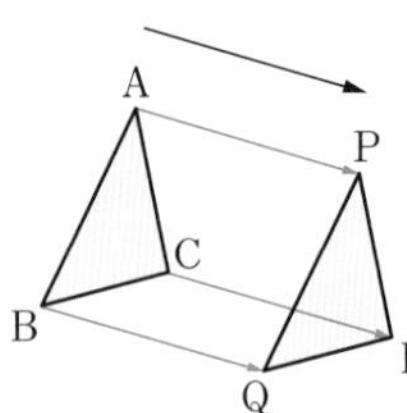

対応する点を結ぶ線分は，すべて平行で長さが等しい。

●回転移動

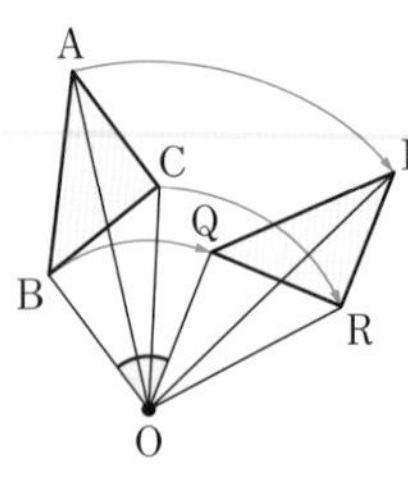

・対応する点は，回転の中心から等しい距(きょ)離(り)にある。

・対応する点と回転の中心を結んでできる角の大きさは，すべて等しい。

・180° の回転移動を点対称移動(てんたいしょういどう)という。

●対称移動

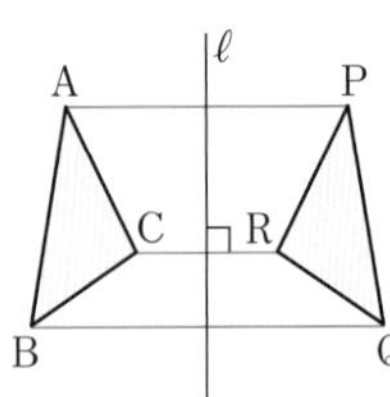

対応する点を結ぶ線分は，対称の軸(じく)によって，垂直に2等分される。

●垂直二等分線の作図

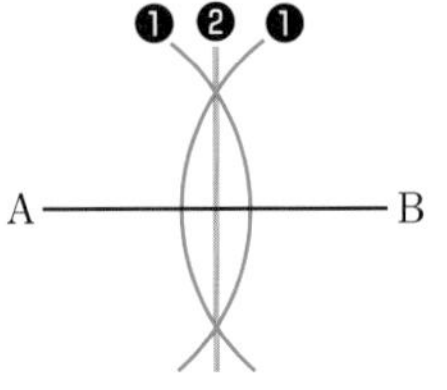

●垂線の作図

直線 ℓ 上にない点Pを通る直線 ℓ の垂線

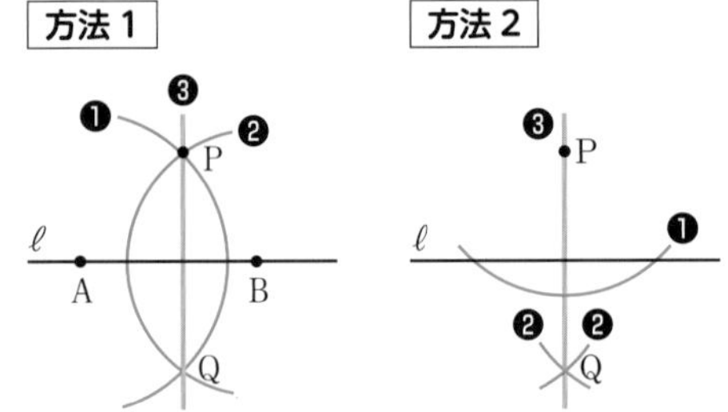

●角の二等分線の作図

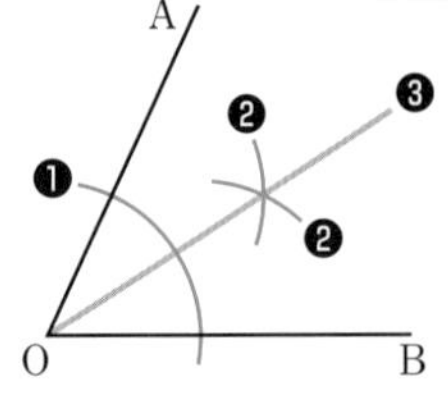

●おうぎ形の弧の長さと面積

半径 r，中心角 $x°$ のおうぎ形の弧(こ)の長さを ℓ，面積を S とすると，

$$\ell = 2\pi r \times \frac{x}{360}$$

$$S = \pi r^2 \times \frac{x}{360}$$

$$S = \frac{1}{2}\ell r$$

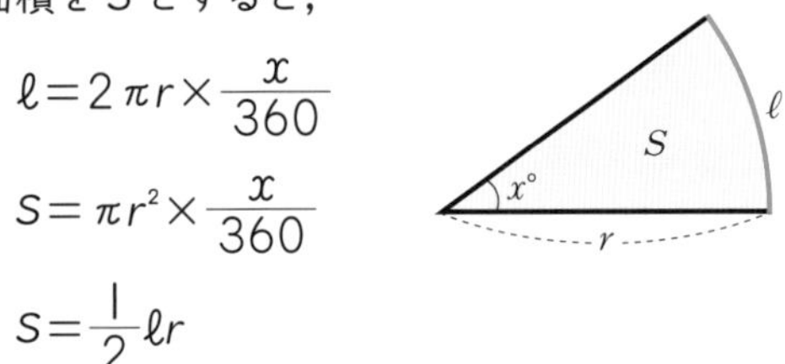

ぴたトレ 0 スタートアップ

6章　空間図形

次の学習に入る前に取り組もう。

□見取図と展開図　◀小学5年

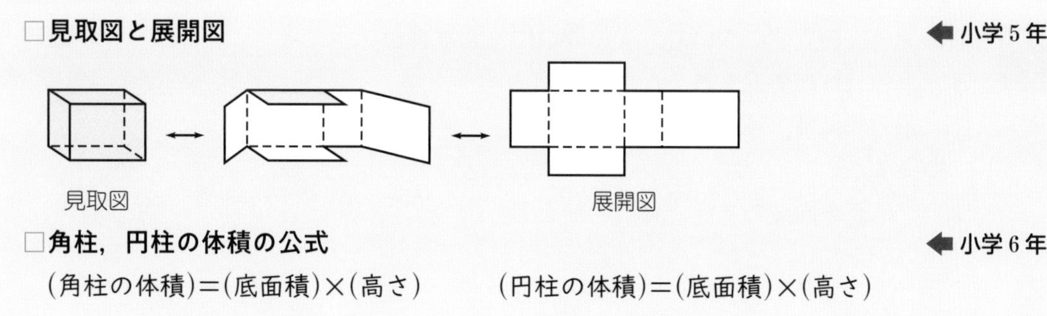

□角柱，円柱の体積の公式　◀小学6年

(角柱の体積)＝(底面積)×(高さ)　　(円柱の体積)＝(底面積)×(高さ)

1 次の展開図を組み立ててできる立体の名前を答えなさい。　◀小学5年〈角柱と円柱〉

(1)

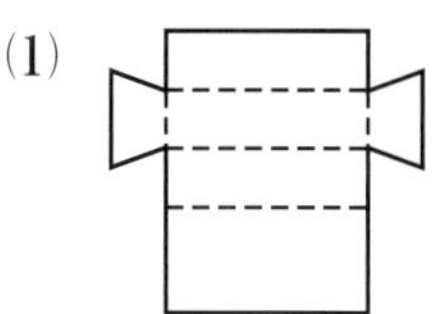

(2)

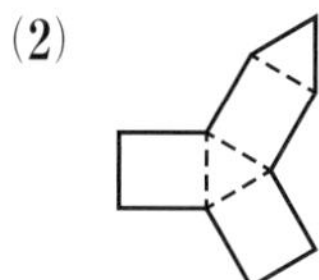

ヒント
(2)三角形を底面と考えると……

2 右の展開図を組み立てて，立方体をつくります。　◀小学4年〈直方体と立方体〉

(1) 辺EFと重なる辺はどれですか。

(2) 頂点Eと重なる頂点をすべて答えなさい。

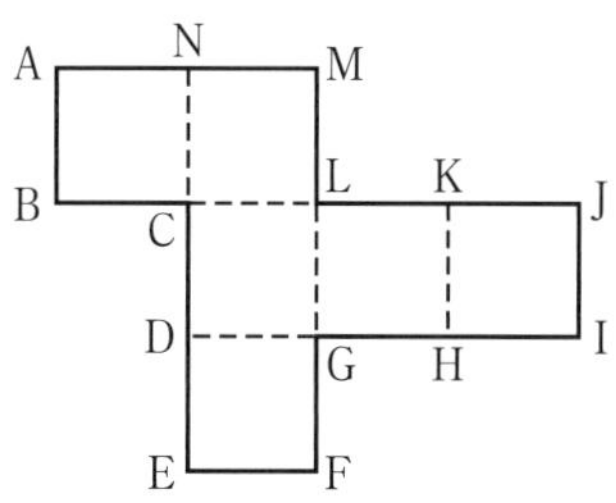

ヒント
例えばCDGLを底面と考えて，組み立てると……

3 次の立体の体積を求めなさい。ただし，円周率を3.14とします。　◀小学6年〈立体の体積〉

ヒント
底面はどこか考えると……

(1) 直方体

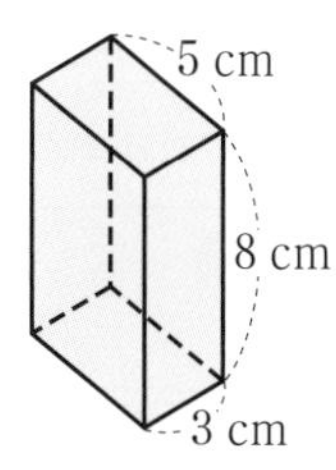

(2) 三角柱

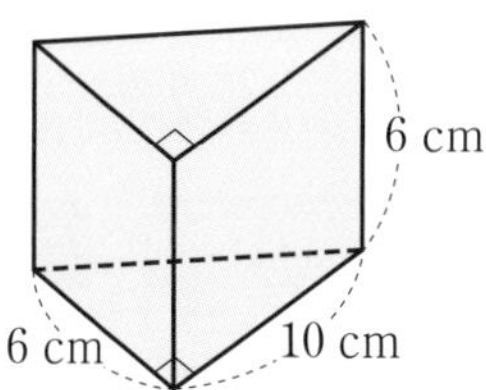

(3) 円柱

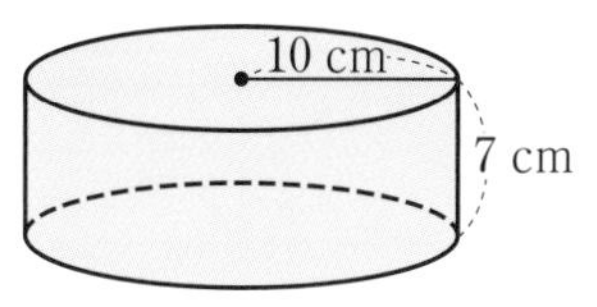

(4) 円柱

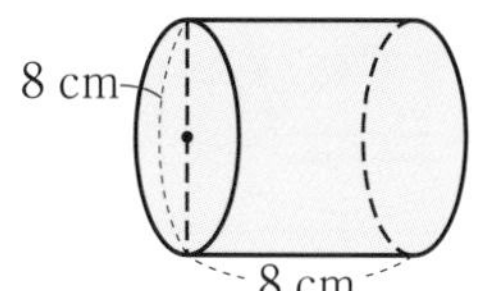

6章

1節 空間図形の観察
1 多面体／2 点，直線と平面
3 直線と平面，平面と平面の位置関係(1)

●多面体

教科書 p.200〜201

例題1 右の㋐〜㋒の立体について，次の問いに答えなさい。 ▶▶1 2

(1) ㋐の立体の名前を答えなさい。

(2) ㋑の立体は，多面体であるといえますか。

(3) ㋒は正多面体です。立体の名前をいいなさい。

㋐ 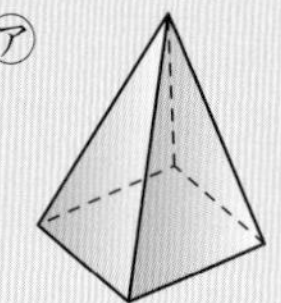 ㋑ 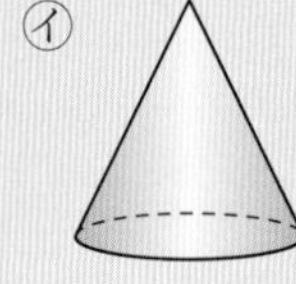 ㋒ 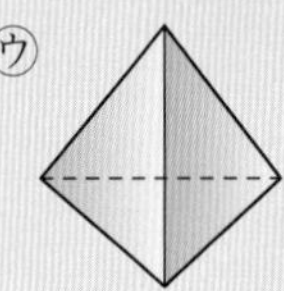

考え方 (1)は底面の形に着目します。
(3)は面の数に着目します。

プラスワン 多面体
角柱や角錐(かくすい)のように，いくつかの平面で囲まれた立体を**多面体**(ためんたい)といいます。

答え (1) ①［　　］ ←底面が四角形の角錐

(2) ㋑の立体には ②［　　］ があるから，多面体ではない。

(3) ③［　　］ ←面の数が4つの正多面体

●2直線の位置関係，直線と平面の位置関係

教科書 p.202〜205

例題2 右の図のような三角柱について，次の(1)〜(4)にあてはまる辺をすべて答えなさい。 ▶▶3〜5

(1) 辺ABに平行な辺

(2) 辺ABとねじれの位置にある辺

(3) 辺BCに平行な面　　(4) 面DEFに垂直な辺

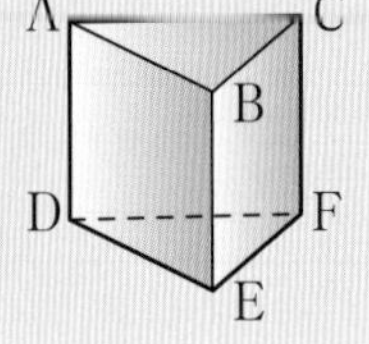

考え方 (2) 辺ABと平行でなくても交わらない位置にある辺がねじれの位置にある辺です。

答え (1) 辺 ①［　　］　　(2) 辺CF，辺DF，辺 ②［　　］

(3) 面 ③［　　］　　(4) 辺AD，辺 ④［　　］，辺CF

プラスワン 2直線の位置関係

・2直線の位置関係

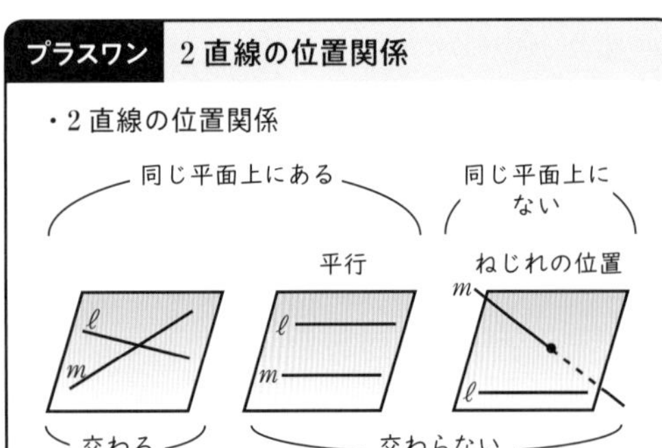

プラスワン 直線と平面の位置関係

・直線と平面の位置関係

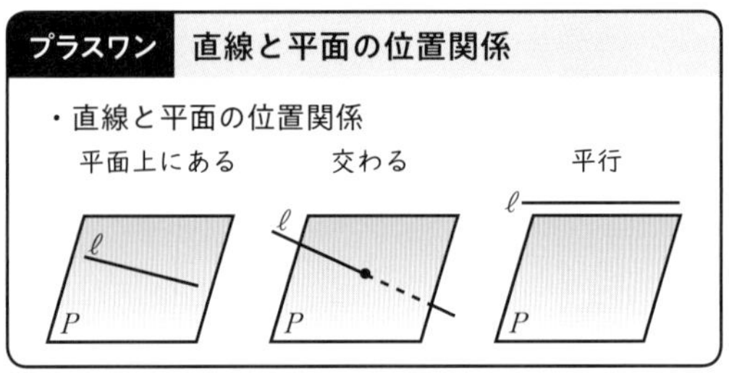

よく出る **1** 【多面体】次の角柱や角錐は，それぞれ何面体ですか。 教科書 p.201 問 2

□(1)　四角柱　　　　□(2)　四角錐

□(3)　五角柱　　　　□(4)　五角錐

●キーポイント
角柱には底面が2つ，角錐には底面が１つあります。

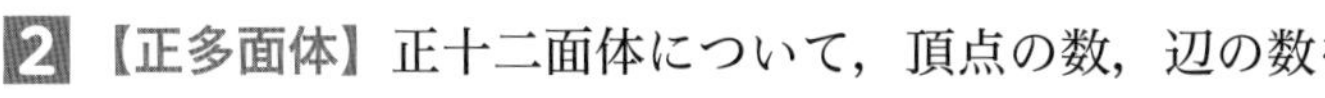

2 【正多面体】正十二面体について，頂点の数，辺の数を答えなさい。 教科書 p.201

□

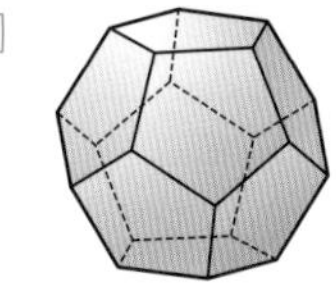

●キーポイント
１つの頂点に面が3つ，１つの辺に面が2つ集まっています。

よく出る **3** 【直線と平面】右の図の直方体で，次の辺をすべて答えなさい。 教科書 p.202 問 1，p.203 例 1

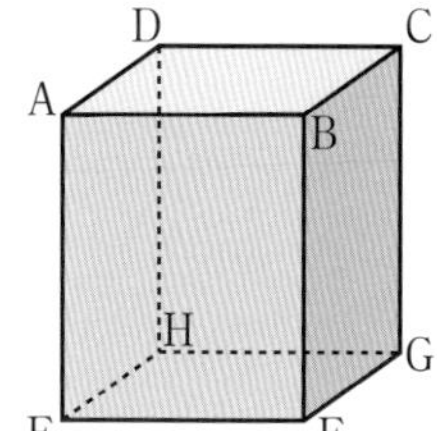

□(1)　直線 AD に平行な辺

□(2)　直線 AD と交わる辺

□(3)　直線 AD とねじれの位置にある辺

4 【ねじれの位置】右の図の正四角錐で，

□　辺 AB とねじれの位置にある辺はいくつありますか。 教科書 p.203 問 2

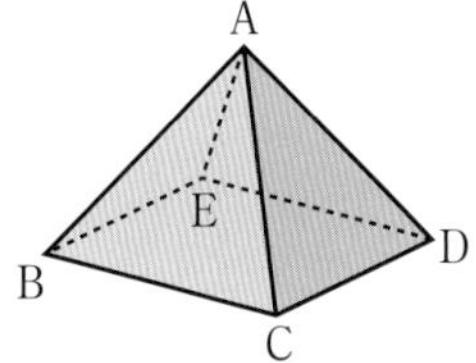

●キーポイント
AB と交わる辺を除く辺が，ねじれの位置にある辺です。

5 【直線と平面の位置関係】右の図の直方体について，次の(1)～(3)にあてはまるものをすべて答えなさい。 教科書 p.205 問 1

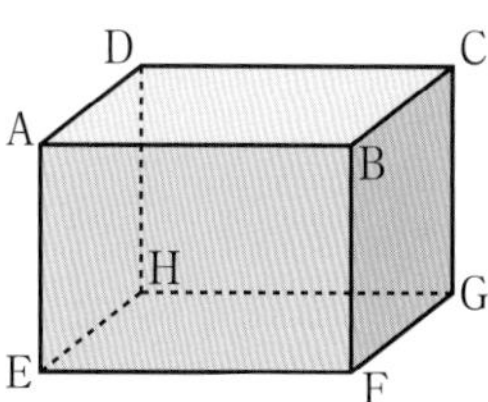

□(1)　辺 BC をふくむ面

□(2)　辺 DH に平行な面

□(3)　面 DHGC に垂直な辺

例題の答え　**1** ①四角錐　②曲面　③正四面体　**2** ①DE　②EF　③DEF　④BE

解答▶▶ p.36

6章 空間図形

1節 空間図形の観察

3 直線と平面，平面と平面の位置関係(2)

4 平面図形が動いてできる立体

●2平面の位置関係

教科書 p.205〜206

例題 1 右の図のような三角柱について，次の(1)，(2)にあてはまるものをすべて答えなさい。 ▶▶1

(1) 面ABCに平行な面

(2) 面ADFCに垂直な面

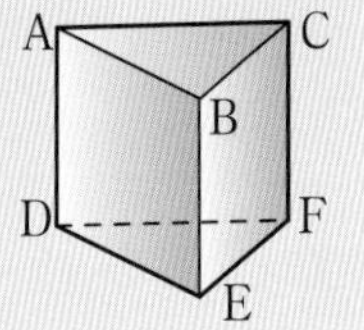

考え方 (1) 面ABCと交わらない面です。

(2) 面ADFCに垂直な直線をふくむ面です。

答え (1) 面 ① ←三角柱の2つの底面は平行

(2) AD⊥AB，AD⊥ACより，AD⊥面ABCである。

角柱の側面は，長方形や正方形です。

面ADFCは辺ADをふくんでいるから，面ADFCに垂直な面は

面 ②

同様に考えて，面ADFCと垂直な面は面 ③ ←辺DEと辺DFをふくむ面

プラスワン 2平面の位置関係

・2平面の平行と垂直

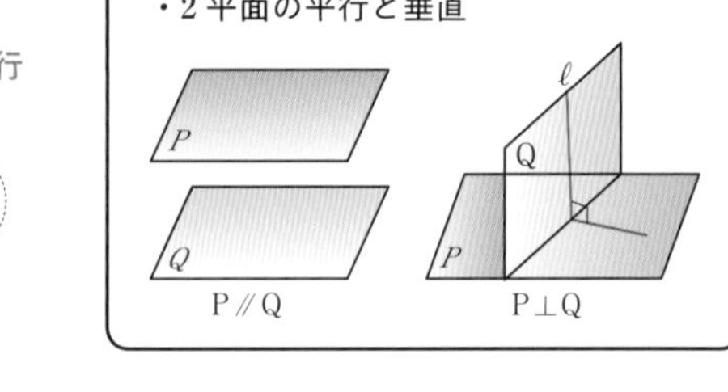

●平面図形が動いてできる立体

教科書 p.207〜209

例題 2 右の図の直角三角形ABCが(1)，(2)のように動いてできる立体の名前を答えなさい。 ▶▶2 3

(1) 直角三角形ABCと垂直な方向に動かす

(2) 直線ABを軸(じく)として1回転させる

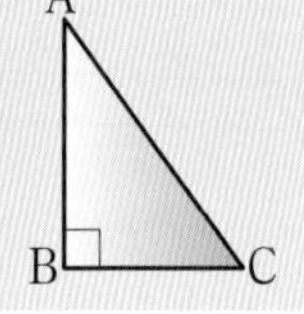

考え方 (1) 角柱や円柱は，底面がそれと垂直な方向に動いてできた立体とみることができます。

答え (1) ① 底面が直角三角形　(2) ②

(2)のような立体を回転体(かいてんたい)といいます。

プラスワン 平面図形が動いてできる立体

・底面がそれと垂直な方向に動いてできる立体

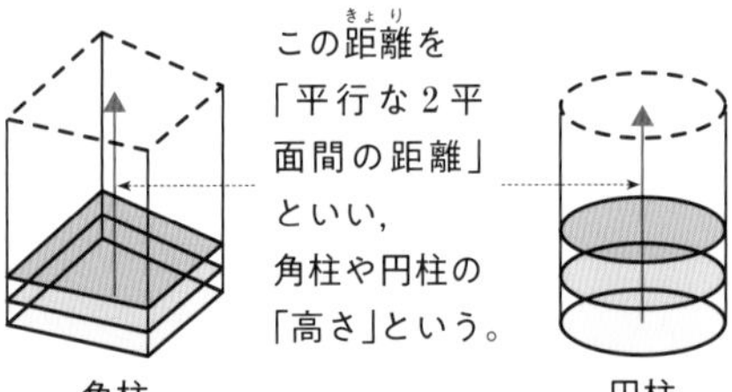

・直線ℓを軸として，図形を1回転させてできる立体

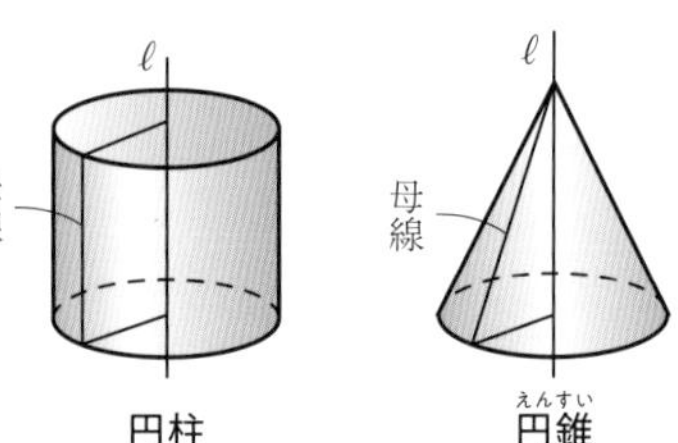

1 【2平面の位置関係】右の図の四角柱について，次の(1)，(2)にあてはまるものをすべて答えなさい。 教科書 p.206 問 3

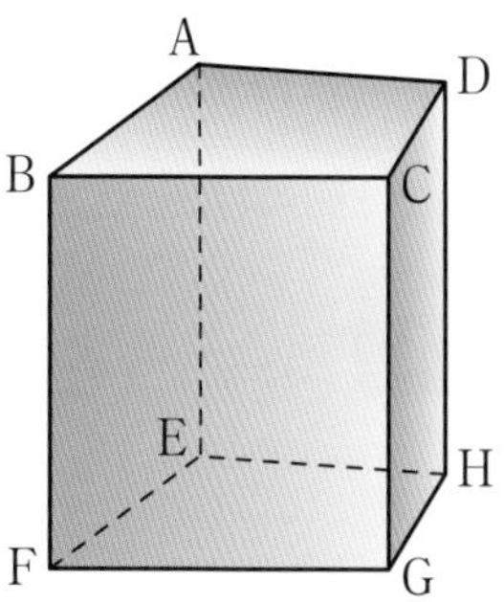

□(1) 面 ABCD に平行な面

□(2) 面 ABCD に垂直な面

2 【平面図形が動いてできる立体】右の図の正方形が，それと垂直な
□ 方向に 6 cm 動くとどんな立体ができますか。 教科書 p.207 例 1

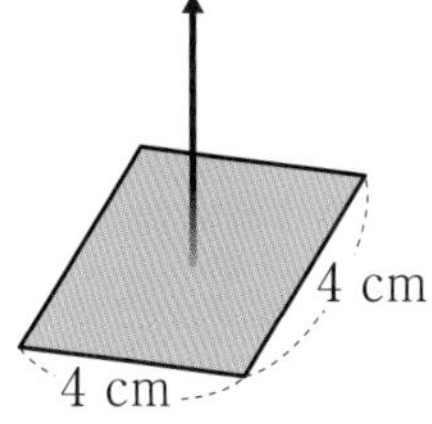

1 辺が 4 cm の正方形を (1) とする高さ (2) cm の (3) ができる。

絶対理解

3 【回転体】右の図の直角三角形 ABC を，直線 ℓ を軸として 1 回転させてできる回転体について，次の問いに答えなさい。 教科書 p.208 例 2, 問 2, p.209 問 3

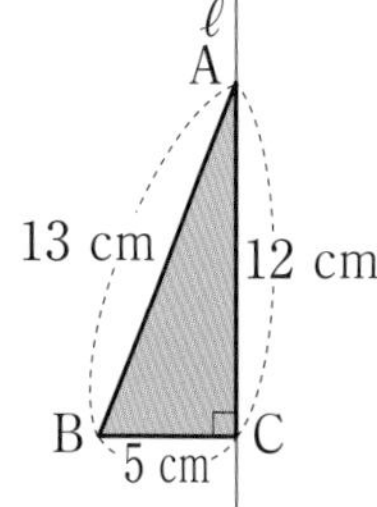

□(1) どんな立体ができますか。立体の名前を答えなさい。

□(2) 回転体の母線の長さは何 cm ですか。

●キーポイント
(2) 回転体の側面をつくる線分を，その回転体の母線といいます。

□(3) 回転体を，回転の軸 ℓ をふくむ平面で切ると，切り口はどんな図形になりますか。

□(4) 回転体を，回転の軸 ℓ に垂直な平面で切ると，切り口はどんな図形になりますか。

例題の答え **1** ①DEF ②ABC ③DEF **2** ①三角柱 ②円錐

6章　空間図形

1節　空間図形の観察
5　見取図，展開図，投影図

●立体の展開図

教科書 p.210～211

□ **例題 1** 下の㋐～㋓の図は，ある立体の展開図です。立体の名前を下のあ～おから選び，記号で答えなさい。 ▶▶1 2

㋐
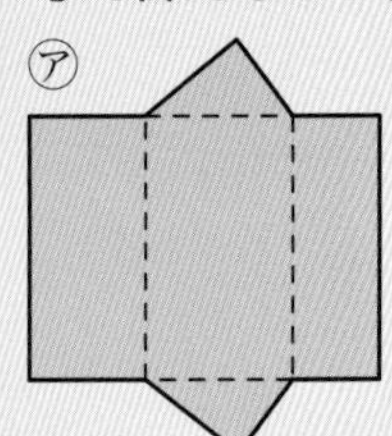
㋑
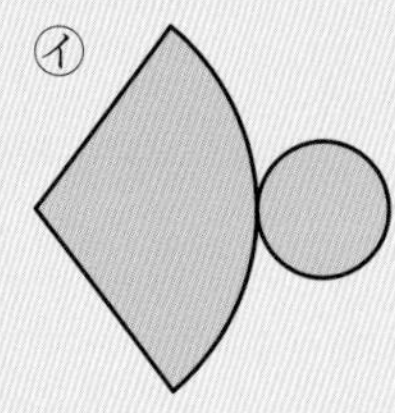
㋒
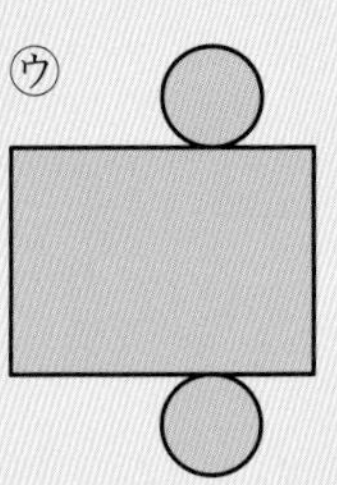
㋓
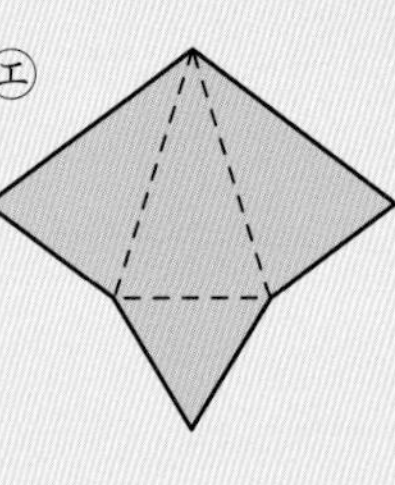

あ　三角柱	い　四角柱	う　円柱	え　三角錐(さんかくすい)	お　円錐

考え方　展開図から，組み立ててできる立体の底面や側面の形を考えます。

答え　㋐　底面が三角形の角柱になるから ①

㋑　底面が円，側面がおうぎ形だから ②

㋒　底面が円，側面が長方形だから ③

㋓　底面が三角形の角錐になるから ④

底面が円のときは，
円柱か円錐になります。

●投影図

教科書 p.212

□ **例題 2** 右の投影図(とうえいず)は，下のあ～きの中で，どの立体を表していますか。記号で答えなさい。 ▶▶3 4

あ　三角柱	い　四角柱	う　円柱
え　三角錐	お　四角錐	か　円錐
き　球		

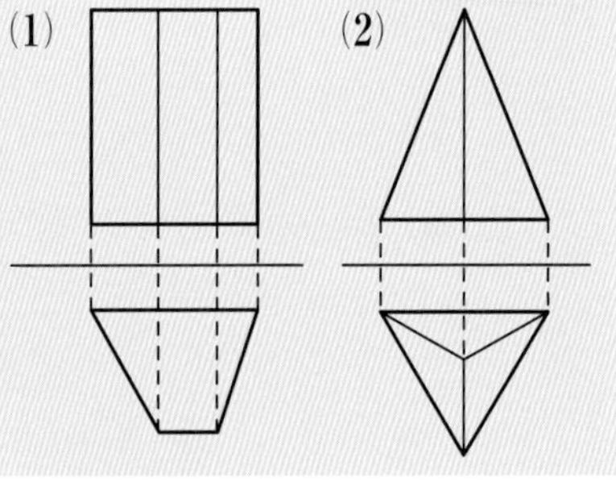

考え方　(1)　平面図(へいめんず)が四角形だから，底面の形は四角形だとわかります。立面図(りつめんず)が長方形だから，角柱だとわかります。

(2)　平面図が三角形だから，底面の形は三角形だとわかります。立面図が三角形だから，角錐だとわかります。

プラスワン　投影図

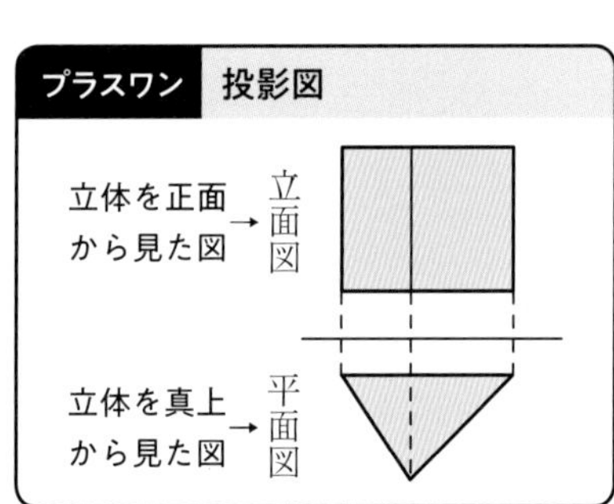

答え　(1) ①　　(2) ②

1 **【見取図と展開図】右の図は，正三角錐の展開図です。このとき，次の問いに答えなさい。** 教科書 p.210 問 1,2

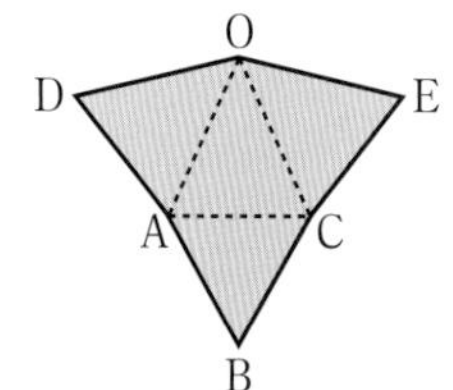

□(1) 展開図を組み立てて正三角錐をつくったとき，点 D と重なる点はどの点ですか。

□(2) 展開図を組み立てて正三角錐をつくったとき，辺 BC とねじれの位置にあるのは，どの辺ですか。

2 **【見取図と展開図】右の図は，円錐の見取図と展開図です。このとき，次の問いに答えなさい。** 教科書 p.211 問 3

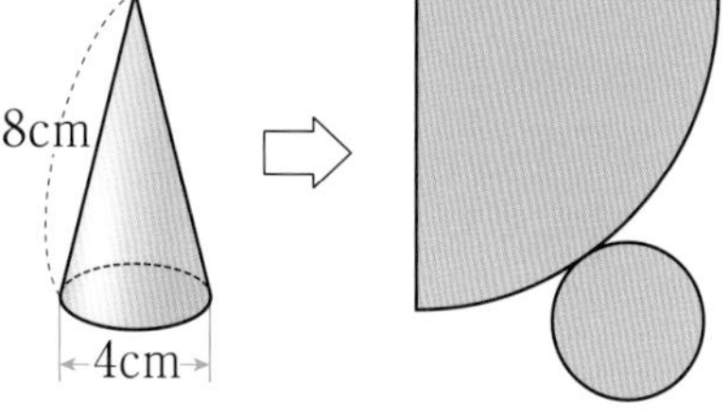

□(1) 展開図のおうぎ形の半径の長さを答えなさい。

□(2) 展開図のおうぎ形の弧(こ)の長さを求めなさい。

●キーポイント
おうぎ形の弧の長さは底面の円の周の長さと等しくなります。

絶対理解 **3** **【投影図】**右の投影図から考えられる立体の名前を答え，その見取図
□ もかきなさい。 教科書 p.212 問 5,6

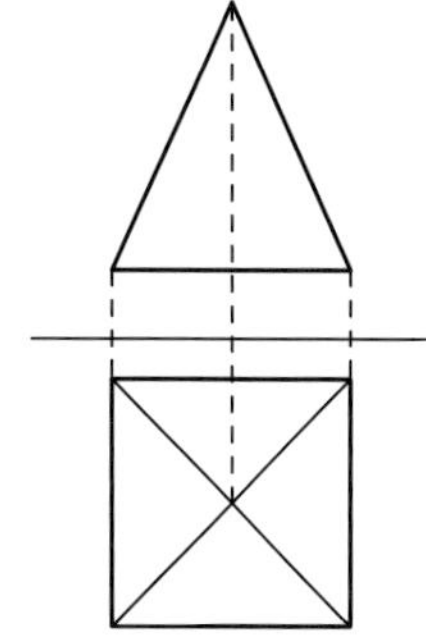

4 **【投影図】**球を投影図に表したとき，立面図と平面図はそれぞれどんな図形になりますか。
□ 図形の名前を答えなさい。 教科書 p.212 問 5

例題の答え **1** ①あ ②お ③う ④え **2** ①い ②え

1節　空間図形の観察　1～5

1 次の㋐～㋖の立体のうち，(1)～(3)にあてはまるものをすべて選び，記号で答えなさい。

㋐ 四角錐(しかくすい)　㋑ 立方体　㋒ 五角柱　㋓ 五角錐
㋔ 円柱　㋕ 円錐　㋖ 球

□(1) 多面体ではない立体

□(2) 五面体である立体

□(3) 正多面体である立体

2 脚(あし)の長さが少しちがっていても，脚が3本の台はがたつきませんが，4本の台はがたつくことがあります。その理由を答えなさい。□

3 右の図は，底面が正六角形で，側面が合同な長方形である角柱です。次の問いに答えなさい。

A B C D E F G H I J K L

□(1) この立体の名前を答えなさい。

□(2) 辺ABとねじれの位置にある辺をすべて答えなさい。

□(3) 平行な面は，全部で何組ありますか。

□(4) 面AGHBをふくむ平面と，面CIJDをふくむ平面は交わりますか。

□(5) 面AGHBと平行な辺をすべて答えなさい。

□(6) 辺CIと垂直な面をすべて答えなさい。

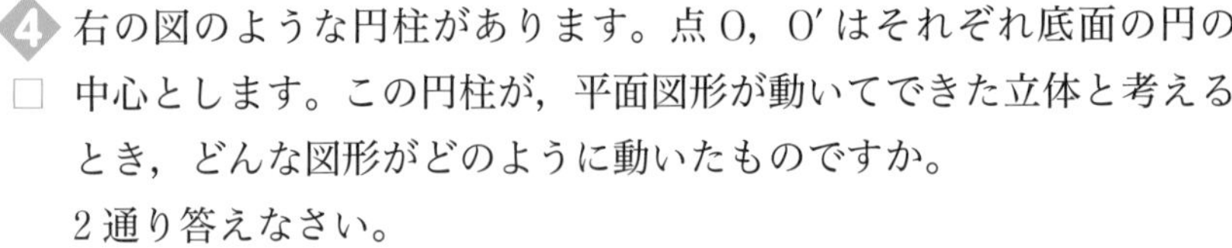
4 右の図のような円柱があります。点O，O′はそれぞれ底面の円の中心とします。この円柱が，平面図形が動いてできた立体と考えるとき，どんな図形がどのように動いたものですか。
2通り答えなさい。□

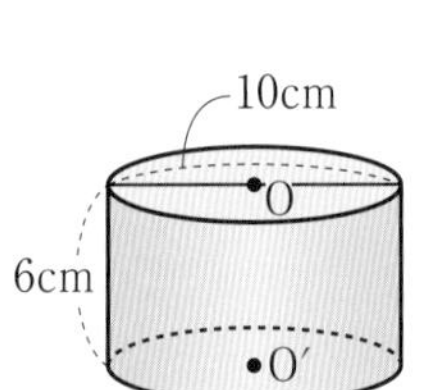

ヒント **2** 同じ直線上にない3点をふくむ平面は1つに決まります。
3 (4)辺を延長して，平面を広げて考えます。

定期テスト 予報

●回転体や投影図の見取図がかけるようになろう。
回転体の見取図は，回転の軸(じく)を対称(たいしょう)の軸として線対称な図形をかいて，円を示すように曲線をかこう。投影図は，平面図から底面の形を，立面図から「○○柱」か「○○錐」かを決めるんだよ。

5 次の図に正多角形を1つつけ加えると，それぞれ正多面体の展開図が完成します。残りの面はどこにつければよいですか。あてはまる辺すべてに○印をつけなさい。

□(1)

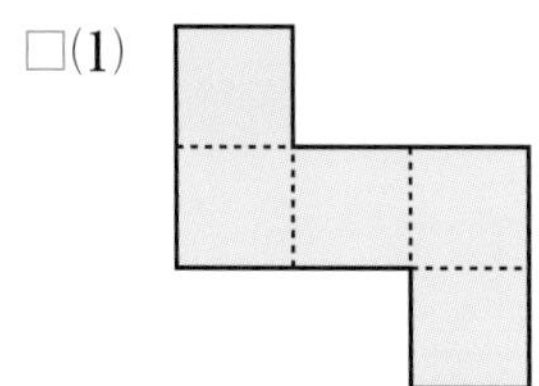

□(2)

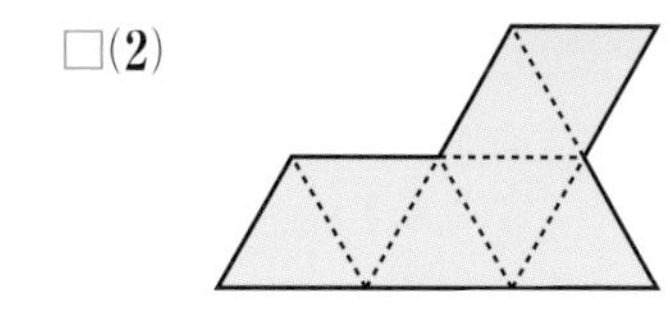

6 右の図は，立方体の見取図とその展開図です。この立方体の頂点Aから頂点Hまで，辺BF，CGを通るように糸を張ります。糸の長さが最も短くなるように，たるみなく張るものとして，次の問いに答えなさい。

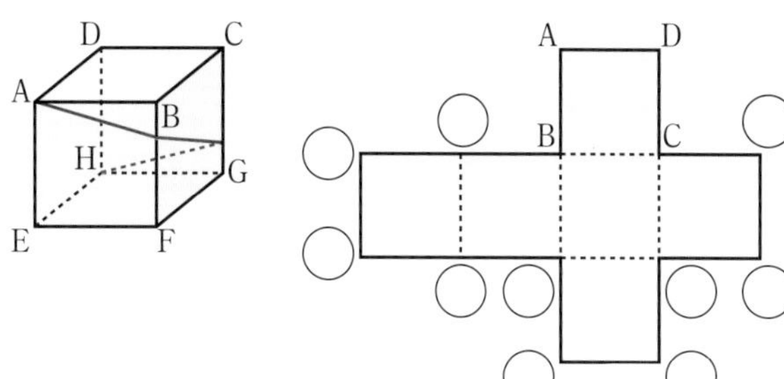

□(1) 右の展開図の○に，立方体の頂点を示す記号をかき入れなさい。

□(2) 糸が通る線を，展開図にかき入れなさい。

7 右の図の長方形を，直線ℓを軸として1回転させてできる立体の，
□ 見取図と投影図をかきなさい。

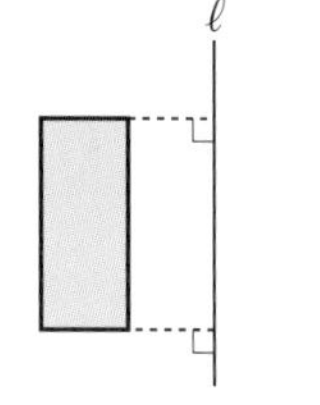

8 右の投影図の立面図と平面図は，合同な正方形です。どんな立体の
□ 投影図と考えられますか。3つ考えて，その見取図をかきなさい。

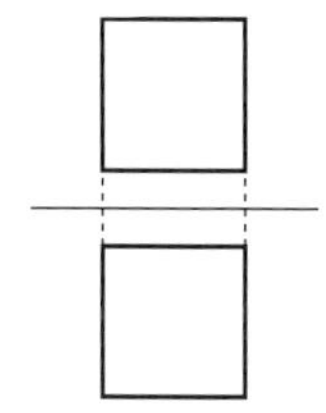

6章

教科書200〜212ページ

ヒント
5 組み立てたときに重なる辺を調べます。重なり合う辺には残りの面をつけられません。
6 糸の長さが最も短くなるように張ると，展開図の上では糸は1つの線分になります。

2節　空間図形の計量
1　角柱，円柱，角錐，円錐の表面積

●角柱や円柱の表面積

教科書 p.214～215

例題 1　底面の半径が 4 cm，高さが 8 cm の円柱の表面積を求めなさい。 ▸▸1 2

考え方　展開図をかいて考えます。

答え　底面積は

$\pi\times$ ① $^2=$ ②

側面積は

$8\times(2\pi\times$ ① $)=$ ③

したがって，表面積は

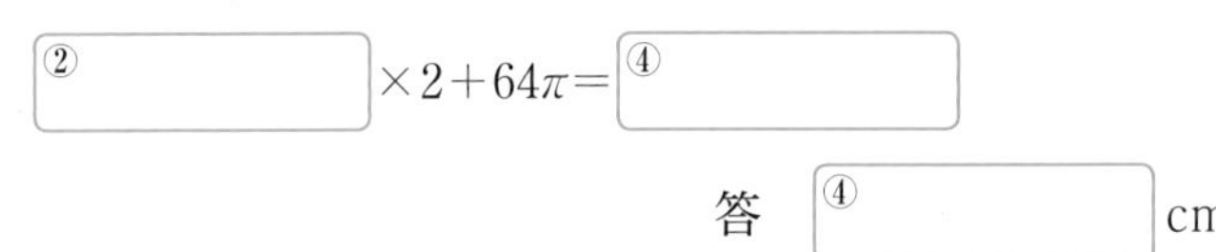

② $\times2+64\pi=$ ④

答 ④ cm²

●角錐や円錐の表面積

教科書 p.214～215

例題 2　底面の半径が 2 cm，母線の長さが 6 cm の円錐（えんすい）の表面積を求めなさい。 ▸▸3 4

考え方　母線にそって切り開いた展開図をかいて考えます。

答え　底面積は

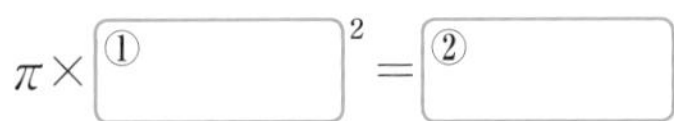

$\pi\times$ ① $^2=$ ②

また，右の展開図で，$\overset{\frown}{BC}$ の長さは底面の円の周の長さに等しいから

$\overset{\frown}{BC}=2\pi\times$ ③ $=$ ④

公式 $S=\dfrac{1}{2}\ell r$ より，側面のおうぎ形の面積は

$\dfrac{1}{2}\times$ ④ $\times6=$ ⑤

したがって，表面積は

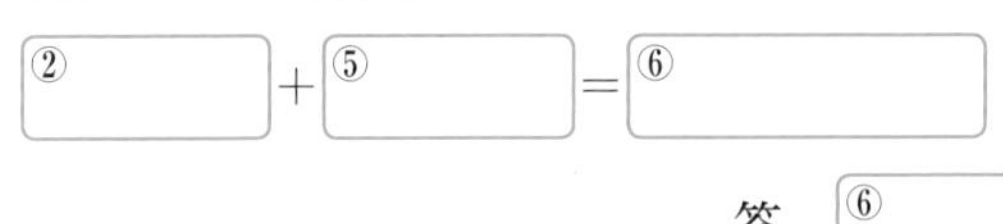

② $+$ ⑤ $=$ ⑥

答 ⑥ cm²

1 【角柱の表面積】右の図は，三角柱の見取図と展開図です。

教科書 p.214 例 1

□(1) 展開図の㋐～㋓にあてはまる長さを答えなさい。

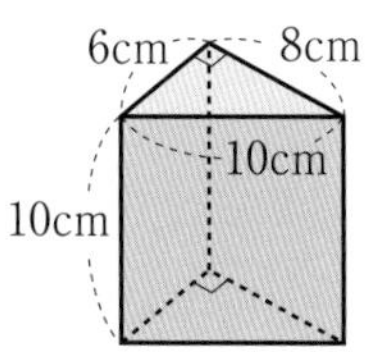

□(2) 表面積を求めなさい。

⚠ミスに注意

底面が2つあることに注意しましょう。

2 【角柱や円柱の表面積】次の図のような立体の表面積を求めなさい。

教科書 p.214 問 1, p.215 例 2

□(1)

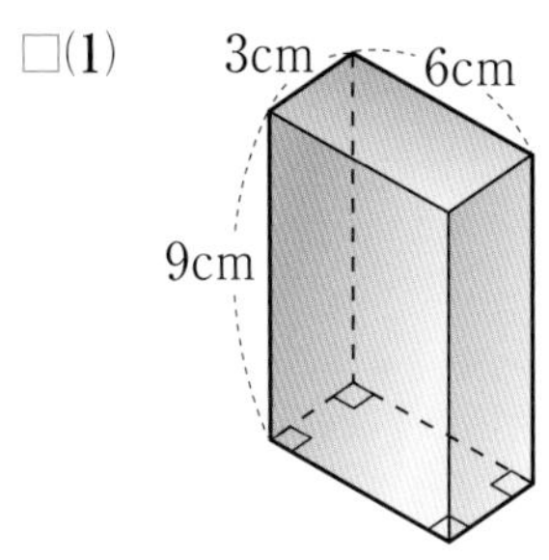

□(2)

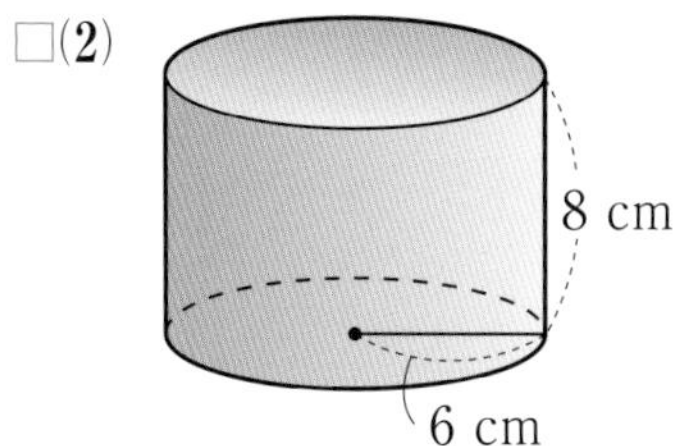

●キーポイント

展開図を考えて，側面になる長方形の縦と横の長さを求めます。

よく出る **3** 【角錐や円錐の表面積】次の図のような立体の表面積を求めなさい。

教科書 p.214 問 2, p.215 例 3

□(1)

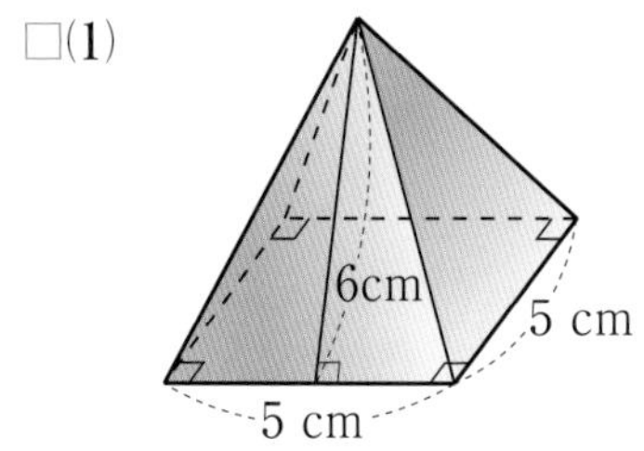

□(2)

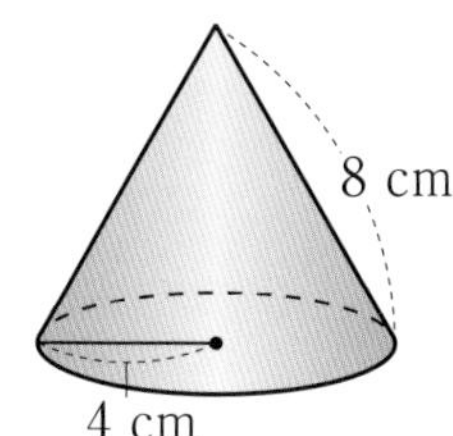

●キーポイント

(1) 側面は，底辺が5cm，高さが6cmの二等辺三角形が4つあります。

4 【円錐の表面積】底面の半径が3 cm で，母線の長さが6 cm の円錐の表面積を求めなさい。

□

教科書 p.215 問 4

2節 空間図形の計量
2 角柱，円柱，角錐，円錐の体積／3 球の表面積と体積

●角柱，円柱，角錐の体積

教科書 p.216〜217

例題 1 下の図のような立体の体積を求めなさい。 ▶▶1 2

(1) 

(2) 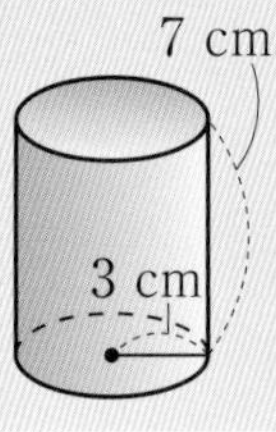

(3) 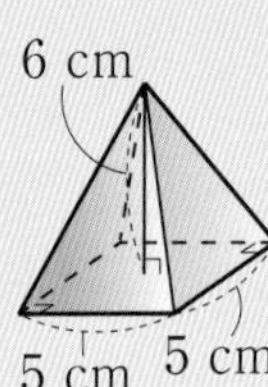

考え方 (1)(2) (体積)＝(底面積)×(高さ)　(3) (体積)＝$\frac{1}{3}$×(底面積)×(高さ)

答え (1) 底面が底辺 5 cm，高さ 4 cm の三角形で，高さが 6 cm の三角柱だから

$\frac{1}{2}\times5\times4\times$ ①□ ＝ ②□　（$\frac{1}{2}\times5\times4$：底面積，①：高さ）　答 ②□ cm^3

(2) 底面が半径 3 cm の円で，高さが 7 cm の円柱だから

$\pi\times$ ③□^{2} $\times7=$ ④□　（$\pi\times$③^2：底面積，7：高さ）　答 ④□ cm^3

(3) 底面が 1 辺 5 cm の正方形で，高さが 6 cm の正四角錐(しかくすい)だから

$\frac{1}{3}\times5^2\times$ ⑤□ ＝ ⑥□　答 ⑥□ cm^3

> **プラスワン　角柱，円柱，角錐，円錐の体積**
>
> 角柱や円柱の体積を V，底面積を S，高さを h とすると，$V=Sh$
>
> 角錐や円錐の体積を V，底面積を S，高さを h とすると，$V=\frac{1}{3}Sh$

●球の表面積と体積

教科書 p.218〜219

例題 2 半径が 3 cm の球の表面積と体積を求めなさい。  ▶▶3 4

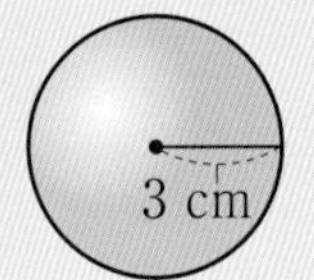

考え方 公式にあてはめて求めます。

答え 表面積は　$4\pi\times$ ①□^{2} ＝ ②□　答 ②□ cm^2

体積は　$\frac{4}{3}\pi\times$ ③□^{3} ＝ ④□　答 ④□ cm^3

> **プラスワン　球の表面積と体積**
>
> 半径 r の球の表面積を S，体積を V とすると
>
> $S=4\pi r^2$　　$V=\frac{4}{3}\pi r^3$

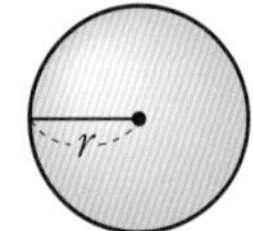

1 【角柱や円柱の体積】次の図のような立体の体積を求めなさい。 教科書 p.216 Q

□(1)

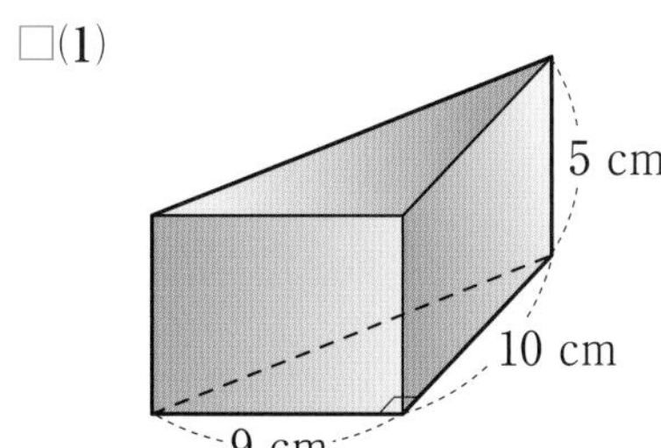

□(2)

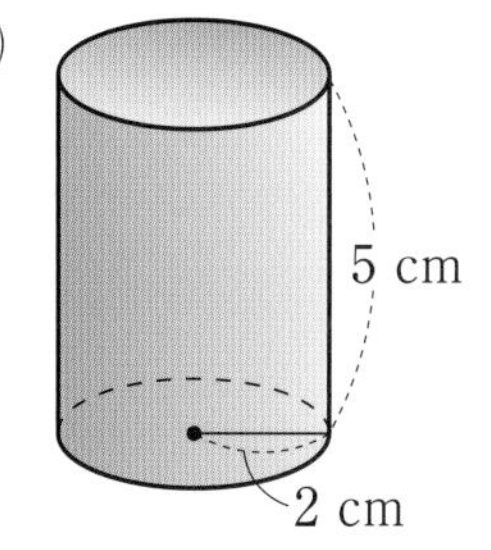

●キーポイント
体積を V，底面積を S，高さを h とすると
$V=Sh$

絶対理解 **2** 【角錐や円錐の体積】次の図のような立体の体積を求めなさい。 教科書 p.217 問4

□(1)

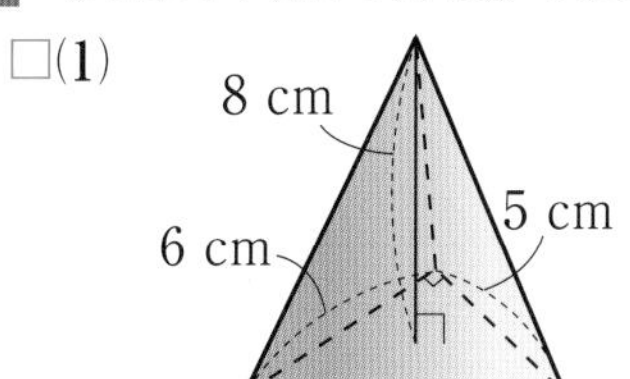

□(2)

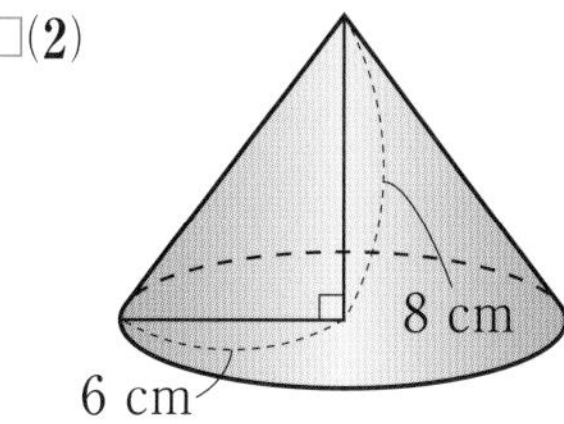

●キーポイント
体積を V，底面積を S，高さを h とすると
$V=\frac{1}{3}Sh$

よく出る **3** 【球の体積】半径が 6 cm の球の体積を求めなさい。 教科書 p.219 例2

□

●キーポイント
半径が r の球の体積を V とすると
$V=\frac{4}{3}\pi r^3$

4 【球の表面積】下の図形を，直線 ℓ を軸として 1 回転させてできる立体の表面積を求めなさい。 教科書 p.218 例1

□

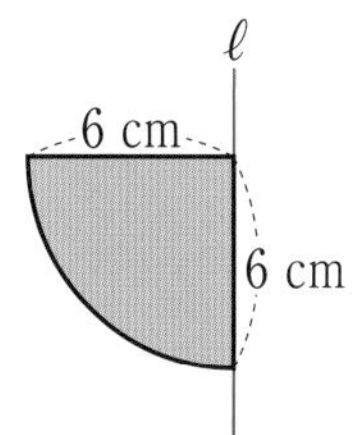

●キーポイント
半径が r の球の表面積を S とすると
$S=4\pi r^2$

⚠ミスに注意
半球の断面の円の面積をたすのを忘れないようにしましょう。

6章 教科書216〜219ページ

例題の答え **1** ①6 ②60 ③3 ④$63\pi$ ⑤6 ⑥50 **2** ①3 ②$36\pi$ ③3 ④$36\pi$

解答▶▶ p.39

2節 空間図形の計量 1～3

1 右の図のような直方体について，次の問いに答えなさい。

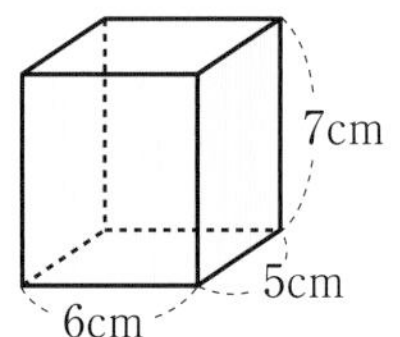

□(1) 表面積を求めなさい。

□(2) 体積を求めなさい。

2 底面の周の長さが 16 cm，面積が 15 cm^2 で，高さが 5 cm の角柱について，次の問いに答えなさい。

□(1) 表面積を求めなさい。

□(2) 体積を求めなさい。

3 展開図が右の図で表される円錐（えんすい）について，次の問いに答えなさい。

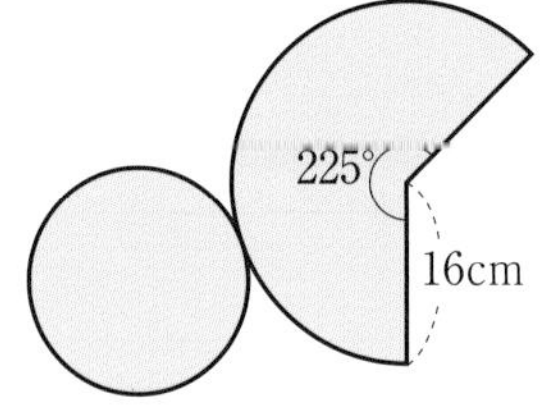

□(1) 母線の長さは何 cm ですか。

□(2) 底面の円の周の長さを求めなさい。
また，底面の円の半径は何 cm ですか。

□(3) 表面積を求めなさい。

4 体積の等しい立方体と正四角錐があります。立方体の 1 辺の長さは 15 cm で，正四角錐の底面の 1 辺の長さも 15 cm であるとき，正四角錐の高さは何 cm ですか。
□

5 縦 7 cm，横 9 cm，高さ 4 cm の直方体の形をした容器に水を入れ，静かに傾（かたむ）けて，右の図のような状態にします。このとき，容器にはいっている水の体積を求めなさい。
□

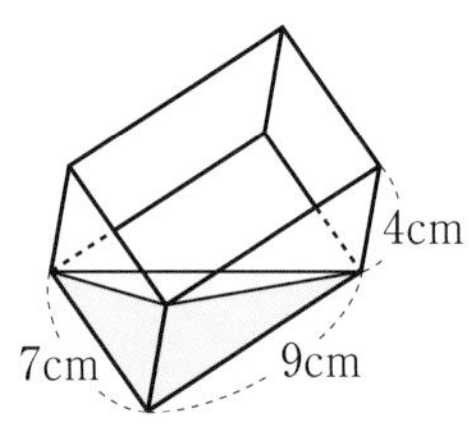

ヒント **4** 立方体の体積の公式と正四角錐の体積の公式を比べます。
5 容器の水は三角錐の形です。体積の公式が使えます。

●角錐や円錐の体積の公式や球の表面積と体積の公式は正確に覚えておこう。
表面積を求めるときは底面の数に注意しよう。円柱や円錐の表面積を求めるときは，底面の円周の長さがカギになるよ。おうぎ形の面積の公式 $S=\frac{1}{2}\ell r$ も利用するといいよ。

よく出る **6** 次の図のような立体の表面積と体積を求めなさい。

□(1)　三角柱

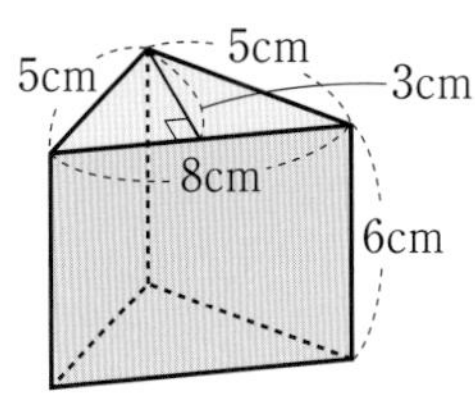

□(2)　円柱

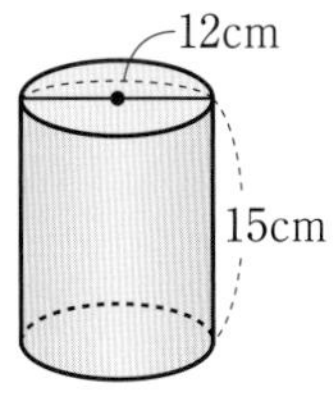

□(3)　正四角錐

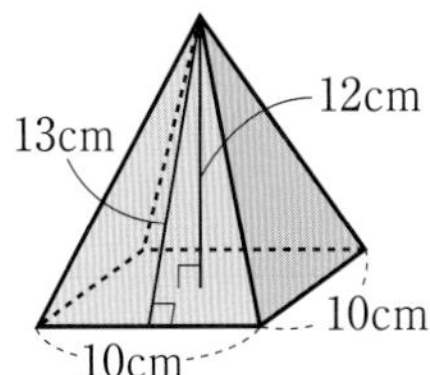

□(4)　球

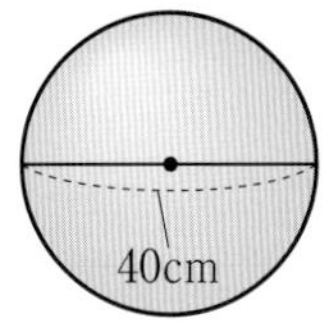

7 右の図の直角三角形を，直線 ℓ，m を軸（じく）としてそれぞれ1回転させてできる立体について，次の問いに答えなさい。

□(1)　直線 ℓ を軸として1回転させてできる立体の体積を求めなさい。

□(2)　直線 m を軸として1回転させてできる立体の表面積を求めなさい。

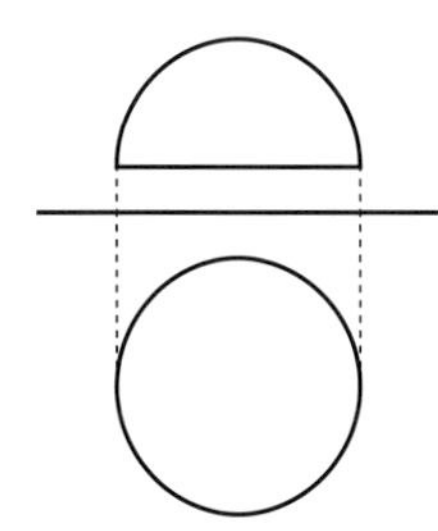

8 投影図が右の図で表される立体で，平面図の円の半径が5 cm のとき，次の問いに答えなさい。

□(1)　表面積を求めなさい。

□(2)　体積を求めなさい。

7 (1)底面の半径が 8 cm，母線の長さが 17 cm，高さが 15 cm の円錐になります。
8 半径が 5 cm の半球になります。

6章

教科書214～219ページ

解答▶▶ p.40

6章　空間図形

❶ 次の㋐～㋕の立体から，(1)～(3)にあてはまるものをすべて選び，記号で答えなさい。 知

㋐ 三角錐（さんかくすい）　㋑ 三角柱　㋒ 円柱
㋓ 直方体　㋔ 円錐　㋕ 球

(1) 多面体である立体

(2) 回転体である立体

(3) 平行な面をもつ立体

❶	点/6点（各2点）
(1)	
(2)	
(3)	

❷ 右の立体は，直方体を平面で切ってできたものです。この立体について，次の(1)～(4)にあてはまるものは，それぞれいくつありますか。個数をかきなさい。 知

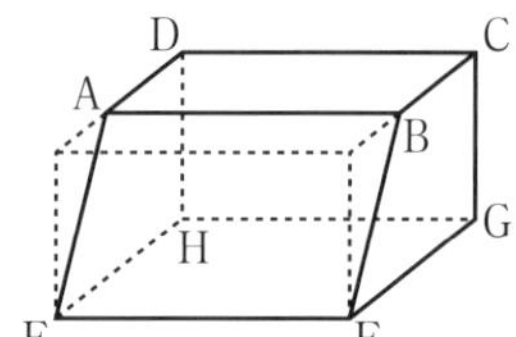

(1) 辺 AB に平行な辺

(2) 辺 BF とねじれの位置にある辺

(3) 辺 GH と平行な面

(4) 面 ABCD と垂直な面

❷	点/12点（各3点）
(1)	
(2)	
(3)	
(4)	

❸ 空間にある異なる3直線 ℓ，m，n と平面 P について，次のことは，いつも成り立ちますか。いつも成り立つときは○，成り立つとは限らないときは×をかきなさい。 考

(1) $\ell /\!/ n$，$m /\!/ n$ のとき，$\ell /\!/ m$ である。

(2) $\ell \perp n$，$m \perp n$ のとき，$\ell /\!/ m$ である。

(3) $\ell /\!/ \mathrm{P}$，$m \perp \mathrm{P}$ のとき，ℓ と m は垂直に交わる。

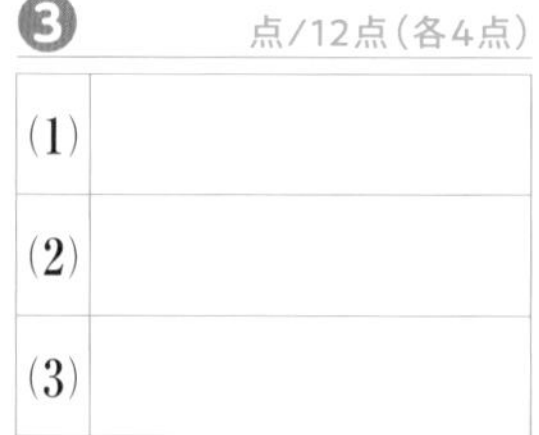

❸	点/12点（各4点）
(1)	
(2)	
(3)	

❹ 右の図に側面の二等辺三角形を1つつけ加えると，ある立体の展開図が完成します。次の問いに答えなさい。 考

点UP (1) 残りの面はどこにつければよいですか。あてはまる辺をすべて答えなさい。

(2) 完成した展開図を組み立てます。
① 組み立ててできる立体の見取図をかきなさい。
② 辺 BC とねじれの位置にある辺はどれですか。

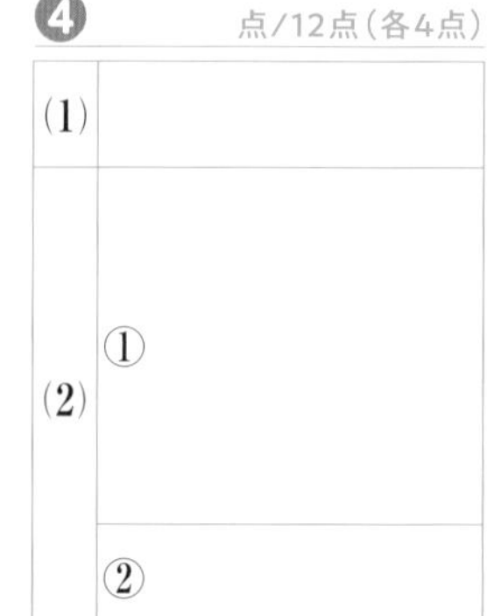

❹	点/12点（各4点）
(1)	
(2)	①
	②

 成績評価の観点　知…数量や図形などについての知識・技能　考…数学的な思考・判断・表現

5 次の投影図が表している立体の名前を答えなさい。知

(1)

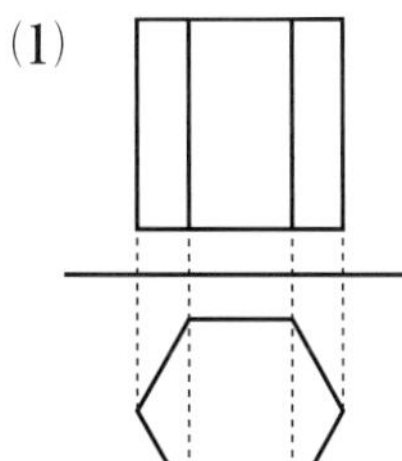

(2)

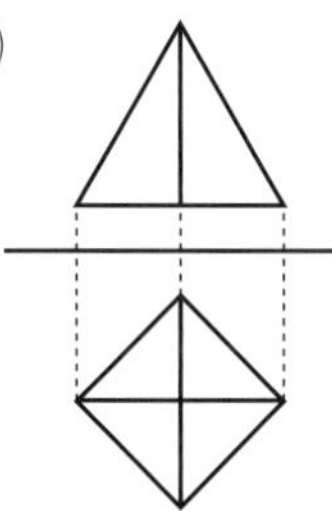

(3)

5	点/9点（各3点）
(1)	
(2)	
(3)	

6 次の図のような立体の表面積と体積を求めなさい。知

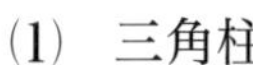

(1) 三角柱

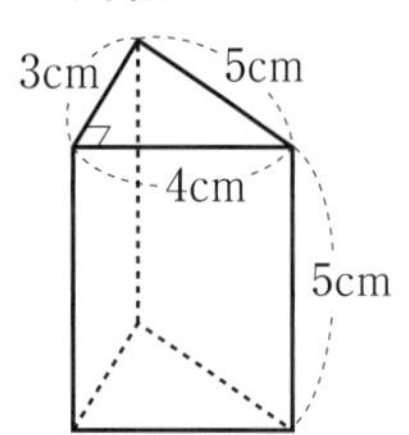

(2) 正四角錐

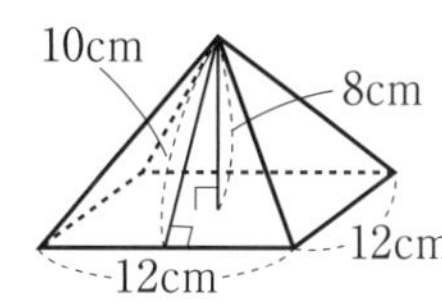

(3) 円柱

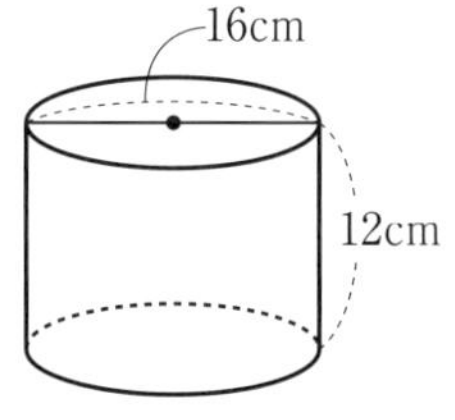

(4) 円錐

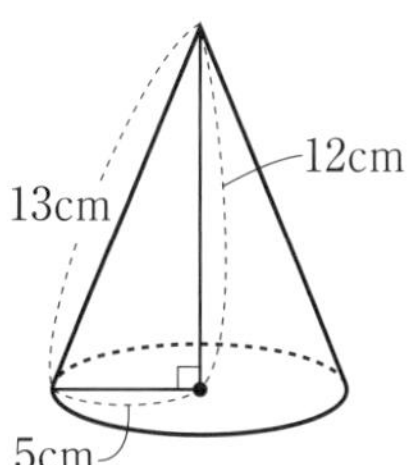

(5) 半径 10 cm の球

6		点/40点（各4点）
(1)	表面積	
	体積	
(2)	表面積	
	体積	
(3)	表面積	
	体積	
(4)	表面積	
	体積	
(5)	表面積	
	体積	

7 右の図は，直方体の一部を切り取ってできた三角錐です。この三角錐の体積を求めなさい。考

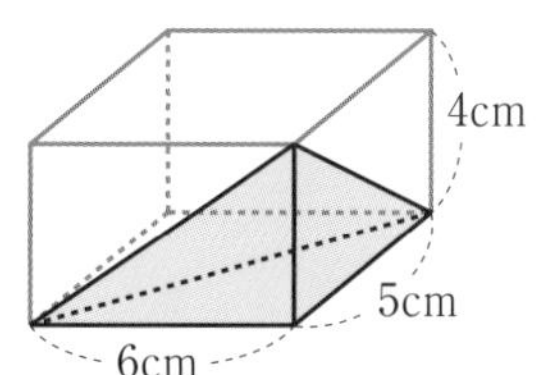

7 点/4点

8 右の図の台形 ABCD を直線 CD を軸(じく)として 1 回転させてできる立体の体積を求めなさい。知

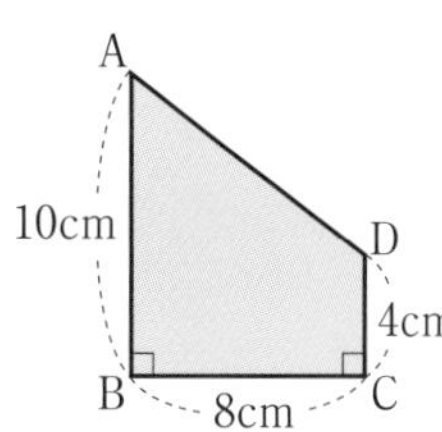

8 点/5点

知 /72点	考 /28点

教科書のまとめ〈6章　空間図形〉

● 2直線の位置関係

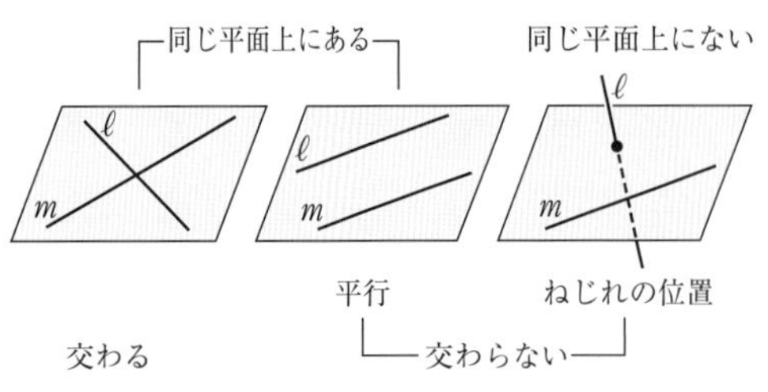

●直線と平面の位置関係

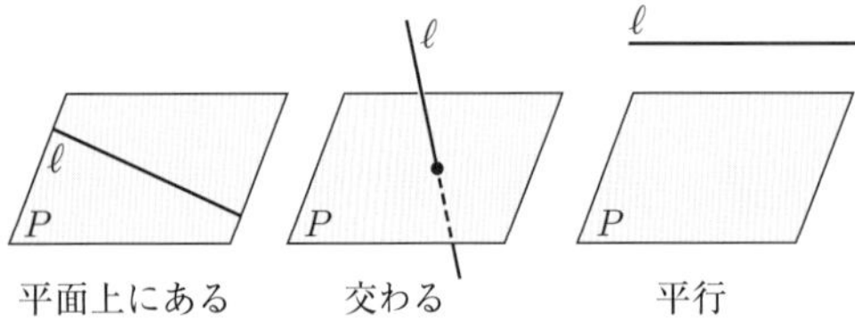

● 2平面の位置関係

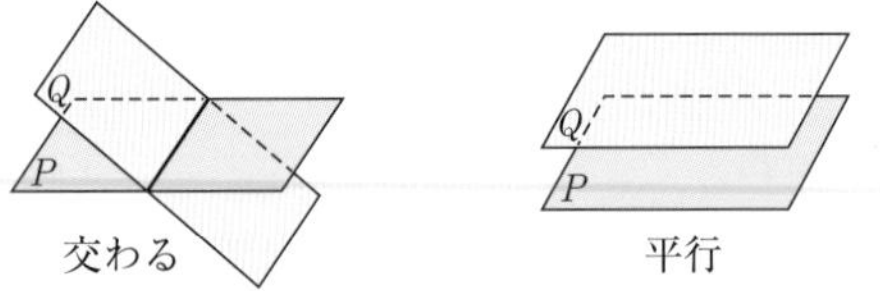

●回転体

・直線 ℓ を軸(じく)として，図形を1回転させてできる立体を**回転体**といい，直線 ℓ を**回転の軸**という。

・回転体の側面をつくる線分を，その回転体の**母線**という。

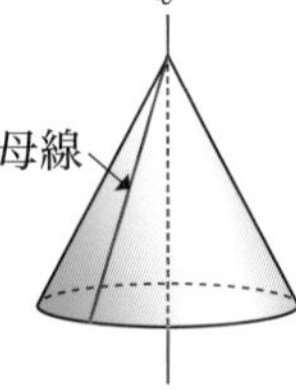

●展開図

円錐(えんすい)の展開図は，側面はおうぎ形でその半径は円錐の母線の長さに等しい。また，そのおうぎ形の弧(こ)の長さは，底面の円の周の長さに等しい。

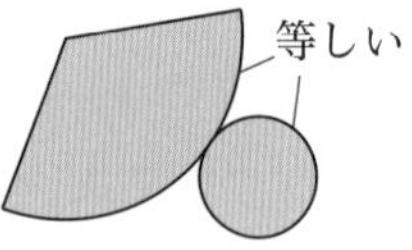

●投影図

正面から見た図を**立面図**，
真上から見た図を**平面図**，
これらを組にした図を**投影図**という。

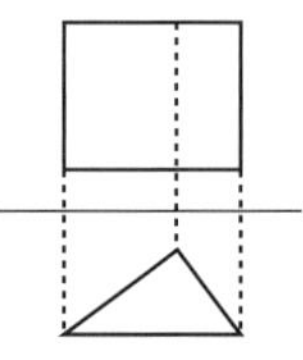

●角柱と円柱の体積

角柱または円柱の底面積を S，高さを h，体積を V とすると

$$V=Sh$$

●角錐と円錐の体積

角錐または円錐の底面積を S，高さを h，体積を V とすると

$$V=\frac{1}{3}Sh$$

●球の表面積

半径が r の球の表面積を S とすると

$$S=4\pi r^2$$

●球の体積

半径が r の球の体積を V とすると

$$V=\frac{4}{3}\pi r^3$$

7章　データの活用

次の学習に入る前に取り組もう。

□**平均値，中央値，最頻値**　← 小学6年

平均値……データの個々の値を合計し，値の個数でわったもの。

中央値……データの値の大きさの順に並べたときの中央の値。
値が偶数個ある場合は，中央の2つの値の平均値を中央値とします。

最頻値……データの値の中で，最も多く現れている値。

1 あるクラスのソフトボール投げの記録を，下のようなドットプロットに表しました。　← 小学6年〈資料の整理〉

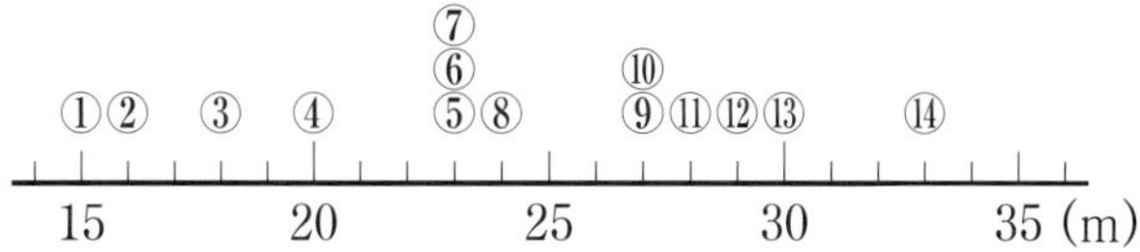

(1) 平均値を求めなさい。

(2) 中央値を求めなさい。

ヒント
データの数が偶数だから……

(3) 最頻値を求めなさい。

(4) 散らばりのようすを，表に表しなさい。

距離(m)	人数(人)
以上 未満 15 ～ 20	
20 ～ 25	
25 ～ 30	
30 ～ 35	
合計	

(5) 散らばりのようすを，ヒストグラムに表しなさい。

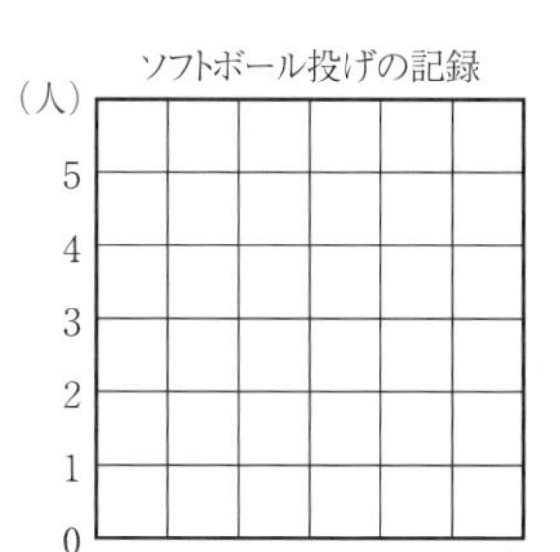

ヒント
横軸は区間を表すから……

7章

1節 データの分布
1 度数分布表／2 ヒストグラム
3 階級値を使った代表値の求め方／4 データの分布と代表値

度数の分布

教科書 p.228～229

例題 1 右の表は，1組の生徒32人が，ある日のそれぞれの通学時間を記録し，度数分布表に整理したものです。 ▶▶1

(1) 10分以上15分未満の階級の度数は何人ですか。
(2) 20分は，どの階級にふくまれますか。
(3) 15分以上20分未満の階級の階級値は何分ですか。
(4) 度数が最も多いのは，どの階級ですか。

1組の通学時間

階級(分)	度数(人)
以上　未満 5 ～ 10	3
10 ～ 15	8
15 ～ 20	11
20 ～ 25	6
25 ～ 30	4
合計	32

考え方 (2) 「20分未満」は20分をふくみません。
(3) 階級値は，階級の真ん中の値です。

答え (1) 度数は ① 人
(2) 20分をふくむ階級であり，② 分以上 ③ 分未満の階級
(3) $\frac{15+20}{2}=$ ④ 　階級値は ④ 分
(4) 度数が ⑤ 人の階級であり，⑥ 分以上 ⑦ 分未満の階級

階級値を使った代表値の求め方

教科書 p.233～235

例題 2 右の表は，1年男子30人の握力の記録を度数分布表に整理したものです。 ▶▶3

(1) 平均値を求めなさい。
(2) 最頻値を答えなさい。

1年男子の握力

階級(kg)	度数(人)	(階級値)×(度数)
以上　未満 16 ～ 20	3	54
20 ～ 24	8	176
24 ～ 28	10	260
28 ～ 32	7	①
32 ～ 36	2	②
合計	30	768

考え方 (1) 度数分布表から平均値を求めるには，階級値と度数を使います。
(2) 最頻値は，度数分布表で，度数が最も多い階級の階級値です。

答え (1) 各階級の階級値と度数の積を求め，それらを合計する。

$54+176+260+$ ① $+$ ② $=768$

次に，合計を総度数でわる。

$768\div30=$ ③ 　　答 ③ kg

(2) 度数の最も多い階級は，④ kg以上 ⑤ kg未満の階級で，

この階級の階級値は，⑥ kgです。　　答 ⑥ kg

絶対理解 **1** **【度数分布表とヒストグラム】** 右の表は，1年生のハンドボール投げの記録です。このとき，次の問いに答えなさい。 教科書 p.229 問 3, p.230 問 1

1年生のハンドボール投げ

階級(m)	度数(人)
以上　未満 4 ～ 8	2
8 ～ 12	8
12 ～ 16	25
16 ～ 20	28
20 ～ 24	12
24 ～ 28	5
合計	80

□(1) 20 m は，どの階級にふくまれますか。

□(2) 度数分布表をもとに，ヒストグラムをかきなさい。

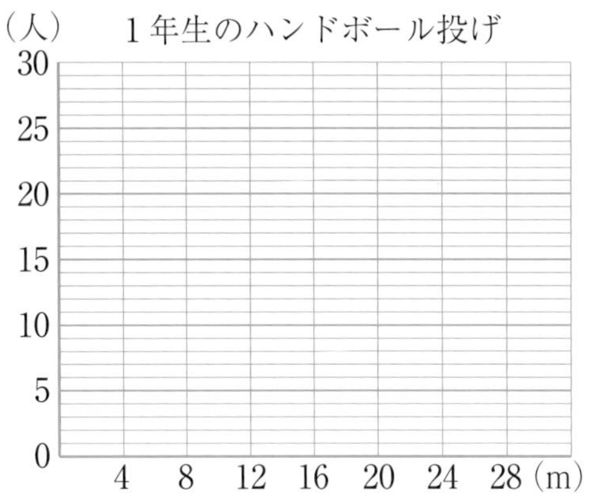

絶対理解 **2** **【中央値】** 1年生が，あるゲームをしました。下の表は，A，B 2つのグループの得点の記録です。A と B の，それぞれの得点の中央値を求めなさい。 教科書 p.234 問 3

ゲームの得点

A(点)	45	49	42	61	56	80	47	58	48	
B(点)	56	46	51	44	47	54	46	67	52	62

⚠ミスに注意
データの個数が偶数(ぐうすう)個か奇数(きすう)個かに注意しましょう。

3 **【階級値から代表値を求める方法】** 右の表は，ある中学校のサッカー部員の身長の記録をまとめたものです。このとき，次の問いに答えなさい。 教科書 p.233～234 例 1,2

サッカー部員の身長

階級(cm)	階級値(cm)	度数(人)
以上　未満 145 ～ 155	㋐	4
155 ～ 165	160	9
165 ～ 175	170	㋒
175 ～ 185	㋑	1
合計		20

□(1) 表の㋐～㋒にあてはまる数を求めなさい。

□(2) 平均値を求めなさい。

□(3) 最頻値を求めなさい。

●キーポイント
(3) 度数分布表では，度数が最も大きい階級の階級値を最頻値とします。

例題の答え **1** ①8 ②20 ③25 ④17.5 ⑤11 ⑥15 ⑦20 **2** ①210 ②68 ③25.6 ④24 ⑤28 ⑥26

1節 データの分布
5 相対度数／6 累積度数と累積相対度数
7 データを集めて活用しよう

●相対度数

教科書 p.238～239

例題 1 右の表は，ある中学校の1年1組の男子20人の握力(あくりょく)の記録を整理してまとめた度数分布表です。このとき，次の問いに答えなさい。 ▶▶1

(1) 表の㋐，㋑にあてはまる数を求めなさい。

(2) 握力が30 kg以上の生徒は，全体の何％ですか。

1年1組の男子の握力

階級(kg)	度数(人)	相対度数
以上 未満 18 ～ 22	4	0.20
22 ～ 26	6	㋐
26 ～ 30	5	㋑
30 ～ 34	3	0.15
34 ～ 38	2	0.10
合計	20	1.00

考え方 総度数に対する各階級の度数の割合を，その階級の相対度数(そうたいどすう)といいます。

(1) $(\text{ある階級の相対度数})=\dfrac{(\text{その階級の度数})}{(\text{総度数})}$ で求めます。

(2) 30 kg以上34 kg未満と34 kg以上38 kg未満の階級の相対度数から求めます。

答え (1) 度数の合計は20人です。

㋐ $\dfrac{6}{20}=$ ①□　　㋑ $\dfrac{5}{20}=$ ②□

(2) $0.15+0.10=$ ③□　　すなわち ④□ ％

●累積度数と累積相対度数

教科書 p.240～241

例題 2 例題1の表で，次の問いに答えなさい。 ▶▶1

(1) 26 kg以上30 kg未満の階級までの累積度数(るいせきどすう)を求めなさい。

(2) 26 kg以上30 kg未満の階級までの累積相対度数を求めなさい。

考え方 (1) 26 kg以上30 kg未満の階級までの度数の合計を求めます。

(2) 累積相対度数は，累積度数を総度数でわって求めます。

答え (1) $4+6+5=$ ①□

(2) $\dfrac{①□}{20}=$ ②□

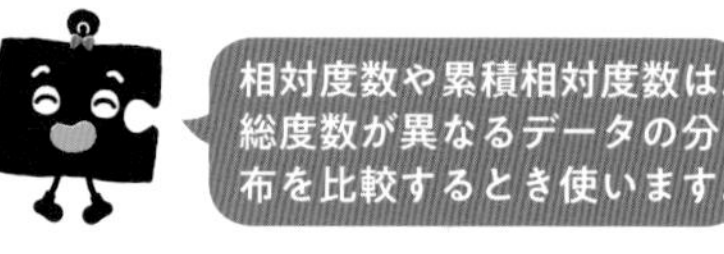

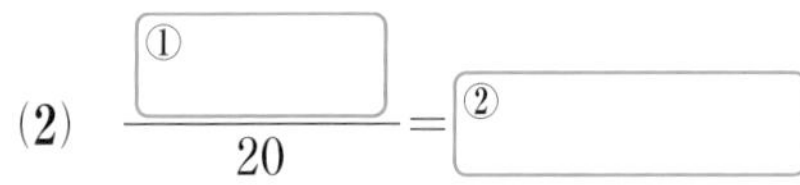

プラスワン 累積度数，累積相対度数

累積度数…最小の階級からある階級までの度数の合計
累積相対度数…最小の階級からある階級までの相対度数の合計

絶対理解 **1** **【相対度数，累積度数と累積相対度数】** 下の表は，生徒 40 人の身長を調べてまとめたものです。このとき，次の問いに答えなさい。

教科書 p.238 例 1, p.240 例 1

身長調べ

階級(cm)	度数(人)	累積度数(人)	相対度数	累積相対度数
以上 未満 130 ～ 140	6	6	0.150	0.150
140 ～ 150	10	16	㋑	0.400
150 ～ 160	12	28	0.300	㋓
160 ～ 170	9	㋐	0.225	0.925
170 ～ 180	3	40	0.075	㋔
合計	40		㋒	

□(1) ㋐～㋔にあてはまる数を求めなさい。

●キーポイント
(4) 中央値は，身長が低い方から 20 番目と 21 番目の生徒の平均値です。2 人の生徒の身長がふくまれる階級を考えます。

□(2) 140 cm 以上 160 cm 未満の生徒は全体の何 % ですか。

□(3) 身長が 150 cm 以上の生徒は全体の何 % ですか。

□(4) 中央値がふくまれる階級を答えなさい。

□(5) 全体の 70 % の生徒の身長は，何 cm 未満ですか。

例題の答え **1** ①0.30 ②0.25 ③0.25 ④25 **2** ①15 ②0.75

2節　確率
1　ことがらの起こりやすさ／2　確率の考えの活用

●ことがらの起こりやすさ

教科書 p.248～251

例題 1 箱の中に，重さも大きさも同じ赤玉と白玉が何個かずつ入っています。この箱の中から1個の玉を取り出し，その色を確かめて，また箱の中に戻(もど)す実験を行いました。下の表は，玉を取り出す回数と，白玉が出た回数を記録し，まとめたものです。次の問いに答えなさい。

▸▸1 2

実験回数	500	1000	1500	2000
白玉の出た回数	237	434	657	884
白玉が出る相対度数	0.474	㋐	0.438	㋑

(1) 表の㋐，㋑にあてはまる数を求めなさい。

(2) 白玉が出る確率(かくりつ)は，およそどのくらいと考えられますか。
小数第3位を四捨五入して求めなさい。

(3) この箱から3000回玉を取り出すと，白玉が出る回数は，およそ何回になると考えられますか。

考え方 (1) (白玉が出る相対度数)＝$\dfrac{(\text{白玉が出た回数})}{(\text{実験回数})}$ で求めます。

(2) あることがらの起こる相対度数がある一定の値(あたい)に近づいていくとき，その値を，あることがらの起こる確率とします。

答え (1) ㋐ 実験回数が1000回のときの白玉が出る相対度数は

$\dfrac{434}{①\square}$＝②$\square$

㋑ 実験回数が2000回のときの白玉が出る相対度数は

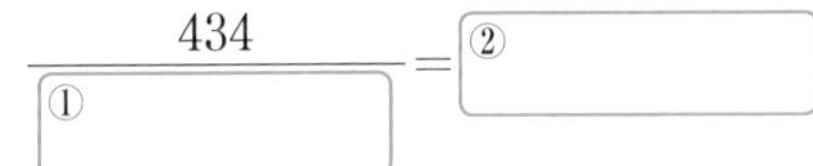

$\dfrac{③\square}{2000}$＝④$\square$

(2) 実験回数が1500回のときの白玉が出る相対度数は，0.438
2000回のときの白玉が出る相対度数は，0.442

小数第3位を四捨五入すると，どちらも0.44

したがって，白玉が出る確率は，およそ⑤$\square$

(3) 白玉が出る確率は，およそ0.44だから

3000×0.44＝⑥$\square$

答　およそ⑥$\square$回

1320回に近い値になると考えられるけれど，必ず1320回になるというわけではありません。

1 【ことがらの起こりやすさ】下の表は，ビールびんの王冠(おうかん)を投げて，表が出る回数を調べたものです。このとき，次の問いに答えなさい。 教科書 p.250 問 4

□(1) 表の㋐，㋑にあてはまる数を，小数第 3 位まで求めなさい。

投げた回数	表が出た回数	表が出る相対度数
500	198	㋐
1000	392	0.392
1500	586	0.391
2000	782	㋑

●キーポイント
$(相対度数)=\frac{(表が出た回数)}{(投げた回数)}$
で求めます。

□(2) 王冠の表が出る確率は，およそどのくらいと考えられますか。小数第 2 位までの値で答えなさい。

絶対理解 **2** 【ことがらの起こりやすさ】下の表は，画びょうを投げて，上向きになった回数を調べたものです。このとき，次の問いに答えなさい。 教科書 p.251 問 5

□(1) 表の㋐，㋑にあてはまる数を，小数第 2 位まで求めなさい。

投げた回数	上向きになった回数	上向きになる相対度数
100	58	0.58
300	184	0.61
500	305	㋐
800	476	0.60
1000	596	㋑

□(2) 画びょうが上向きになる確率は，およそどのくらいと考えられますか。小数第 1 位までの値で答えなさい。

□(3) この画びょうを投げるとき，上向きになる場合とそれ以外になる場合では，どちらが起こりやすいと考えられますか。また，その理由もかきなさい。

例題の答え **1** ①1000 ②0.434 ③884 ④0.442 ⑤0.44 ⑥1320

1 右の表は，20 人の女子生徒の 50 m 走の記録を度数分布表に整理したものです。

女子の 50 m 走

階級(秒)	度数(人)
以上 未満 6.5 ~ 7.0	1
7.0 ~ 7.5	2
7.5 ~ 8.0	5
8.0 ~ 8.5	4
8.5 ~ 9.0	3
9.0 ~ 9.5	2
9.5 ~ 10.0	2
10.0 ~ 10.5	1
合計	20

□(1) 9.0 秒の記録は，どの階級にふくまれますか。

□(2) 9.5 秒以上 10.0 秒未満の階級の度数を答えなさい。

□(3) 度数分布表をもとに，ヒストグラムをかきなさい。

□(4) 中央値がふくまれるのは，どの階級ですか。

□(5) 最頻値(さいひんち)を求めなさい。

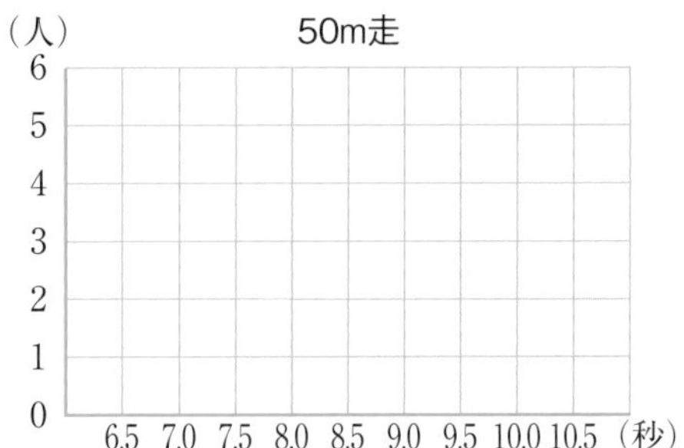
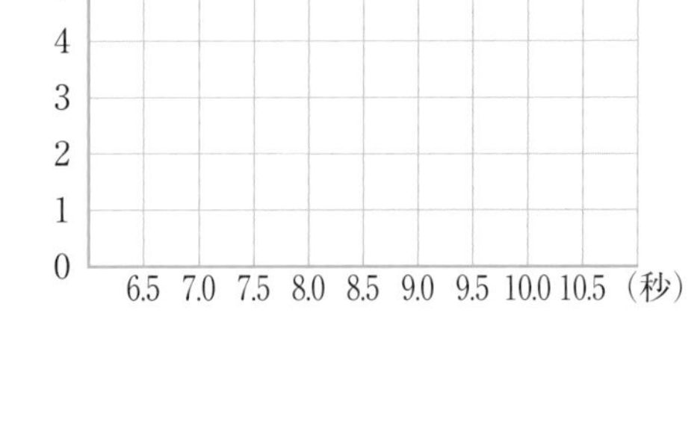

2 下の表は，A 中学校の 1 年女子が行ったハンドボール投げの記録を度数分布表に整理したものです。

ハンドボール投げ

階級(m)	度数(人)	相対度数	累積度数(人)	累積相対度数
以上 未満 6 ~ 9	2	㋑	2	㋕
9 ~ 12	6	0.20	㋓	0.27
12 ~ 15	㋐	0.33	18	㋖
15 ~ 18	8	㋒	26	0.87
18 ~ 21	4	0.13	㋔	1.00
合計	30	1.00		

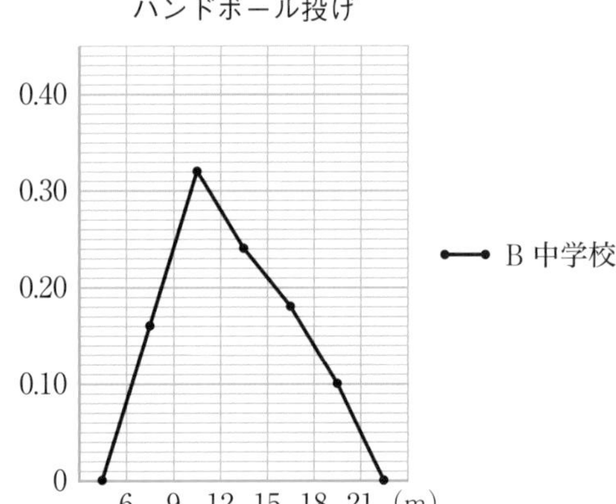

□(1) ㋐~㋖にあてはまる数を求めなさい。

□(2) 右の図のグラフは，B 中学校の 1 年女子のハンドボール投げの度数分布多角形です。この図に，A 中学校の度数分布多角形をかき入れなさい。

□(3) (2)より，記録が 15 m 以上の生徒の相対度数の合計を比べて，わかることを答えなさい。

ヒント **2** (1)わりきれないときは，四捨五入して小数第2位まで求めます。

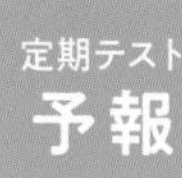

定期テスト 予報

●代表値(平均値，中央値，最頻値)の意味と特徴をしっかり理解しておこう。
度数分布表とヒストグラムは必ず出題されるよ。相対度数や代表値は，2つの資料を比べるときによく使われるよ。3つの代表値の意味と特徴を理解し，データの傾向をとらえられるようにしよう。

3 表は1組，2組の男子20人ずつの垂直とびの記録で，ヒストグラムはその結果をまとめたものです。

1組(cm)

27	26	39	43	37
43	28	31	37	38
33	34	39	39	47
36	32	45	38	34

2組(cm)

55	28	39	38	43
31	35	34	29	30
52	27	28	53	31
34	31	52	30	39

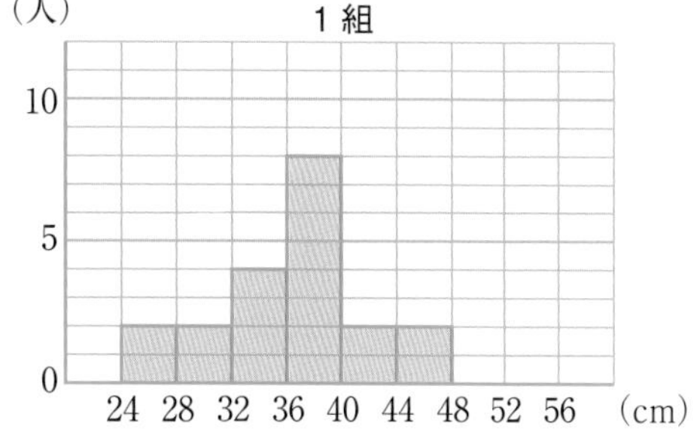

□(1) 上の表から，1組と2組の記録の平均値と中央値をそれぞれ求めなさい。

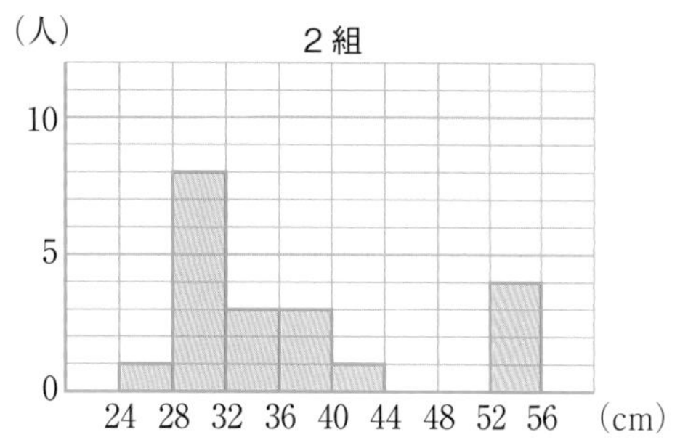

□(2) ヒストグラムから，1組と2組のそれぞれの記録の最頻値を求めなさい。

□(3) 1組と2組のどちらが垂直とびの記録がよいかを調べるときには，平均値を比べただけで判断できますか。

4 右のグラフは，さいころを多数回投げたときに，1の目が出る割合を表したものです。さいころを投げて1の目が出る相対度数の変化のようすについて，正しく説明したものを㋐～㋒から1つ選びなさい。□

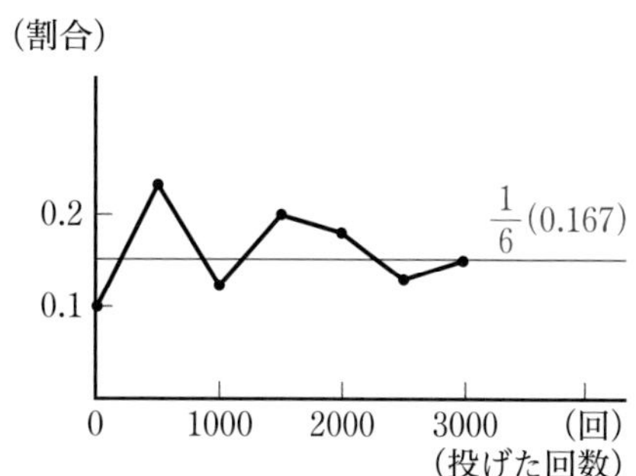

㋐ さいころを投げる回数が多くなるにつれて，1の目の出る相対度数のばらつきは小さくなり，その値は0.167に近づく。

㋑ さいころを投げる回数にかかわらず，1の目が出る相対度数のばらつきはなく，その値は0.167でほぼ一定である。

㋒ さいころを投げる回数が多くなっても，1の目が出る相対度数の値は大きくなったり小さくなったりして，一定の値には近づかない。

7章 教科書227～253ページ

ヒント **3** (3) 2組は，極端に離れた値のある分布になっています。

解答▶▶ p.43

ぴたトレ 3
確認テスト

7章　データの活用

❶ 右の表は，1年男子36人のハンドボール投げの記録を，度数分布表に整理したものです。知

ハンドボール投げ

階級(m)	度数(人)
以上　未満 9 ～ 13	3
13 ～ 17	6
17 ～ 21	10
21 ～ 25	13
25 ～ 29	4
合計	36

(1) 階級の幅(はば)は何 m ですか。

(2) 記録が 13 m の生徒は，どの階級にふくまれますか。

(3) 度数が最も多い階級を答えなさい。

(4) 記録が低い方から数えて 10 番目の生徒は，どの階級にふくまれますか。

(5) 記録が 17 m 未満の生徒の割合は，全体の何 % ですか。

(6) 度数分布表をもとに，ヒストグラムをかきなさい。

❶ 点/36点(各6点)

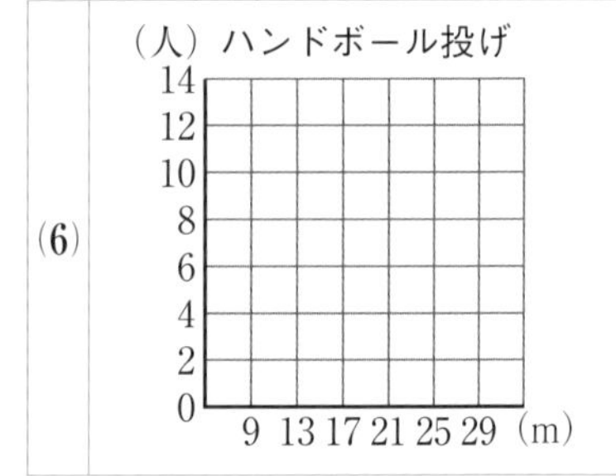

❷ 前日に勉強した時間を，ある中学の1年生と3年生にアンケートをして調べました。右の図は，その結果を度数分布多角形に表したもので，縦軸(じく)は相対度数を表しています。この図から読み取ることができることがらとして適切なものを，次の㋐～㋓の中からすべて選び，記号で答えなさい。考

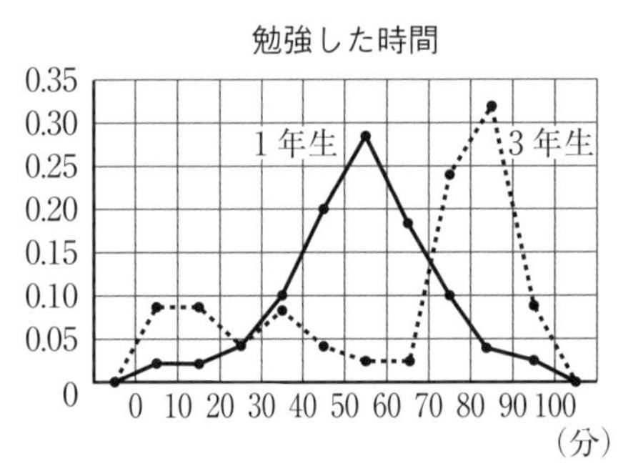

㋐ 「20～30分」と答えた生徒の人数は，1年生と3年生で同じである。

㋑ 3年生で，「0～10分」と答えた生徒の人数と，「10～20分」と答えた生徒の人数は同じである。

㋒ 1年生も3年生も，5割以上が「60分以上」と答えた。

㋓ 全体の傾向(けいこう)としては，3年生の方が1年生より長い時間勉強をしたといえる。

❷ 点/10点

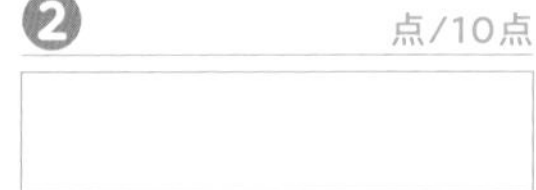

成績評価の観点　知…数量や図形などについての知識・技能　考…数学的な思考・判断・表現

3 下の表は，32 人の生徒の通学時間を整理した度数分布表に，平均値を求めるために必要ならんを加えたものです。知

通学時間

通学時間(分)	階級値(分)	度数(人)
以上 5 ～ 10 未満	7.5	3
10 ～ 15	①	5
15 ～ 20	17.5	12
20 ～ 25	22.5	8
25 ～ 30	②	4
合計		32

(1) 表の①，②にあてはまる数を求めなさい。

(2) 上の度数分布表をもとに，32 人の生徒の通学時間の平均値を，四捨五入して小数第 1 位まで求めなさい。

(3) 中央値がふくまれる階級と最頻値(さいひんち)を求めなさい。

3 点/30点(各6点)

(1)	①	
	②	
(2)		
(3)	中央値	
	最頻値	

4 ある中学校の 1 年 2 組の 20 人があるゲームをした結果の平均値を求めると 26.3 点でした。また，右の図は，結果をヒストグラムに表したものです。

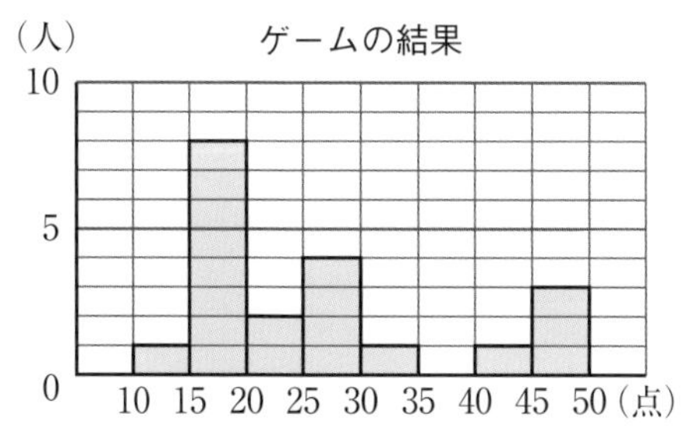

この中学校の 1 年 2 組の生徒である有(ゆう)さんに関する次のことがらは正しいといえますか。理由をつけて答えなさい。考

> 有さんの点数は 25 点である。これは平均値より低いから，有さんの点数は，低い方から数えると，20 人の半分の 10 番以内である。

4 点/12点(完答)

5 ある実験を n 回行って，ことがら A が a 回起きたとき，次の問いに答えなさい。知

(1) ことがら A が起きた相対度数を，n と a を使って表しなさい。

(2) 実験の回数が大きくなるにつれて，ことがら A の相対度数はあまり変わらなくなり，一定の値に近づいていきました。このときの相対度数を，ことがら A が起こる何といいますか。

5 点/12点(各6点)

(1)	
(2)	

知 /78点	考 /22点

7章 教科書224～256ページ

解答▶▶ p.44

教科書のまとめ〈7章　データの活用〉

●範囲

(範囲)＝(最大値)−(最小値)

●度数分布表とヒストグラム

・階級の区間の幅を**階級の幅**という。

・度数分布表の階級の真ん中の値を，その階級の**階級値**という。

(例)「20 m 以上 30 m 未満」の階級の階級値は

$$\frac{20+30}{2}=25(\text{m})$$

・階級の幅を横，度数を縦とする長方形を順に並べてかいたグラフを**ヒストグラム**という。

・度数分布表やヒストグラムで度数が最も多い階級の階級値を，そのデータの最頻値という。

●相対度数

総度数に対する各階級の度数の割合を，その階級の**相対度数**という。

$$(\text{ある階級の相対度数})=\frac{(\text{その階級の度数})}{(\text{総度数})}$$

●累積度数

最小の階級からある階級までの度数の合計のことを**累積度数**という。

●累積相対度数

・最小の階級からある階級までの相対度数の合計のことを**累積相対度数**という。

$$(\text{累積相対度数})=\frac{(\text{累積度数})}{(\text{総度数})}$$

・累積相対度数を使うと，ある階級未満，あるいは，ある階級以上の度数の全体に対する割合を知ることができる。

●データの活用

①調べたいことを決める。

↓

②データの集め方の計画を立てる。

[注意]

・調査に協力してくれる人の気持ちを大切にする。

・相手に迷惑がかからないようにする。

・調査で知った情報は，調査の目的以外には使用しない。

↓

③データを集め，目的に合わせて整理する。

・度数分布表を使う。

・分布のようすを知りたいときは，ヒストグラムや度数折れ線に表す。

・相対度数を使って比較する。

↓

④データの傾向をとらえて，どんなことがいえるか考える。

↓

⑤調べたことやわかったことをまとめて，発表する。

↓

⑥発表したあとに，学習をふり返る。

●確率

・あることがらの起こりやすさの程度を表す数を，そのことがらの起こる**確率**という。

・ある実験を n 回行って，ことがらAが a 回起きたとき，ことがらAに起きた相対度数は $\frac{a}{n}$ である。

n が大きくなるにつれて $\frac{a}{n}$ が一定の値 p に近づいていくとき，p をことがらAが起こる確率とする。

テスト前に役立つ!

定期テスト

予想問題

チェック!

- テスト本番を意識し，時間を計って解きましょう。

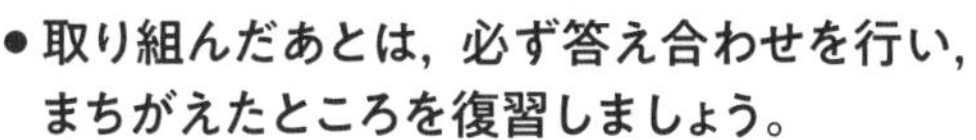

- 取り組んだあとは，必ず答え合わせを行い，
  まちがえたところを復習しましょう。

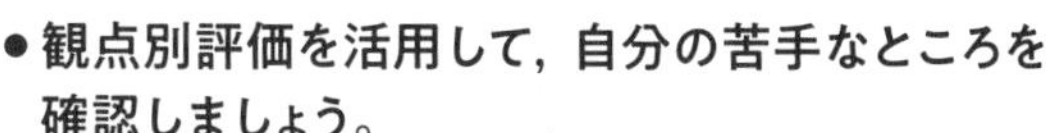

- 観点別評価を活用して，自分の苦手なところを
  確認しましょう。

テスト前に解いて，
わからない問題や
まちがえた問題は，
もう一度確認して
おこう!

	本書のページ	教科書のページ
予想問題 1　1章　正の数と負の数	▸ p.138 ～ 139	p.14 ～ 62
予想問題 2　2章　文字と式	▸ p.140 ～ 141	p.64 ～ 96
予想問題 3　3章　方程式	▸ p.142 ～ 143	p.98 ～ 122
予想問題 4　4章　比例と反比例	▸ p.144 ～ 145	p.124 ～ 162
予想問題 5　5章　平面図形	▸ p.146 ～ 147	p.164 ～ 196
予想問題 6　6章　空間図形	▸ p.148 ～ 149	p.198 ～ 222
予想問題 7　7章　データの活用	▸ p.150 ～ 151	p.224 ～ 256

定期テスト
予想問題
1

1章　正の数と負の数

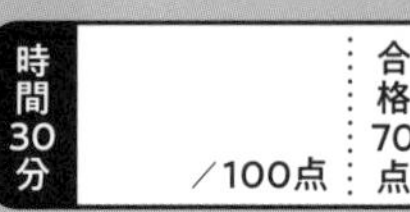

❶ 南北に通じる道路があり，ある地点を基準に，北へ 3 km 進むことを −3 km と表すとき，次の問いに答えなさい。 知

教科書 p.16～17

(1) 南へ 7 km 進むことを，符号（ふごう）のついた数で表しなさい。

(2) −24 km は，どのようなことを表していますか。

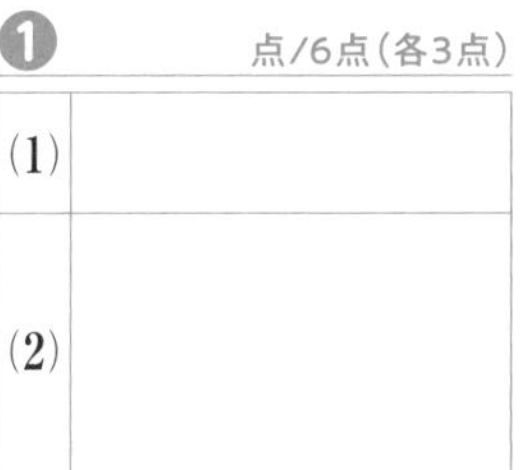

❶	点/6点（各3点）
(1)	
(2)	

❷ 次の問いに答えなさい。 知

教科書 p.18～21

(1) 下の数直線で，点 A，B の表す数を答えなさい。

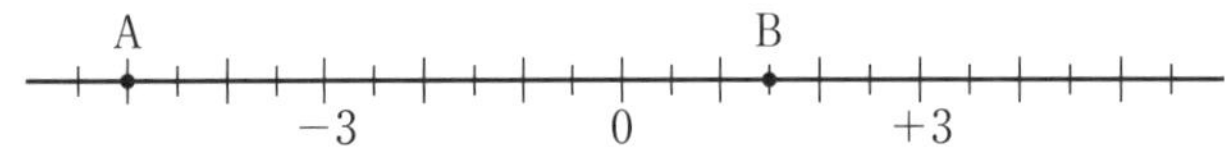

(2) 次の数の大小を，不等号を使って表しなさい。

$$+\frac{5}{2},\quad -\frac{5}{3},\quad -\frac{5}{4}$$

❷		点/12点（各4点）
(1)	A	
	B	
(2)		

❸ 次の計算をしなさい。 知

教科書 p.24～33

(1) $(+3)+(-8)$　　(2) $(-5)+(+4)+(+3)+(-2)$

(3) $(-9)-(+12)$　　(4) $0-(-7)$

❸			点/12点（各3点）
(1)		(2)	
(3)		(4)	

❹ 次の計算をしなさい。 知

教科書 p.34～37

(1) $-5+12+8-9$　　(2) $2+(-9)-5$

(3) $-8-(-5)+(-18)+7$　　(4) $-2-(2-8)+25$

(5) $1.8-(-0.3)$　　(6) $-\frac{5}{6}-\left(-\frac{3}{10}\right)$

❹			点/18点（各3点）
(1)		(2)	
(3)		(4)	
(5)		(6)	

 成績評価の観点　知…数量や図形などについての知識・技能　考…数学的な思考・判断・表現

5 次の計算をしなさい。知

教科書 p.40〜49

(1) $(-12)\times(+6)$　　(2) $0\times(-7)$

(3) $(+18)\div(-6)$　　(4) $\left(-\frac{9}{8}\right)\div\left(-\frac{3}{4}\right)$

(5) $(-2)\times(+9)\times(-5)$　　(6) $-6\times(-4)^2$

(7) $(-3)\div 9\times(-12)$　　(8) $\left(-\frac{1}{4}\right)\div\frac{1}{6}\times 9$

5 点/24点（各3点）

(1)	
(2)	
(3)	
(4)	
(5)	
(6)	
(7)	
(8)	

6 次の計算をしなさい。知

教科書 p.50〜51

(1) $5+(-4)\times 2$　　(2) $-7+15\div(-2-3)$

(3) $-5^2\times\{-8\div(2-4)\}$　　(4) $8\times 3.14-12\times 3.14$

6 点/12点（各3点）

(1)	
(2)	
(3)	
(4)	

7 a，b，c が自然数のとき，次の㋐〜㋓のような計算の結果は，いつも自然数になりますか。計算の結果が自然数になるとは限らないものを 2 つ選び，その例をあげなさい。考

㋐ $a+b-c$　　㋑ $(a+b)\times c$

㋒ $(a+b)\div c$　　㋓ $a+b+c$

教科書 p.52〜53

7 点/8点（各4点）

記号
例
記号
例

（各完答）

8 下の表は，田中（たなか）さんの中間テストの結果で，数学以外の 4 教科について，理科の 80 点を基準とし，それより高い場合を正の数，低い場合を負の数で表したものです。次の問いに答えなさい。考

	国語	社会	数学	理科	英語
理科との得点差（点）	−8	+3		0	−7

(1) 数学以外の 4 教科の平均点を求めなさい。

(2) 5 教科の平均点が 81 点のとき，数学の得点は何点ですか。

教科書 p.58〜59

8 点/8点（各4点）

(1)	
(2)	

知　/84点	考　/16点

2章　文字と式

1 次の数量を，文字式で×を使って表しなさい。知

(1)　1 辺が x cm の正方形の周の長さ

(2)　1 個 a 円のかき 3 個と，1 個 b 円のなし 5 個を買ったときの代金

教科書 p.66〜67

1　点/6点（各3点）

(1)	
(2)	

2 次の(1)，(2)の式は×，÷を使わない式に，(3)，(4)の式は×，÷を使った式にしなさい。知

(1)　$(a-b)\times 7$　　(2)　$x\div(-2)+y\times y$

(3)　$a+\dfrac{7b}{5}$　　(4)　$\dfrac{x-y}{6}$

教科書 p.68〜71

2　点/12点（各3点）

(1)	
(2)	
(3)	
(4)	

3 $x=-4$，$y=3$ のとき，次の式の値（あたい）を求めなさい。知

(1)　$-3x+1$　　(2)　$(-x)^2+4y$

教科書 p.72〜73

3　点/6点（各3点）

(1)		(2)	

4 次の数量を，文字式で表しなさい。知

(1)　1500 m の道のりを，分速 a m で歩いたときにかかる時間

(2)　x 人の 9 %

教科書 p.74

4　点/8点（各4点）

(1)	
(2)	

5 右の図のような円の $\dfrac{1}{3}$ の形があります。

次の式は何を表していますか。また，この式の単位は何ですか。考

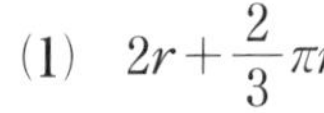
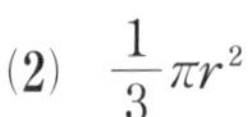

(1)　$2r+\dfrac{2}{3}\pi r$　　(2)　$\dfrac{1}{3}\pi r^2$

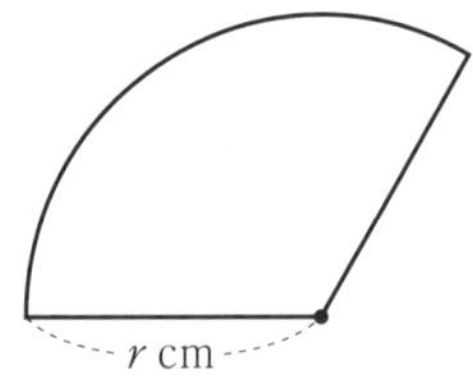

教科書 p.75

5　点/8点（各4点）

(1)	
(2)	

6 次の計算をしなさい。知

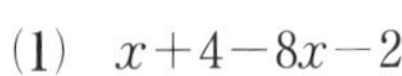

(1)　$x+4-8x-2$　　(2)　$\dfrac{9}{4}a-3+\dfrac{5}{4}-6a$

(3)　$(5x+1)+(3x-6)$　　(4)　$(7a-1)-(2a+10)$

教科書 p.79〜81

6　点/12点（各3点）

(1)	
(2)	
(3)	
(4)	

成績評価の観点　知…数量や図形などについての知識・技能　考…数学的な思考・判断・表現

7 次の計算をしなさい。知

教科書 p.82～85

(1) $2x\times(-5)$

(2) $\dfrac{6a+4}{3}\times(-6)$

(3) $-3(2a-1)-2(a+4)$

(4) $\dfrac{1}{4}(2x+3)+\dfrac{3}{8}(-4x-5)$

(5) $(28x-35)\div(-7)$

(6) $5a-1-\dfrac{8a-20}{4}$

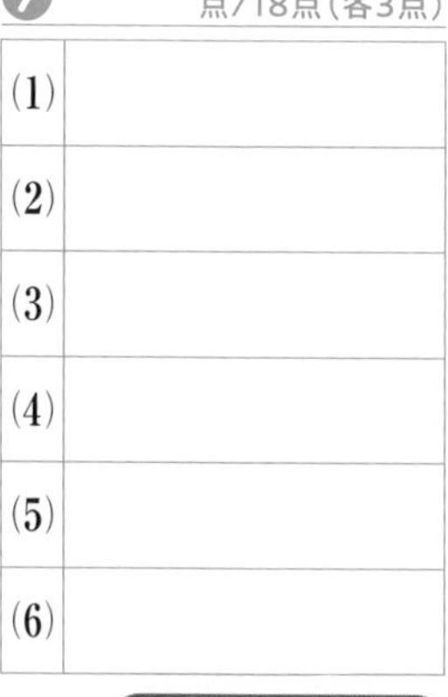

7 点/18点（各3点）

(1)	
(2)	
(3)	
(4)	
(5)	
(6)	

8 下の図のように，碁石(ごいし)を正三角形の辺上に4個ずつと内部に1個並べます。正三角形を n 個つくる場合，碁石は全部で何個になりますか。求め方を図と式に表し，その考え方を説明しなさい。考

教科書 p.87～89

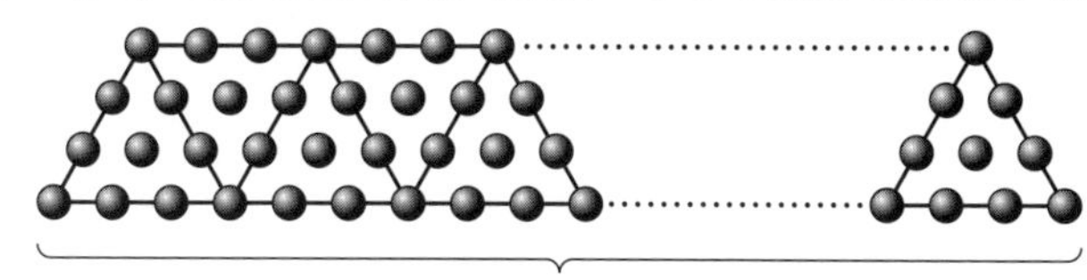

正三角形を n 個つくる。

8 点/10点（各5点）

碁石の数

説明

9 次の数量の間の関係を，等式または不等式で表しなさい。知

教科書 p.90～93

(1) x の2乗の5倍は，y 以上である。

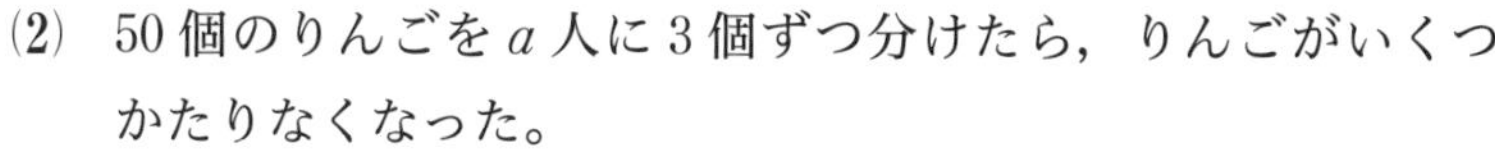

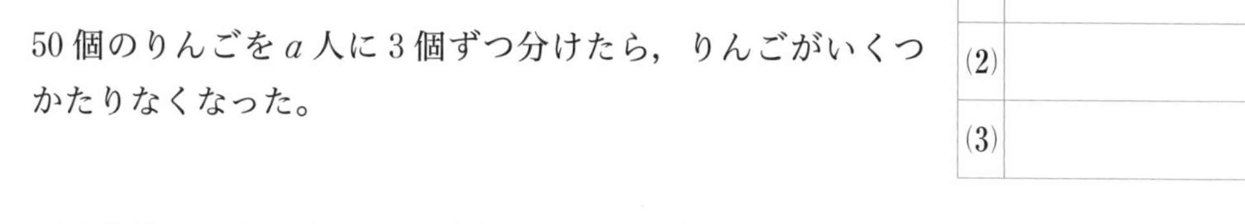

(2) 50個のりんごを a 人に3個ずつ分けたら，りんごがいくつかたりなくなった。

(3) 正の整数 x を7でわると，商が y で余りが5になる。

9 点/12点（各4点）

(1)	
(2)	
(3)	

10 a Lの水がはいる水そうAと，b Lの水がはいる水そうBがあります。次の等式や不等式はどんなことがらを表していますか。考

教科書 p.90～93

(1) $a-b=3$

(2) $a+b\geqq 12$

10 点/8点（各4点）

(1)	
(2)	

知 /74点	考 /26点

解答▶▶ p.46

定期テスト
予想問題
3

3章　方程式

1 次の方程式のうち，-4 が解であるものをすべて答えなさい。知

㋐ $3x-7=-1$　　㋑ $4x+12=x$

㋒ $2(x-3)=x+5$　　㋓ $\frac{1}{2}x+2=x+4$

教科書 p.100〜101

1 点/4点

2 方程式 $5x+2=-8$ を右のように解くとき，①，②の変形では，それぞれ等式の性質[1]〜[4]のどれを使っていますか。次の[1]〜[4]から選びなさい。知

$$\begin{aligned} 5x+2&=-8 \\ 5x&=-8-2 \quad ① \\ 5x&=-10 \\ x&=-2 \quad ② \end{aligned}$$

$A=B$ ならば，次の等式が成り立つ。

[1] $A+C=B+C$　　[2] $A-C=B-C$

[3] $AC=BC$　　[4] $\frac{A}{C}=\frac{B}{C}$　$(C \neq 0)$

教科書 p.102〜103

2 点/6点（各3点）
①
②

3 次の方程式を解きなさい。知

(1) $x+15=6$　　(2) $-\frac{x}{3}=4$

(3) $2x=-6x+16$　　(4) $-5x=8-x$

(5) $8x+9=7x-4$　　(6) $13-9x=7x+5$

教科書 p.103〜105

3 点/18点（各3点）

(1)		(2)	
(3)		(4)	
(5)		(6)	

4 次の方程式を解きなさい。知

(1) $5x+4=3(x-2)$　　(2) $-12(x-1)=6(3x-13)$

(3) $0.4x-3=1.2x-0.6$　　(4) $-0.3(2x-1)=0.9$

(5) $\frac{5}{4}x-\frac{1}{2}=x$　　(6) $\frac{x+2}{2}=\frac{3x+1}{5}$

教科書 p.106〜109

4 点/24点（各4点）

(1)		(2)	
(3)		(4)	
(5)		(6)	

5 x についての方程式 $ax-2=4x+a$ の解が 2 であるとき，a の値（あたい）を求めなさい。知

教科書 p.109

5 点/4点

　成績評価の観点　知…数量や図形などについての知識・技能　考…数学的な思考・判断・表現

6 1冊50円のノートと1冊60円のノートを合わせて10冊買ったところ，その代金が560円でした。それぞれ何冊買ったか求めなさい。考

教科書 p.113

6 点/4点（完答）

1冊50円のノート
1冊60円のノート

7 **みかんを何人かの子どもに配ります。1人に4個ずつ配ると6個余ります。また，5個ずつ配ると2個たりません。** 考

(1) 子どもの人数を x 人として，方程式をつくりなさい。

(2) 子どもの人数とみかんの個数を求めなさい。

(3) みかんの個数を x 個として，方程式をつくりなさい。

教科書 p.114～115

7 点/12点（各4点）

(1)	
(2)	子どもの人数
	みかんの個数
(3)	

8 弟は，8時に家から学校へ向かって出発しました。姉は8時5分に家を出発して弟を追いかけました。弟は分速60 m，姉は分速80 mで進んだとすると，姉が弟に追いつくのは，姉が出発してから何分後ですか。考

教科書 p.116～117

8 点/4点

9 **A，B 2つの水そうがあり，9時に，Aには180 L，Bには60 L水がはいっていました。9時から，Aからは毎分4 Lの割合で水を出し，Bには毎分3 Lの割合で水を入れます。** 考

(1) Bの水の量がAの水の量の $\frac{1}{2}$ になるのは何時何分ですか。

(2) 9時よりあとで，Aの水の量がBの水の量の7倍になることはありますか。

教科書 p.117

9 点/8点（各4点）

(1)	
(2)	

10 **次の比例式が成り立つとき，x の値を求めなさい。** 知

(1) $3:x=27:45$　　(2) $6:5=24:x$

(3) $7:2=(x-4):6$　　(4) $8:3=(x+3):(x-2)$

教科書 p.119

10 点/12点（各3点）

(1)	
(2)	
(3)	
(4)	

11 牛乳90 mLとコーヒー120 mLを混ぜて，コーヒー牛乳をつくりました。これと同じコーヒー牛乳をつくるには，コーヒー500 mLに対して牛乳を何 mL混ぜればよいですか。考

教科書 p.119

11 点/4点

知 /68点	考 /32点

解答▶▶ p.47

定期テスト予想問題 4

4章　比例と反比例

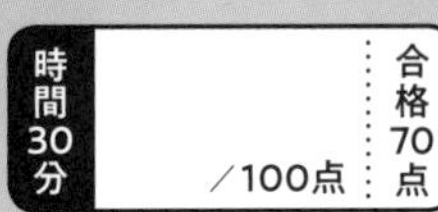

教科書 p.126～127

1 次の㋐～㋒の場合，y は x の関数であるといえるものをすべて答えなさい。知

㋐　1000 円持って，x 円の買い物をしたときのおつり y 円

㋑　長方形の横の長さが x cm のときの周の長さ y cm

㋒　正三角形の 1 辺の長さが x cm のときの周の長さ y cm

1　点/4点

教科書 p.130～131

2 **36 L の水がはいった水そうから，一定の割合で水を出します。2 分間で 8 L の水が水そうから出ました。x 分間で y L の水が水そうから出るとするとき，次の問いに答えなさい。** 知

(1)　y を x の式で表しなさい。

(2)　x，y の変域を表しなさい。

2　点/12点（各4点）

(1)	
(2)	x の変域
	y の変域

教科書 p.136～142

3 **次の問いに答えなさい。** 知

(1)　次の比例のグラフをかきなさい。

①　$y=\frac{1}{3}x$　　　②　$y=-2.5x$

(2)　y が x に比例し，$x=6$ のとき $y=8$ です。y を x の式で表しなさい。また，$x=-15$ のときの y の値（あたい）を求めなさい。

(3)　y が x に比例し，そのグラフが右の図の①，②の直線であるとき，それぞれを y を x の式で表しなさい。

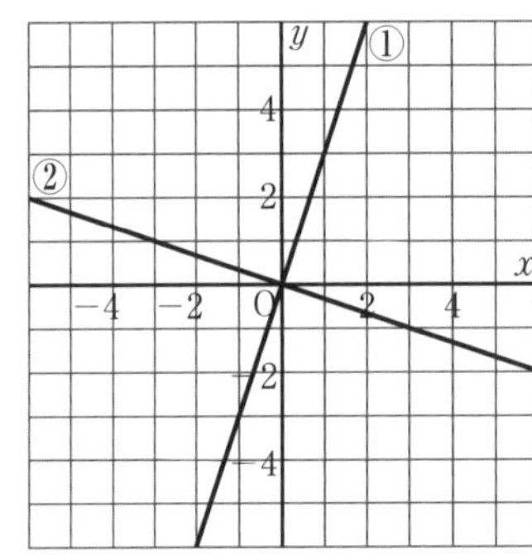

3　点/30点（各5点）

(1)	（グラフ：x，y 軸，目盛り −4，−2，O，2，4）
(2)	式
	y の値
(3)	①
	②

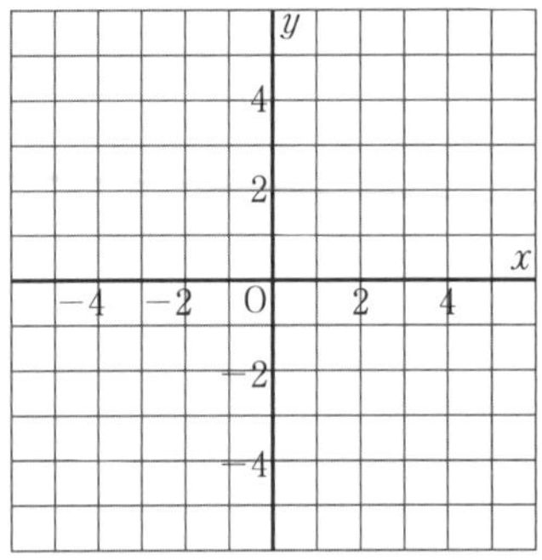

教科書 p.142

4 **自動車が進む道のりは，かかった時間に比例します。ある自動車が，3 時間で 120 km の道のりを走りました。この自動車が x 時間に y km 進むとして，次の問いに答えなさい。** 考

(1)　y を x の式で表しなさい。

(2)　8.5 時間では，何 km の道のりを走ることができますか。

4　点/8点（各4点）

(1)	
(2)	

成績評価の観点　知…数量や図形などについての知識・技能　考…数学的な思考・判断・表現

5 次の問いに答えなさい。知

教科書 p.148〜152

(1) 次の反比例のグラフをかきなさい。

① $y=\frac{12}{x}$　　② $y=-\frac{6}{x}$

(2) y が x に反比例し，$x=2$ のとき $y=50$ です。y を x の式で表しなさい。また，$x=-25$ のときの y の値を求めなさい。

(3) y が x に反比例し，そのグラフが右の図の①，②の双曲線であるとき，それぞれを y を x の式で表しなさい。

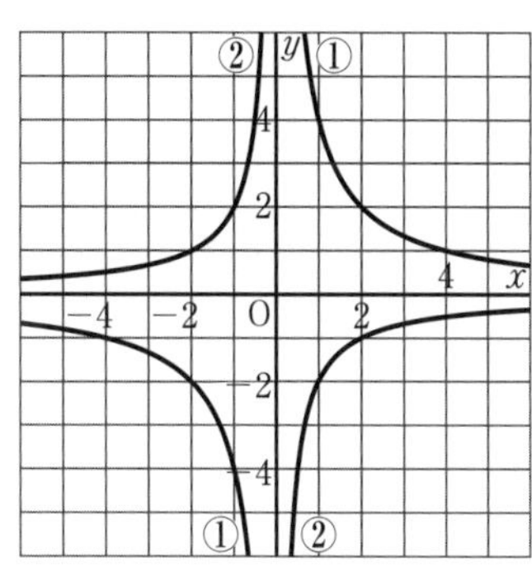

5 点/30点（各5点）

(1)

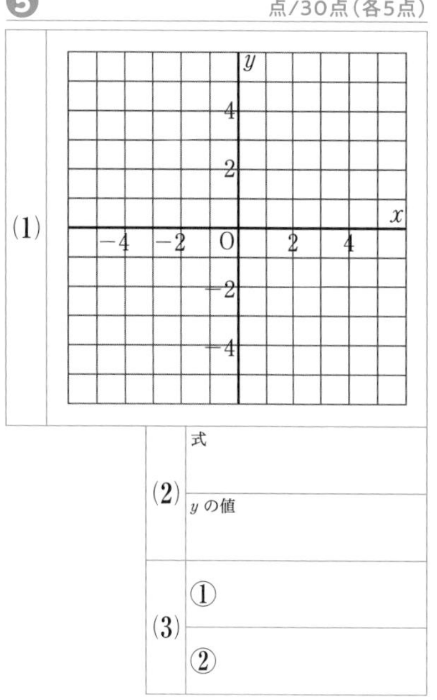

(2)	式	
	y の値	
(3)	①	
	②	

6 底辺の長さが 8 cm で，高さが 6 cm の平行四辺形があります。この平行四辺形と同じ面積の平行四辺形をつくるとき，底辺を x cm，高さを y cm として，次の問いに答えなさい。考

教科書 p.154〜155

(1) y を x の式で表しなさい。

(2) 高さが 12 cm のとき，底辺は何 cm になりますか。

6 点8点（各4点）

(1)	
(2)	

7 兄と弟は，家から 1800 m 離（はな）れた図書館へ向かって歩きました。右の図は，2 人が家を出てから図書館に着くまでの，時間と道のりの関係を表したグラフです。次の問いに答えなさい。考

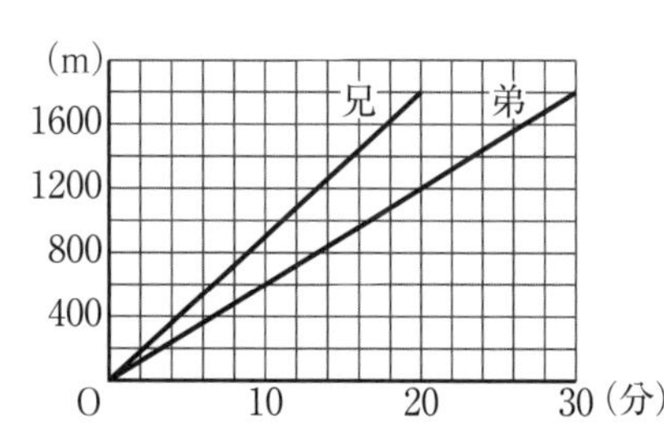

教科書 p.156

(1) 図書館に先に着いたのは，兄と弟のどちらですか。

(2) 兄が図書館に着いたとき，2 人は何 m 離れていますか。

7 点/8点（各4点）

(1)	
(2)	

知 /76点	考 /24点

解答▶▶ p.48

5章　平面図形

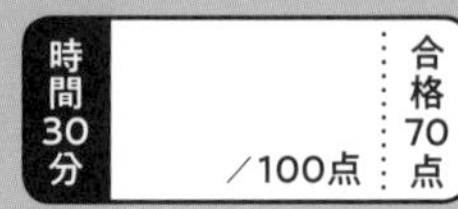

❶ 次の問いに答えなさい。知

教科書 p.166

(1) 線分 AB をかきなさい。

(2) 直線 AB をかきなさい。

(3) 半直線 AB をかきなさい。

❶　点／18点（各6点）

(1)	A　B
(2)	A　B
(3)	A　B

❷ 点 P と直線 ℓ との距離（きょり）は，点 P と㋐～㋒のどの点を結んだ線分の長さですか。知

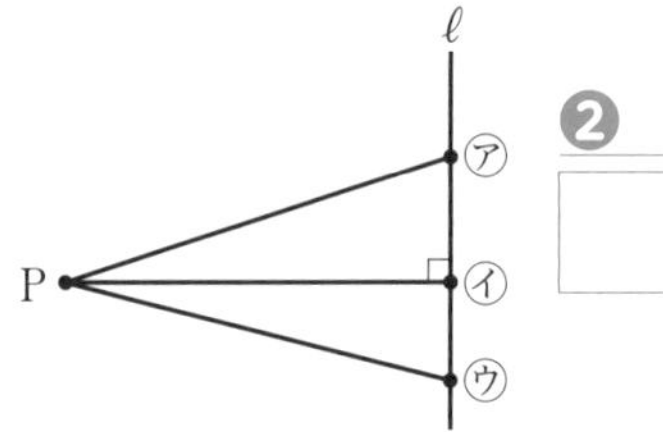

教科書 p.169

❷　点／6点

❸ 右の図は，合同な直角三角形をしきつめたものです。次の問いに答えなさい。知

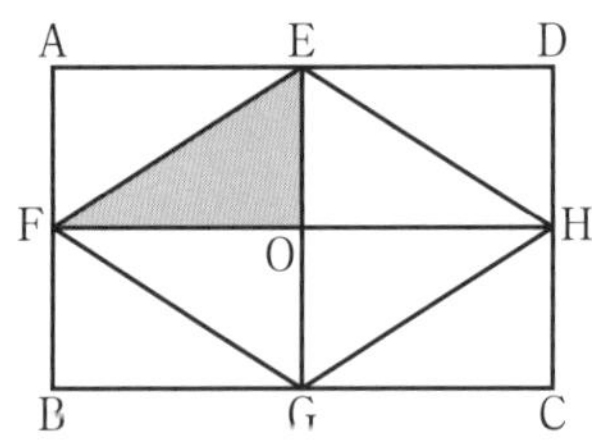

教科書 p.174～177

❸　点／18点（各6点）

(1)	
(2)	
(3)	

(1) △EFO を，平行移動だけで重ね合わせられる三角形を答えなさい。

(2) △EFO を，点 O を回転の中心として回転移動して △GHO に重ね合わせるには，何度回転すればよいですか。

(3) △EFO を対称（たいしょう）移動して △GFO に重ね合わせるときの対称の軸（じく）を答えなさい。

❹ 解答らんの図の △ABC で，辺 AB を底辺とみたときの高さ CH を作図しなさい。知

教科書 p.182～183

❹　点／10点

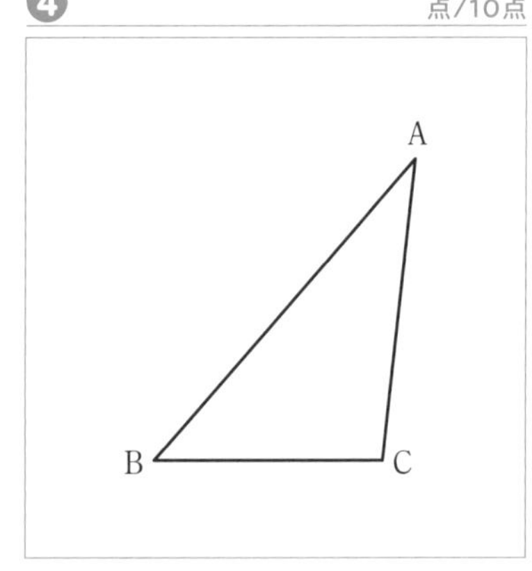

成績評価の観点　知…数量や図形などについての知識・技能　考…数学的な思考・判断・表現

5 解答らんの図で，四角形ABCDは長方形で，点Mは辺ADの中点です。この長方形を折って，頂点Cが点Mに重なるようにするには，どこで折ればよいですか。その折り目の線を作図しなさい。考

教科書 p.186～187

5 点/12点

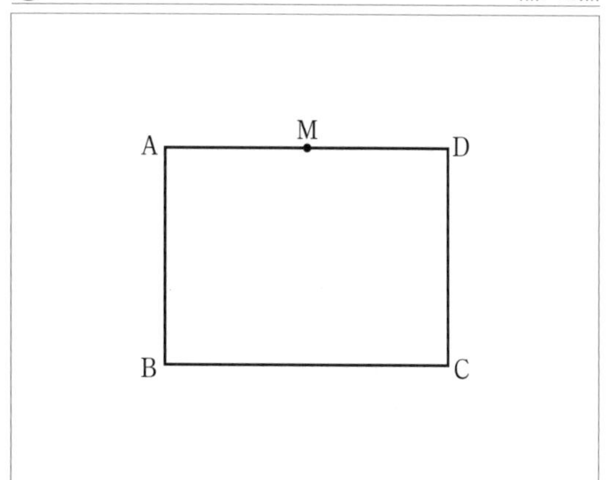

6 解答らんの図は，3点A，B，Cを通る円Oの一部です。円Oの中心Oを作図によって求め，円Oをかきなさい。考

6 点/12点

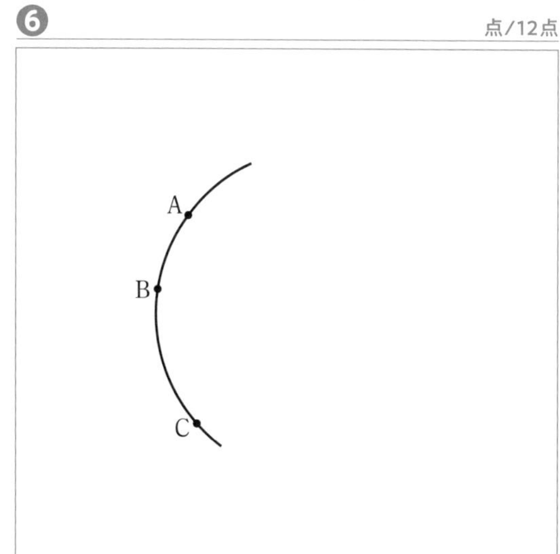

7 **次の問いに答えなさい。** 知

(1) 半径が5 cm，中心角が144°のおうぎ形の弧の長さと面積を求めなさい。

(2) 半径が4 cm，弧の長さが6π cmのおうぎ形の面積を求めなさい。

教科書 p.192～193

7 点/24点（各8点）

(1)	弧の長さ
	面積
(2)	

知 /76点	考 /24点

6章　空間図形

❶ 下の㋐～㋔の立体について，次の問いに答えなさい。 知

教科書 p.200～201

㋐ 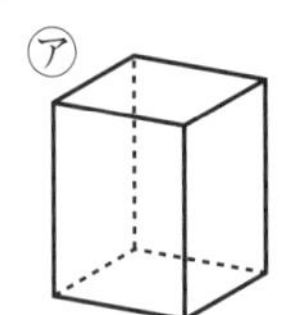 ㋑ 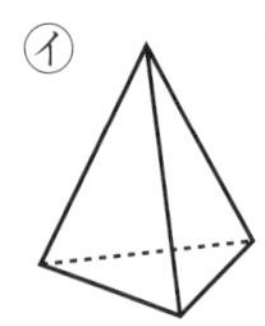 ㋒ 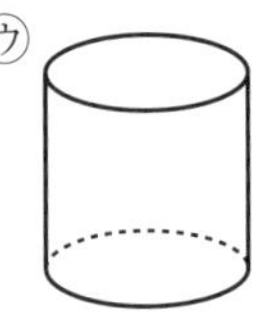 ㋓ 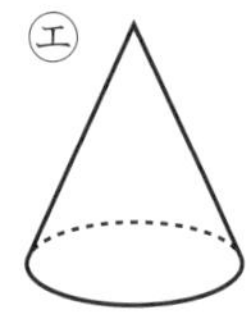 ㋔ 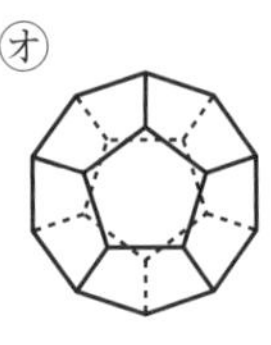

(1)　2つの底面が平行で合同な形の立体はどれですか。

(2)　㋔は正多面体です。名前をかきなさい。

❶　点/10点（各5点）

(1)	
(2)	

❷ 右の図の正五角柱について，次の問いに答えなさい。 知

教科書 p.202～206

(1)　辺CDとねじれの位置にある辺はいくつありますか。

(2)　辺ABと平行な面はどれですか。

(3)　面BGHCと平行な辺はどれですか。

(4)　面AFGBと垂直な面はどれですか。

❷　点/24点（各6点）

(1)	
(2)	
(3)	
(4)	

❸ 解答らんの図の四角形ABCDで，∠BCD，∠ADCは直角です。この四角形を，直線ℓを軸（じく）として1回転させてできる立体の見取図をかきなさい。知

教科書 p.208～209

❸　点/6点

❹ 右の図は，正四角錐（しかくすい）の見取図です。この正四角錐の頂点Bから辺ADの中点Mまで，辺AC上を通るように糸を張ります。糸の長さが最も短くなるように，たるみなく張るものとします。解答らんの展開図に，正四角錐の頂点と点Mを示す記号をかき入れ，糸が通る線をかき入れなさい。考

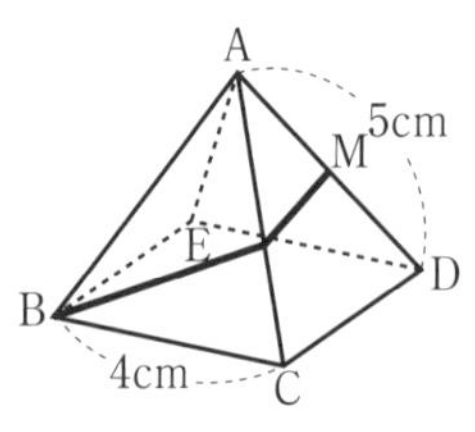

教科書 p.210～211

❹　点/6点

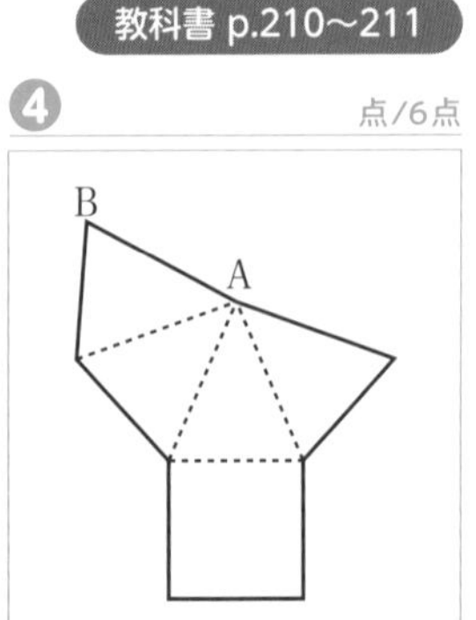

　成績評価の観点　知…数量や図形などについての知識・技能　考…数学的な思考・判断・表現

5 次の投影図は，三角柱，三角錐，四角柱，四角錐，円柱，円錐，球の中で，どの立体を表していますか。知

(1)
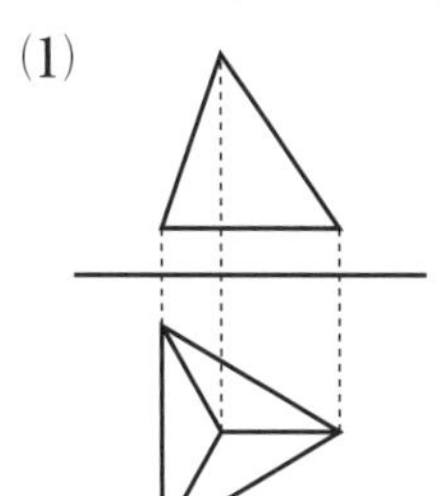

(2)
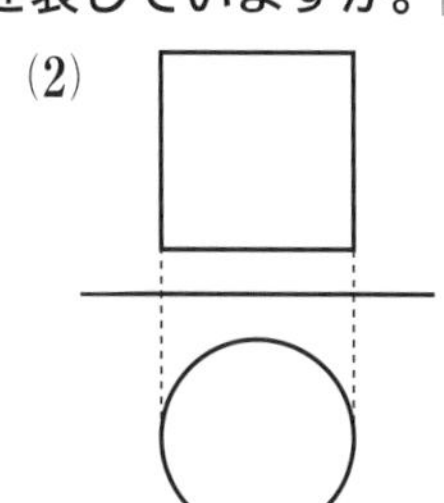

(3)
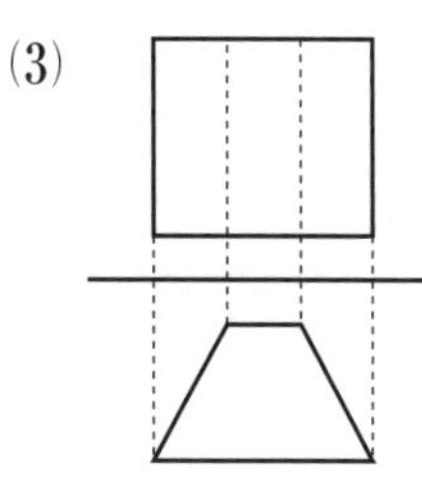

5	点/18点（各6点）
(1)	
(2)	
(3)	

6 次の図のような立体の表面積を求めなさい。知

(1)
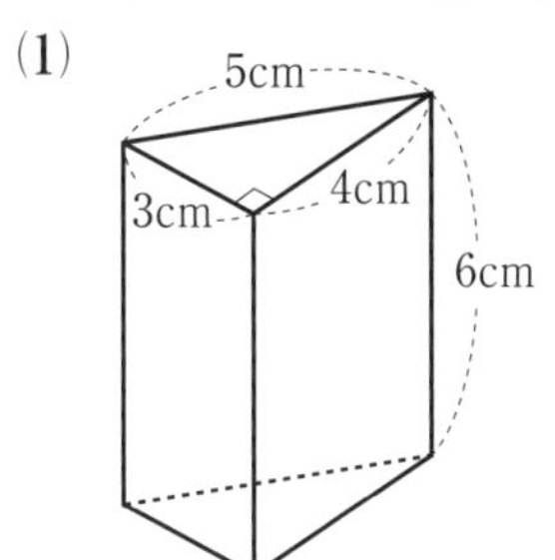

(2)
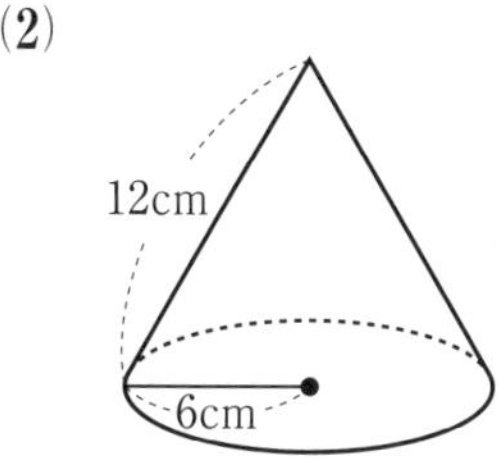

6	点/12点（各6点）
(1)	
(2)	

7 1辺の長さが6 cmの立方体の形をした容器に水を入れ，静かに傾けて，右の図のような状態にしたら，点Pは辺のちょうど真ん中になりました。このとき，容器にはいっている水の体積を求めなさい。考

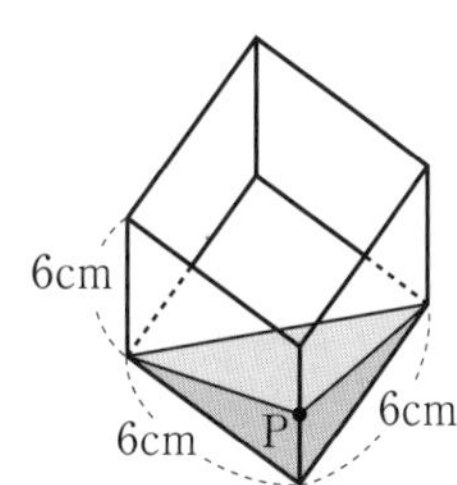

教科書 p.216～217

7	点/6点

8 右の図のように，半径5 cmの球が円柱の中にぴったりはいっています。次の問いに答えなさい。知

(1) 球の表面積を求めなさい。また，この球の表面積は円柱の何と等しいですか。

(2) 球の体積を求めなさい。

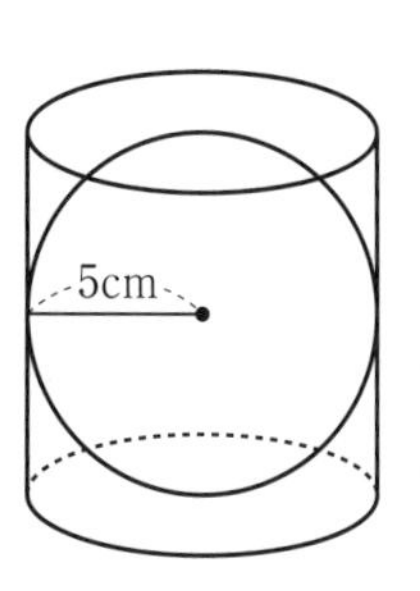

教科書 p.218～219

8	点/18点（各6点）
(1)	表面積
(2)	

知 /88点	考 /12点

7章　データの活用

時間30分　／100点　合格70点

❶ 下の表は，あるクラスの女子 15 名の垂直とびの記録を度数分布表に整理したものです。知

教科書 p.228〜232

(1) 階級の幅(はば)は何 cm ですか。

(2) 記録が 40 cm 以上 44 cm 未満の生徒は何人ですか。

(3) ヒストグラムを解答らんの図にかきなさい。

(4) 48 cm 以上 52 cm 未満の階級の階級値を求めなさい。

垂直とび

階級(cm)	度数(人)
以上　未満 36 〜 40	2
40 〜 44	4
44 〜 48	5
48 〜 52	3
52 〜 56	1
合計	15

❶ 点/16点（各4点）

(1)	
(2)	
(3)	(人) 垂直とび　縦軸 0, 1, 2, 3, 4, 5, 6　横軸 36 40 44 48 52 56 (cm)
(4)	

❷ 下の表は，32 人の生徒の通学時間を整理し，平均値を求めるために必要なことを加えたものです。知

教科書 p.234

通学時間

階級(分)	階級値	度数	(階級値)×(度数)
以上　未満 5 〜 10	7.5	3	22.5
10 〜 15	①	5	62.5
15 〜 20	17.5	12	210.0
20 〜 25	22.5	8	②
25 〜 30	③	4	④
合計		32	585.0

(1) 表の①〜④にあてはまる数を求めなさい。

(2) 上の度数分布表をもとに，32 人の生徒の通学時間の平均値を，四捨五入して小数第 1 位まで求めなさい。

❷ 点/30点（各6点）

(1)	①
	②
	③
	④
(2)	

成績評価の観点　知…数量や図形などについての知識・技能　考…数学的な思考・判断・表現

3 右の表は，1 組の生徒 32 人が，ある日のそれぞれの通学時間を記録し，度数分布表に整理したものです。知

1 組の通学時間

階級(分)	度数(人)
以上 未満 5 ～ 10	4
10 ～ 15	5
15 ～ 20	9
20 ～ 25	10
25 ～ 30	4
合計	32

(1) 中央値がふくまれる階級を答えなさい。

(2) 最頻値(さいひんち)を求めなさい。

教科書 p.233～234

3 点/12点(各6点)

(1)	
(2)	

4 下の表は，A 中学校の 1 年生と B 中学校の 1 年生の 50 m 走の記録を，度数分布表に整理したものです。((1)(2)知(3)考)

50 m 走

階級(秒)	度数(人)		相対度数	
	A 中学校	B 中学校	A 中学校	B 中学校
以上 未満 6.5 ～ 7.0	2	3	0.03	0.02
7.0 ～ 7.5	3	10	0.05	0.07
7.5 ～ 8.0	18	32	0.30	0.21
8.0 ～ 8.5	24	50	□	0.33
8.5 ～ 9.0	6	31	0.10	0.21
9.0 ～ 9.5	6	18	0.10	0.12
9.5 ～ 10.0	1	6	0.02	0.04
合計	60	150	1.00	1.00

(1) 相対度数のらんの□にあてはまる数を求めなさい。

(2) A 中学校の 7.5 秒以上 8.0 秒未満の階級までの，累積度数と累積相対度数を求めなさい。

(3) 全体として記録がよかったのは，A 中学校と B 中学校のどちらといえますか。その理由も説明しなさい。

教科書 p.238～241

4 点/24点(各6点)

(1)	
(2)	累積度数
	累積相対度数
(3)	
	理由

((3)完答)

5 下の表は，あるびんの王冠(おうかん)を投げたときの結果です。知

(1) 表の空らんにあてはまる数を，四捨五入して小数第 2 位まで求めなさい。

投げた回数	100	500	1000	1500	2000
裏が出た回数	62	319	627	947	1268
裏が出る相対度数	0.62	0.64	0.63		0.63

(2) この結果から，裏が出る確率はどの程度といえますか。小数第 2 位までの値で答えなさい。

(3) この王冠を 5000 回投げるとき，裏はおよそ何回出ると考えられますか。

教科書 p.249～251

5 点/18点(各6点)

(1)	
(2)	
(3)	

知 /94点	考 /6点

教科書ぴったりトレーニング

〈日本文教版・中学数学１年〉

この解答集は取り外してお使いください。

１章　正の数と負の数

p.6〜7　ぴたトレ０

1

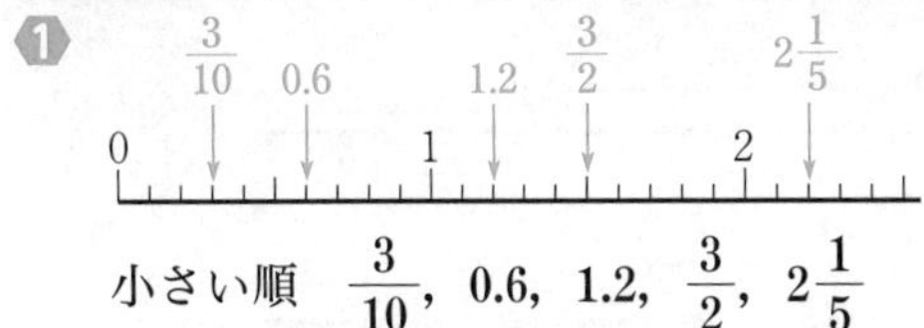

小さい順　$\frac{3}{10}$，0.6，1.2，$\frac{3}{2}$，$2\frac{1}{5}$

解き方　数直線の小さい１めもりは，$0.1\left(\frac{1}{10}\right)$です。

分数を小数になおして考えると，

$\frac{3}{10}=0.3$，$\frac{3}{2}=1.5$，$2\frac{1}{5}=2.2$

2　(1)＞　(2)＜　(3)＜　(4)＞

解き方　(2)通分すると，$\frac{8}{4}<\frac{9}{4}$

(3)$\frac{7}{10}=0.7$

(4)通分すると，$\frac{20}{12}>\frac{15}{12}$

3　(1)$\frac{5}{6}$　(2)$\frac{17}{15}\left(1\frac{2}{15}\right)$　(3)$\frac{1}{20}$

(4)$\frac{1}{6}$　(5)$\frac{49}{12}\left(4\frac{1}{12}\right)$　(6)$\frac{5}{12}$

解き方　通分して計算します。結果が約分できるときは，約分して答えます。

(5)，(6)では，帯分数を仮分数になおしてから計算します。

(1)$\frac{1}{3}+\frac{1}{2}=\frac{2}{6}+\frac{3}{6}=\frac{5}{6}$

(2)$\frac{5}{6}+\frac{3}{10}=\frac{25}{30}+\frac{9}{30}=\frac{\cancel{34}^{17}}{\cancel{30}_{15}}=\frac{17}{15}$

(3)$\frac{1}{4}-\frac{1}{5}=\frac{5}{20}-\frac{4}{20}=\frac{1}{20}$

(4)$\frac{9}{10}-\frac{11}{15}=\frac{27}{30}-\frac{22}{30}=\frac{\cancel{5}^{1}}{\cancel{30}_{6}}=\frac{1}{6}$

(5)$1\frac{1}{4}+2\frac{5}{6}=\frac{5}{4}+\frac{17}{6}=\frac{15}{12}+\frac{34}{12}=\frac{49}{12}$

(6)$3\frac{1}{3}-2\frac{11}{12}=\frac{10}{3}-\frac{35}{12}=\frac{40}{12}-\frac{35}{12}=\frac{5}{12}$

4　(1)3.1　(2)10.3　(3)2.3　(4)4.5

解き方　位をそろえて，計算します。

(2)
$$\begin{array}{r} 4.5 \\ +\ 5.8 \\ \hline 10.3 \end{array}$$

(4)
$$\begin{array}{r} \overset{6}{\cancel{7}}.1 \\ -2.6 \\ \hline 4.5 \end{array}$$

5　(1)15　(2)$\frac{1}{9}$　(3)$\frac{2}{5}$　(4)$\frac{1}{16}$　(5)$\frac{2}{5}$　(6)$\frac{1}{5}$

解き方　途中で約分できるときは約分します。わり算はわる数の逆数をかけて，かけ算になおします。

(3)$\frac{3}{8}\div\frac{15}{16}=\frac{3}{8}\times\frac{16}{15}=\frac{\overset{1}{\cancel{3}}\times\overset{2}{\cancel{16}}}{\underset{1}{\cancel{8}}\times\underset{5}{\cancel{15}}}=\frac{2}{5}$

(5)$\frac{1}{6}\times3\div\frac{5}{4}=\frac{1}{6}\times3\times\frac{4}{5}=\frac{1\times\overset{1}{\cancel{3}}\times\overset{2}{\cancel{4}}}{\underset{\underset{1}{\cancel{2}}}{\cancel{6}}\times5}=\frac{2}{5}$

(6)$\frac{3}{10}\div\frac{3}{5}\div\frac{5}{2}=\frac{3}{10}\times\frac{5}{3}\times\frac{2}{5}=\frac{\overset{1}{\cancel{3}}\times\overset{1}{\cancel{5}}\times\overset{1}{\cancel{2}}}{\underset{5}{\cancel{10}}\times\underset{1}{\cancel{3}}\times\underset{1}{\cancel{5}}}$

$=\frac{1}{5}$

6　(1)22　(2)６　(3)10　(4)18

解き方　(　　)の中を先に計算します。＋，－と×，÷とでは，×，÷を先に計算します。

(1)$3\times8-4\div2=24-2=22$

(2)$3\times(8-4)\div2=3\times4\div2=12\div2=6$

(3)$(3\times8-4)\div2=(24-4)\div2=20\div2=10$

(4)$3\times(8-4\div2)=3\times(8-2)=3\times6=18$

7　(1)12.8　(2)560　(3)７　(4)180

解き方　(1)$6.3+2.8+3.7=6.3+3.7+2.8=10+2.8=12.8$

(2)$2\times8\times5\times7=2\times5\times8\times7=10\times56=560$

(3)$10\times\left(\frac{1}{5}+\frac{1}{2}\right)=10\times\frac{1}{5}+10\times\frac{1}{2}=2+5=7$

(4)$18\times7+18\times3=18\times(7+3)=18\times10=180$

8　(1)①100　②１　③5643

(2)①４　②８　③800

解き方　(1)$99=100-1$　だから，

$57\times99=57\times(100-1)=57\times100-57\times1$

$=5643$

(2)$32=4\times8$ と考えて，$25\times4=100$ を利用します。

$25\times32=25\times(4\times8)=(25\times4)\times8=100\times8=800$

p.9 ぴたトレ1

1 (1)−3 ℃　(2)+12 ℃

解き方　0 ℃より低い温度は−，高い温度は+を使って表します。

2 (1)+4 km　(2)−8 km

解き方　東と西は反対の向きなので，ある地点から東へ進むことを+● km と表すとき，西へ進むことは−● km と表すことができます。(もし，西へ進むことを+● km と表すとすれば，東へ進むことは −● km と表されることになります。)

3 (1)−10　(2)+8　(3)+3.4　(4)$-\frac{3}{7}$

解き方　0より大きい数は+，0より小さい数は−を使って表します。

4 A…+5　B…−0.5　C…−4.5

解き方　数直線の大きい1めもりは1，小さい1めもりは0.5を表しています。
負の数は，0から左の方向へ順に −1，−2，−3，…となっているので注意します。

5

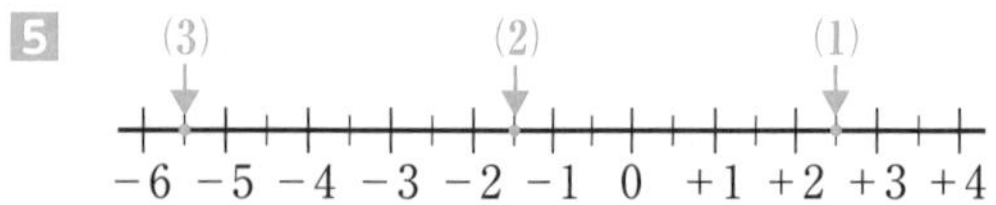

解き方　数直線の大きい1めもりは1，小さい1めもりは0.5を表しています。
(3)$-\frac{11}{2}=-5.5$

p.11 ぴたトレ1

1 (1)9　(2)0　(3)0.1　(4)$\frac{2}{3}$

解き方　絶対値は，正の数，負の数の符号を取り除いた数と考えることもできます。0の絶対値は0です。

2 (1)+5，−5　(2)0　(3)+4.7，−4.7
(4)$+\frac{4}{5}$，$-\frac{4}{5}$

解き方　絶対値が●である数は +● と −●の2つあります。絶対値が0である数は0だけです。

3 (1)$-7<+8$ $(+8>-7)$
(2)$-6<+3$ $(+3>-6)$
(3)$-2<0$ $(0>-2)$
(4)$-9<-3$ $(-3>-9)$
(5)$-12<-10$ $(-10>-12)$

解き方　負の数は，絶対値が大きいほど小さくなります。頭の中で数直線をイメージし，左へ進むほど小さく，右へ進むほど大きいことから考えます。

4 (1)$-7<0<+10$ $(+10>0>-7)$
(2)$-6<-4<+5$ $(+5>-4>-6)$
(3)$-15<-8<-2$ $(-2>-8>-15)$

解き方　小さい順，または大きい順に並べてから，不等号を使って表します。
3つ以上の数の大小を不等号を使って表すときは，不等号の向きは同じにします。

p.13 ぴたトレ1

1 (1)+7　(2)−9

解き方
(1)
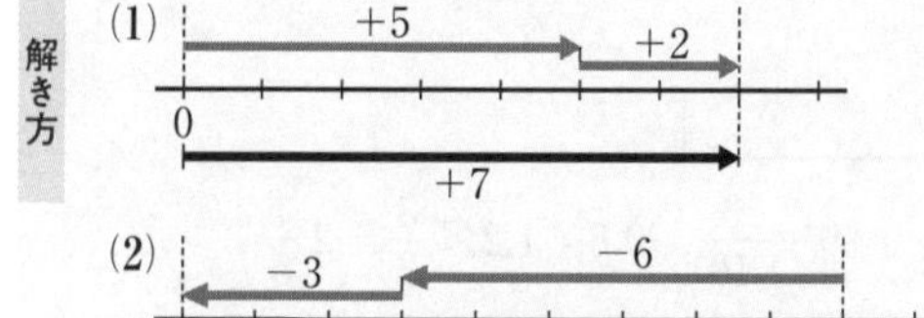

(2)
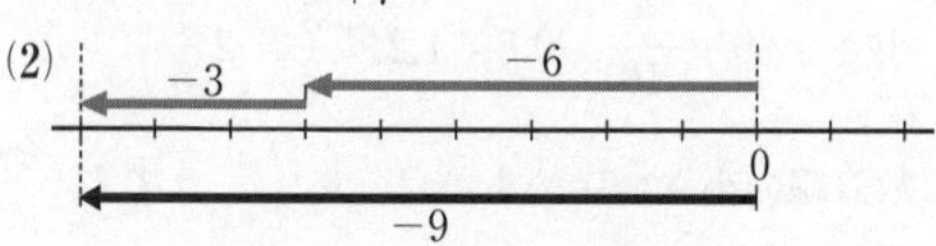

2 (1)+12　(2)+28　(3)−18　(4)−43

解き方　同じ符号の2数の和は，2数の絶対値の和に，2数と同じ符号をつけます。
(1)$(+4)+(+8)=+(4+8)=+12$
(2)$(+18)+(+10)=+(18+10)=+28$
(3)$(-10)+(-8)=-(10+8)=-18$
(4)$(-15)+(-28)=-(15+28)=-43$

3 (1)−1　(2)−4

解き方
(1)
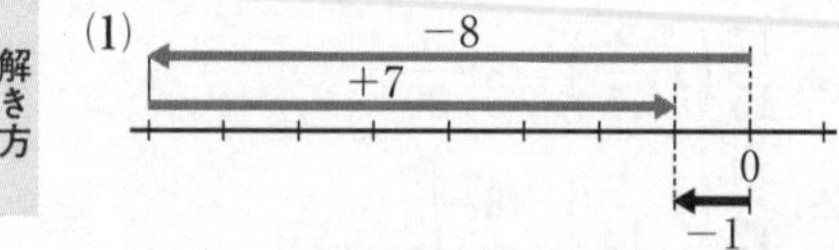

(2)
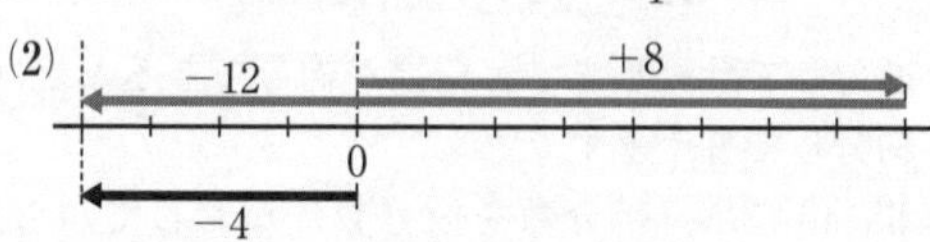

4 (1)+2　(2)−6　(3)0　(4)+2　(5)−5　(6)−8

解き方　異なる符号の2数の和は，絶対値の大きい方から小さい方をひいた差に，絶対値の大きい方の符号をつけます。(3)のように絶対値が等しく，符号の異なる2数の和は，0です。
(1)$(-13)+(+15)=+(15-13)=+2$
(2)$(+18)+(-24)=-(24-18)=-6$
(3)絶対値が等しく，符号が異なる2数の和は0。
(4)$(-15)+(+17)=+(17-15)=+2$
(5)，(6)0とある負の数の和は，その負の数になります。

5 (1)+3　(2)+3　(3)+2

解き方
(1)(−6)+(+13)+(−4)
=(+13)+(−6)+(−4)
=(+13)+{(−6)+(−4)}
=(+13)+(−10)=+3
(2)(−2)+(−9)+(+20)+(−6)
=(+20)+(−2)+(−9)+(−6)
=(+20)+{(−2)+(−9)+(−6)}
=(+20)+(−17)=+3
(3)(−9)+(+4)+(−2)+(+9)
=(−9)+(+9)+(+4)+(−2)
={(−9)+(+9)}+(+4)+(−2)
=0+(+4)+(−2)=+2

p.15 ぴたトレ1

1 (1)+5　(2)−3　(3)−6　(4)−10
(5)−7　(6)−58

解き方
正の数をひくことは，負の数をたすことと同じです。
(1)(+6)−(+1)=(+6)+(−1)=+5
(2)(+5)−(+8)=(+5)+(−8)=−3
(3)(+13)−(+19)=(+13)+(−19)=−6
(4)(−7)−(+3)=(−7)+(−3)=−10
(5)(−2)−(+5)=(−2)+(−5)=−7
(6)(−27)−(+31)=(−27)+(−31)=−58

2 (1)+8　(2)+15　(3)+23　(4)−6
(5)+2　(6)0

解き方
負の数をひくことは，正の数をたすことと同じです。
(1)(+4)−(−4)=(+4)+(+4)=+8
(2)(+6)−(−9)=(+6)+(+9)=+15
(3)(+17)−(−6)=(+17)+(+6)=+23
(4)(−8)−(−2)=(−8)+(+2)=−6
(5)(−5)−(−7)=(−5)+(+7)=+2
(6)(−14)−(−14)=(−14)+(+14)=0

3 (1)−4　(2)+12　(3)+11　(4)−9

解き方
0からある数をひくと，差はある数の符号を変えた数になります。また，どんな数から0をひいても，差ははじめの数になります。
(1)0−(+4)=0+(−4)=−4
(2)0−(−12)=0+(+12)=+12
(3)(+11)−0=+11
(4)(−9)−0=−9

p.17 ぴたトレ1

1 (1)−2+3+8　(2)9+8−11
(3)15−6+9−4　(4)−18+11−6+7

解き方
加法だけの式になおしてから，加法の記号＋とかっこを省きます。また，式のはじめの項が正の数のときは，符号＋を省きます。

2 (1)正の項…+3　負の項…−7
(2)正の項…なし　負の項…−10, −7
(3)正の項…+4　負の項…−15, −6
(4)正の項…+12　負の項…−4, −19
(5)正の項…+5, +8　負の項…−9, −5
(6)正の項…+20, +2　負の項…−5, −13
答え…(1)−4　(2)−17　(3)−17
(4)−11　(5)−1　(6)4

解き方
計算の順序を変えたり，組をつくったりして，計算しやすい方法を考えます。
(3)−15+4−6＝4−15−6 ← 正の項，負の項をそれぞれまとめる。
＝4−21
＝−17
式のはじめの項が正の数のときは，符号＋を省くことができる。
(4)−4−19+12＝−23+12
＝−11
(5)5−9+8−5＝5−5+8−9
＝0+8−9
＝−1
絶対値が等しく符号の異なる2数の和は0。
(6)20−5−13+2＝20+2−5−13
＝22−18
＝4
計算の結果が正の数のときは，符号＋を省くことができる。

3 (1)5　(2)10　(3)−45　(4)9　(5)−1
(6)−14　(7)20　(8)4

解き方
加法だけの式にしてから，かっこを省いた式にして計算します。
(1)(−1)−(−1)+5
=(−1)+(+1)+5
=−1+1+5
=0+5
=5
(2)8+(−3)−5−(−10)
=8+(−3)+(−5)+(+10)　加法だけの式になおす。
=8−3−5+10　加法の記号＋とかっこを省く。
=8+10−3−5 ← 正の項，負の項をそれぞれまとめる。
=18−8
=10
(5)1−(7−5)＝1−(+2) ← まず，かっこの中を計算する。
＝1+(−2)
＝1−2
＝−1

(7)$6-(-18)+(3-7)$
$=6-(-18)+(-4)$　かっこの中を計算する。
$=6+(+18)+(-4)$　加法だけの式になおす。
$=6+18-4$　加法の記号＋とかっこを省く。
$=24-4$
$=20$

4 (1)-1.6　(2)-5.6　(3)1.1　(4)-7
(5)$-\frac{17}{36}$　(6)$-\frac{1}{12}$　(7)$-\frac{5}{12}$　(8)$-\frac{19}{24}$

解き方　負の数の小数や負の数の分数の計算も，整数と同じようにできます。
(3)$0.6-(-0.5)=0.6+(+0.5)$
$=0.6+0.5$
$=1.1$
(4)$-5.3-(+1.7)=-5.3+(-1.7)$
$=-5.3-1.7$
$=-7$
(7)$\frac{1}{4}-\left(+\frac{2}{3}\right)=\frac{1}{4}-\frac{2}{3}$
$=\frac{3}{12}-\frac{8}{12}$　通分
$=-\frac{5}{12}$
(8)$-\frac{2}{3}-\left(+\frac{1}{8}\right)=-\frac{2}{3}-\frac{1}{8}$
$=-\frac{16}{24}-\frac{3}{24}$　通分
$=-\frac{19}{24}$

p.18～19　ぴたトレ2

1 (1)-7 km
(2)-20 km…地点Oを基準に，北へ20 km進むこと
$+9$ km…地点Oを基準に，南へ9 km進むこと

解き方　反対の性質をもつ数量は，基準を決めて，一方を正の数で表すと，他方は負の数で表されます。

2 (1)$+7$　(2)-3.2

解き方　0より大きい数は正の符号（＋）を，0より小さい数は負の符号（－）を使って表します。

3 (1)（数直線：①　⑤　③　②　④，-5　0　$+5$）
(2)A…-3.5　B…-2　C…$+2.5$　D…$+4$

解き方　大きい1めもりは1，小さい1めもりは0.5を表しています。分数は小数になおして考えます。

4 (1)$\frac{7}{4}$　(2)$+9$，-9

解き方　(2)0以外の数では，絶対値が等しい数は，正の数と負の数の2つあります。

5 (1)$-3<+2$（$+2>-3$）
(2)$-5<0$（$0>-5$）
(3)$-0.2<-0.02$（$-0.02>-0.2$）
(4)$-4.8<-4<-1.6$（$-1.6>-4>-4.8$）

解き方　正の数は0より大きく，負の数は0より小さい。負の数では，絶対値が大きいほど小さい。
(3)（数直線：-0.2　-0.02　0）
(4)小さい順，または，大きい順に並べてから，不等号を使って表します。

6 (1)-61　(2)$+17$　(3)0　(4)-19
(5)$+58$　(6)-2　(7)$+44$　(8)-12

解き方　(1)同じ符号の2数の和は，絶対値の和に，2数と同じ符号をつけます。
$(-28)+(-33)=-(28+33)=-61$
(2)異なる符号の2数の和は，絶対値の大きい方から小さい方をひいた差に，絶対値の大きい方の符号をつけます。
$(+53)+(-36)=+(53-36)=+17$
(3)絶対値が等しく，符号が異なる2数の和は，0になります。
$(-38)+(+38)=0$
(4)$0+(-19)=-19$
(5)～(8)ひく数の符号を変えた数をたす計算をします。
(5)$(+16)-(-42)=(+16)+(+42)=+58$
(6)$(+25)-(+27)=(+25)+(-27)=-2$
(7)$(+22)-(-22)=(+22)+(+22)=+44$
(8)$0-(+12)=0+(-12)=-12$

7 (1)-13　(2)-46　(3)-14　(4)-54

解き方　加法の記号＋とかっこが省かれた形で表されているので，項に着目して式をみるようにし，正の項と負の項をそれぞれまとめます。
(3)$14-30+17-15$
$=14+17-30-15$
$=31-45$
$=-14$
(4)$-15+24+15-78$
$=24+15-15-78$
$=24-78$
$=-54$

8 (1)-18 (2)26 (3)24 (4)7 (5)-3.3 (6)0.8

(7)$\frac{1}{24}$ (8)$-\frac{13}{9}$

解き方

(1)(2)まず，加法の記号＋とかっこを省き，正の項，負の項をそれぞれまとめて計算します。

(3)(4)かっこの中を先に計算します。

(5)〜(8)負の小数や負の分数の計算も，整数と同じようにできます。

(1)$-7-(+13)+2=-7-13+2$
$=-20+2$
$=-18$

(2)$15-(-4)+12+(-5)=15+4+12-5$
$=31-5$
$=26$

(3)$12-(-8-4)=12-(-12)$
$=12+12$
$=24$

(4)$6-(2-8)-5=6-(-6)-5$
$=6+6-5$
$=7$

(7)$\frac{7}{6}-\left(+\frac{9}{8}\right)=\frac{7}{6}-\frac{9}{8}$
$=\frac{28}{24}-\frac{27}{24}$
$=\frac{1}{24}$

(8)$-\frac{7}{9}-\frac{2}{3}=-\frac{7}{9}-\frac{6}{9}$
$=-\frac{13}{9}$

理解のコツ

・「15−28」のような式をみるとき，小学校までのように「15 ひく 28」とみるのではなく，項は「＋15」と「−28」であるととらえて，「＋15 と −28 の和」という見方をするのが大切だよ。

p.21 ぴたトレ1

1 (1)$+40$ (2)$+24$ (3)-50 (4)-63 (5)0

(6)-2 (7)-12.8 (8)$+9$

解き方

2 数の積を求めるには

・同じ符号の 2 数では，絶対値の積に正の符号をつけます。

・異なる符号の 2 数では，絶対値の積に負の符号をつけます。

(1)$(+5)\times(+8)=+(5\times8)=+40$

(2)$(-4)\times(-6)=+(4\times6)=+24$

(3)$(+10)\times(-5)=-(10\times5)=-50$

(4)$(-7)\times(+9)=-(7\times9)=-63$

(5)0 にどんな数をかけても，積は 0 になります。

(6)$(-1)\times(+2)=-(1\times2)=-2$

(7)$(+4)\times(-3.2)=-(4\times3.2)=-12.8$

(8)$\left(-\frac{3}{4}\right)\times(-12)=+\left(\frac{3}{4}\times12\right)=+9$

2 (1)-6 (2)-9 (3)-1 (4)13 (5)$\frac{3}{7}$ (6)0

解き方

2 数の商を求めるには

・同じ符号の 2 数では，絶対値の商に正の符号をつけます。

・異なる符号の 2 数では，絶対値の商に負の符号をつけます。

わりきれないときは，商を分数の形にします。

(1)$(+42)\div(-7)=-(42\div7)=-6$

(2)$(-54)\div(+6)=-(54\div6)=-9$

(3)$(-9)\div(+9)=-(9\div9)=-1$

(5)$(-21)\div(-49)=+\frac{\overset{3}{\cancel{21}}}{\underset{7}{\cancel{49}}}=\frac{3}{7}$

(6)0 を正の数または負の数でわった商は 0 です。また，除法では，0 でわることは考えません。

3 (1)$-\frac{1}{9}$ (2)-8

解き方

積が 1 になる 2 数の一方を，他方の逆数といいます。

整数 a の逆数は $a=\frac{a}{1}$ として考えます。

(1)$-9\times\left(-\frac{1}{9}\right)=1$ だから，$-\frac{1}{9}$

(2)$-\frac{1}{8}\times(-8)=1$ だから，-8

4 (1)$-\frac{4}{27}$ (2)$-\frac{5}{4}$

解き方

ある数でわるには，その数の逆数をかけます。

(1)$\left(+\frac{8}{9}\right)\div(-6)=-\left(\frac{\overset{4}{\cancel{8}}}{9}\times\frac{1}{\underset{3}{\cancel{6}}}\right)=-\frac{4}{27}$

(2)$\left(-\frac{5}{8}\right)\div\left(+\frac{1}{2}\right)=-\left(\frac{5}{\underset{4}{\cancel{8}}}\times\frac{\overset{1}{\cancel{2}}}{1}\right)=-\frac{5}{4}$

p.23 ぴたトレ1

1 (1)24 (2)-360

解き方

いくつかの数の乗法では

・積の符号は，$\begin{cases}\text{負の数が奇数個あれば}-\\\text{負の数が偶数個あれば}+\end{cases}$

・積の絶対値は，かけ合わせる数の絶対値の積となる。

(1)$(+3)\times(-2)\times(-4)=+(3\times2\times4)$
負の数が偶数個 $=24$

(2)$(+4)\times(-9)\times(-2)\times(-5)=-(4\times9\times2\times5)$
負の数が奇数個 $=-360$

2 (1)300　(2)17

解き方 乗法の交換法則や結合法則を使って，計算の順序を変えたり，組をつくったりして，くふうして計算します。

(1)$(-4)\times3\times(-25)=+(4\times3\times25)$
$=+(\underline{4\times25}\times3)$
$=+(100\times3)$
$=300$

(2)$(-0.2)\times(-17)\times5=+(0.2\times17\times5)$
$=+(\underline{0.2\times5}\times17)$
$=+(1\times17)$
$=17$

3 (1)9^2　(2)$(-8)^2$

解き方 同じ数の乗法では，かけ合わせた個数を指数として表します。

4 (1)49　(2)36

解き方 (1)$(-7)^2=(-7)\times(-7)=49$
(2)$-3^2\times(-4)=-9\times(-4)=+(9\times4)=36$

5 (1)30　(2)$-\frac{5}{8}$

解き方 除法を乗法になおし，負の数の個数から積の符号を決め，絶対値の積を求めます。

(1)$(-9)\times(-4)\div\frac{6}{5}=(-9)\times(-4)\times\frac{5}{6}$
$=+\left(\overset{3}{\cancel{9}}\times\overset{2}{\cancel{4}}\times\frac{5}{\underset{\underset{1}{\cancel{2}}}{\cancel{6}}}\right)$
$=30$

(2)$(-15)\div(-6)\div(-4)=(-15)\times\left(-\frac{1}{6}\right)\times\left(-\frac{1}{4}\right)$
$=-\left(\overset{5}{\cancel{15}}\times\frac{1}{\underset{2}{\cancel{6}}}\times\frac{1}{4}\right)$
$=-\frac{5}{8}$

p.25 ぴたトレ1

1 (1)−12　(2)−5　(3)24　(4)54　(5)−2　(6)−3

解き方 四則の混じった計算では，次の順に計算します。
累乗→かっこの中→乗除→加減

(1)$-9+15\div(-5)=-9-3=-12$
(2)$7+3\times(-4)=7-12=-5$
(3)$12-(-3)\times2^2=12-(-3)\times4=12+12=24$
(4)$(-6)\times(-7-2)=(-6)\times(-9)=54$
(5)$(-3+15)\div(-6)=12\div(-6)=-2$
(6)$63\div\{(-2)^2-5^2\}=63\div(4-25)=63\div(-21)$
$=-3$

2 (1)1　(2)−9600

解き方 分配法則を使い，くふうして計算します。

$(a+b)\times c=\underset{①}{\underline{a\times c}}+\underset{②}{\underline{b\times c}}$

$a\times(b+c)=\underset{①}{\underline{a\times b}}+\underset{②}{\underline{a\times c}}$

(1)$\left(\frac{5}{7}-\frac{3}{4}\right)\times(-28)=\frac{5}{7}\times(-28)-\frac{3}{4}\times(-28)$
$=-20+21$
$=1$

(2)$45\times(-96)+55\times(-96)=(45+55)\times(-96)$
$=100\times(-96)$
$=-9600$

3 (1)㋐，㋒　(2)㋐，㋑，㋒　(3)㋐，㋑，㋒，㋓

解き方 (1)自然数の集合では，3−5 のような減法や，5÷3 のような除法はできません。
(2)整数の集合では，5÷3，(−5)÷(−3) のような除法はできません。
(3)数の範囲を小数や分数をふくむ数全体の集合へと広げると，整数の集合ではできなかった 5÷3，(−5)÷(−3) のような除法もできるようになり，0 でわることを除いて，四則計算がすべてできます。

p.27 ぴたトレ1

1 19，23，29

解き方 素数は，1 とその数自身の積の形でしか表せない数です。
14=2×7，15=3×5
18=2×9=3×6，21=3×7
と，2 つの自然数の積の形で表されるから，
14，15，18，21 は素数ではありません。

2 (1)$24=2^3\times3$　(2)$108=2^2\times3^3$

解き方 素因数分解したとき，同じ数の積があるときは，累乗の指数を使って表します。

(1)
2) 24
2) 12
2) 6
　 3

(2)
2) 108
2) 54
3) 27
3) 9
　 3

3 (1)5 分
(2)①−6　②+12　③−5
平均値…5 分 2 秒

解き方 (1)記録が 5 分 7 秒のとき，基準との差が +7 秒だから，基準は 5 分 7 秒より 7 秒短い 5 分としています。

(2)基準との差の平均値を求めると

$\{(-6)+7+12+(-5)\}\div 4=+2$

したがって，4 回の記録の平均値は，5 分より 2 秒長くなります。

4 (1)65 点 (2)66 点

解き方

表は，クラスの平均点を基準にしていることに注意します。

(1)A の点数はクラスの平均点より 3 点高いので，

(クラスの平均点)$=68-3=65$(点)

(2)5 人のテストの平均点は，

$\{3+(-5)+0+8+(-1)\}\div 5=1$

クラスの平均点より 1 点高いので，

$65+1=66$(点)

p.28~29 ぴたトレ 2

1 (1)$\dfrac{1}{15}$ (2)9600 (3)1 (4)$-\dfrac{1}{1000}$

(5)-100 (6)$\dfrac{50}{9}$

解き方

いくつかの数の積を求める計算は，まず積の符号を決め，次に絶対値の積を求めます。

- 負の数が奇数個あれば，積の符号は−
- 負の数が偶数個あれば，積の符号は＋

(1)$(-4)\times\left(-\dfrac{1}{60}\right)=+\left(4\times\dfrac{1}{60}\right)$

$=\dfrac{1}{15}$

(2)$100\times(-48)\times(-2)=+(100\times 48\times 2)$

$=9600$

(3)$(-3)\times 4\times\dfrac{1}{6}\times(-0.5)=+\left(3\times 4\times\dfrac{1}{6}\times\dfrac{1}{2}\right)$

$=1$

(4)~(6)の累乗の計算は，どの数が何個かけ合わされているかに注意します。

(4)$\left(-\dfrac{1}{10}\right)^3=\left(-\dfrac{1}{10}\right)\times\left(-\dfrac{1}{10}\right)\times\left(-\dfrac{1}{10}\right)$

$=-\dfrac{1}{1000}$

(5)$(-5)^2\times(-2^2)=(-5)\times(-5)\times\{-(2\times 2)\}$

$=25\times(-4)$

$=-100$

(6)$-(-2)^3\times\left(-\dfrac{5}{6}\right)^2$

$=-\{(-2)\times(-2)\times(-2)\}\times\left\{\left(-\dfrac{5}{6}\right)\times\left(-\dfrac{5}{6}\right)\right\}$

$=-(-8)\times\dfrac{25}{36}$

$=\dfrac{50}{9}$

2 (1)$\dfrac{7}{3}$ (2)$-\dfrac{4}{15}$ (3)$-\dfrac{1}{3}$ (4)6 (5)-16

(6)$-\dfrac{3}{28}$

解き方

除法は，わる数の逆数をかける乗法になおして計算します。

(1)$(-35)\div(-15)=(-35)\times\left(-\dfrac{1}{15}\right)=\dfrac{7}{3}$

(2)$(-12)\div 45=(-12)\times\dfrac{1}{45}=-\dfrac{4}{15}$

(3)$\dfrac{1}{12}\div\left(-\dfrac{1}{4}\right)=\dfrac{1}{12}\times(-4)=-\dfrac{1}{3}$

(4)$\left(-\dfrac{15}{4}\right)\div\left(-\dfrac{5}{8}\right)=\left(-\dfrac{15}{4}\right)\times\left(-\dfrac{8}{5}\right)=6$

(5)$(-4)\div\dfrac{1}{4}=(-4)\times 4=-16$

(6)$\dfrac{9}{14}\div(-6)=\dfrac{9}{14}\times\left(-\dfrac{1}{6}\right)=-\dfrac{3}{28}$

3 (1)-18 (2)12 (3)-4 (4)-20 (5)1

(6)$-\dfrac{75}{4}$ (7)$-\dfrac{1}{9}$ (8)$\dfrac{7}{6}$

解き方

乗法と除法の混じった式は，乗法だけの式になおして計算します。

(1)$12\times(-36)\div 24=12\times(-36)\times\dfrac{1}{24}$

$=-18$

(2)$18\div(-2)\times(-8)\div 6=18\times\left(-\dfrac{1}{2}\right)\times(-8)\times\dfrac{1}{6}$

$=12$

(3)$4^2\div(-2)^2\times(-1)^3=16\div 4\times(-1)$

$=16\times\dfrac{1}{4}\times(-1)$

$=-4$

(4)$(-15)\div 3\times(-2)^2=(-15)\div 3\times 4$

$=(-15)\times\dfrac{1}{3}\times 4$

$=-20$

(5)$-\dfrac{4}{15}\times\left(-\dfrac{5}{3}\right)\div\left(-\dfrac{2}{3}\right)^2=-\dfrac{4}{15}\times\left(-\dfrac{5}{3}\right)\div\dfrac{4}{9}$

$=-\dfrac{4}{15}\times\left(-\dfrac{5}{3}\right)\times\dfrac{9}{4}$

$=1$

(6)$(-3)^2\times\dfrac{1}{4}\div\left(-\dfrac{3}{25}\right)=9\times\dfrac{1}{4}\div\left(-\dfrac{3}{25}\right)$

$=9\times\dfrac{1}{4}\times\left(-\dfrac{25}{3}\right)$

$=-\dfrac{75}{4}$

(7)$\left(-\dfrac{3}{4}\right)\div(-6)\times\left(-\dfrac{8}{9}\right)$

$=\left(-\dfrac{3}{4}\right)\times\left(-\dfrac{1}{6}\right)\times\left(-\dfrac{8}{9}\right)$

$=-\dfrac{1}{9}$

(8) $\frac{7}{5}\times\left(-\frac{5}{6}\right)\div(-1)=\frac{7}{5}\times\left(-\frac{5}{6}\right)\times(-1)$
$=\frac{7}{6}$

4 (1)30　(2)24　(3)1573　(4)14　(5) $\frac{7}{6}$　(6) $-\frac{5}{18}$

解き方

四則の混じった計算は，累乗→かっこの中→乗除→加減の順で行います。

(1) $16-7\times8\div(-4)=16-7\times8\times\left(-\frac{1}{4}\right)$
$=16+14$
$=30$

(2) $0\div7-6\times(5-3^2)=0\div7-6\times(5-9)$
$=0\div7-6\times(-4)$
$=0+24$
$=24$

(3) $(-3)^3-(-2^4)\div(-0.1)^2$
$=-27-(-16)\div0.01$
$=-27-(-1600)$
$=1573$

(4) $4^2-(-5+13)\div(-2)^2$
$=16-(-5+13)\div4$
$=16-(8\div4)$
$=16-2$
$=14$

(5) $\frac{1}{4}-\left(-\frac{2}{3}\right)-\frac{5}{4}\times\left(-\frac{1}{5}\right)=\frac{1}{4}-\left(-\frac{2}{3}\right)+\frac{1}{4}$
$=\frac{1}{4}+\frac{2}{3}+\frac{1}{4}$
$=\frac{3}{12}+\frac{8}{12}+\frac{3}{12}$
$=\frac{14}{12}=\frac{7}{6}$

(6) $\frac{1}{2}+\frac{2}{3}\times\left\{-\frac{5}{6}+\frac{1}{2}\times\left(-\frac{2}{3}\right)\right\}$
$=\frac{1}{2}+\frac{2}{3}\times\left(-\frac{5}{6}-\frac{1}{3}\right)$
$=\frac{1}{2}+\frac{2}{3}\times\left(-\frac{7}{6}\right)$
$=\frac{1}{2}-\frac{7}{9}$
$=\frac{9}{18}-\frac{14}{18}=-\frac{5}{18}$

5 (1)450　(2)−1176　(3)1　(4)3700

解き方

(1)乗法の交換法則，結合法則を使います。
(2)〜(4)分配法則を使います。

$(a+b)\times c=a\times c+b\times c$　（①②）
$a\times(b+c)=a\times b+a\times c$　（①②）

(1) $(-2)\times9\times(-25)=(-2)\times(-25)\times9$
$=50\times9$
$=450$

(2) $98\times(-12)=(100-2)\times(-12)$
$=100\times(-12)-2\times(-12)$
$=-1200+24$
$=-1176$

(3) $(-12)\times\left(\frac{3}{4}-\frac{5}{6}\right)=(-12)\times\frac{3}{4}-(-12)\times\frac{5}{6}$
$=-9+10$
$=1$

(4) $87\times37-(-13)\times37=87\times37+(+13)\times37$
$=(87+13)\times37$
$=100\times37$
$=3700$

6 (1) $273=3\times7\times13$　(2) $360=2^3\times3^2\times5$

解き方

小さい素数で次々にわっていきます。同じ数の積があるときは，累乗の指数を使って表します。

(1)
3) 273
7) 91
13

(2)
2) 360
2) 180
2) 90
3) 45
3) 15
5

7 (1) 9 kg　(2)48.5 kg

解き方

(1)最も重いのはB，最も軽いのはAです。
$(+2)-(-7)=2+7=9$(kg)

(2)基準との差の平均値を求めると
$\{(-7)+2+0+1+(-6)+(-5)\}\div6=-2.5$
したがって，6人の体重の平均値は，51 kgより2.5 kg軽くなります。
したがって，6人の体重の平均値は
$51+(-2.5)=48.5$(kg)

理解のコツ

・3つ以上の数の乗法や除法の混じった式では，乗法だけの式になおして計算しよう。
・四則の混じった式では，①累乗→②かっこの中→③乗除→④加減の順で計算するよ。
・正の数と負の数を活用して，基準を決めて符号(＋，－)を使って数量を表すと，その数量の合計や平均値を求める計算が簡単になるよ。計算がしやすいように，自分で基準を決めることが大切だよ。

p.30〜31　ぴたトレ3

1 (1)−50 m　(2)A…−2　B…+3.5
(3)① $-7<0<+6$ $(+6>0>-7)$
② $-\frac{9}{2}<-3.5<+3$ $\left(+3>-3.5>-\frac{9}{2}\right)$

解き方

(1)上と下は反対の向きなので，ある地点から上へ移動することを「+●m」と表すとき，下へ移動することは「−●m」と表します。

(2)いちばん小さい1めもりは0.5$\left(\frac{1}{2}\right)$を表しています。

(3)3つ以上の数の大小を表すとき，不等号の向きは同じにします。

①$0>-7<+6$　②$-3.5<+3>-\frac{9}{2}$

は誤りです。

❷ (1)9つ　(2)$-\frac{1}{3}$　(3)2，17，23

解き方

(1)絶対値が5より小さい整数は

−4，−3，−2，−1，0，+1，+2，+3，+4

0を忘れないようにしよう。

(2)$-3=-\frac{3}{1}$と考えます。

(3)　9=3×3，21=3×7，25=5×5

と，2つの自然数の積の形で表されるから，9，21，25は素数ではありません。

また，1は素数ではありません。

❸ (1)−14　(2)−16　(3)−32　(4)60

(5)−4　(6)16　(7)−0.7　(8)$\frac{1}{2}$

解き方

(1)$(+13)+(-27)=-(27-13)=-14$

(2)$(-31)-(-15)=(-31)+(+15)=-16$

(3)$-15-17=-32$

(4)$29-(-31)=29+31=60$

(5)$10-(+8)+(-6)=10+(-8)+(-6)$

$=10-8-6$

$=10-14$

$=-4$

(6)$20+(4-8)=20+(-4)$

$=20-4$

$=16$

(7)$0.9-1.6=-0.7$

(8)$-\frac{1}{3}+\frac{5}{6}=-\frac{2}{6}+\frac{5}{6}=\frac{3}{6}=\frac{1}{2}$

❹ (1)−42　(2)−25　(3)−4　(4)8

解き方

(1)$(-14)\times(+3)=-(14\times3)=-42$

(2)$15\div\left(-\frac{3}{5}\right)=15\times\left(-\frac{5}{3}\right)=-25$

(3)$(-2)^3\times(-6)\div(-12)=(-8)\times(-6)\times\left(-\frac{1}{12}\right)$

$=-\left(8\times6\times\frac{1}{12}\right)$

$=-4$

(4)$(-6)\times\left(-\frac{2}{3}\right)\div\frac{1}{2}=(-6)\times\left(-\frac{2}{3}\right)\times2$

$=6\times\frac{2}{3}\times2$

$=8$

❺ (1)−88　(2)26　(3)$-\frac{1}{6}$　(4)$-\frac{17}{10}$　(5)−16

解き方

①累乗→②かっこの中→③乗除→④加減の順に計算します。

(1)$(-46)-(-14)\times(-3)=-46-42$

$=-88$

(2)$\{(-3)+2\times(-5)\}\times(-2)$

$=\{(-3)+(-10)\}\times(-2)$

$=-13\times(-2)$

$=26$

(3)$\frac{1}{3}\times\left(\frac{1}{6}-\frac{2}{3}\right)=\frac{1}{3}\times\left(-\frac{1}{2}\right)$

$=-\frac{1}{6}$

(4)$(-1.5)\times\frac{1}{3}+0.9\div\left(-\frac{3}{4}\right)$

$=\left(-\frac{3}{2}\right)\times\frac{1}{3}+\frac{9}{10}\div\left(-\frac{3}{4}\right)$

$=\left(-\frac{3}{2}\right)\times\frac{1}{3}+\frac{9}{10}\times\left(-\frac{4}{3}\right)$

$=-\frac{1}{2}-\frac{6}{5}$

$=-\frac{5}{10}-\frac{12}{10}$

$=-\frac{17}{10}$

(5)$(-6^2)\times\frac{5}{9}-\left(\frac{1}{2}\right)^2\times(-16)$

$=(-36)\times\frac{5}{9}-\frac{1}{4}\times(-16)$

$=-20+4$

$=-16$

❻ $140=2^2\times5\times7$

解き方

2) 140
2) 70
5) 35
7

$140=2\times2\times5\times7=2^2\times5\times7$

❼ (1)曜日…木曜日　気温…18 ℃

(2)7 ℃　(3)21 ℃

解き方

(2)最も気温が高いのは日曜日，最も気温が低いのは木曜日だから，気温の差は

$(+5)-(-2)=7$(℃)

(3)基準との差の平均値を求めると

$\{5+(-1)+0+2+(-2)+(-1)+4\}\div7=1$

したがって，この1週間の気温の平均値は，

$20+1=21$(℃)

2章　文字と式

p.33　ぴたトレ0

1 (1)680円　(2)$x\times6+200=y$　(3)740

解き方
(2)ことばの式を使って考えるとわかりやすいです。(1)で考えた値段80円のところをx円におきかえて式をつくります。上の答え以外の表し方でも，意味があっていれば正解です。
(3)(2)で表した式のxを90におきかえます。
$90\times6+200=540+200=740$

2 (1)ノート8冊の代金
(2)ノート1冊と鉛筆1本の代金の合計
(3)ノート4冊と消しゴム1個の代金の合計

解き方
式の中の数が，それぞれ何を表しているのかを考えます。
(3)$x\times4$はノート4冊の代金，70円は消しゴム1個の代金です。

p.35　ぴたトレ1

1 (1)$(1000-350\times x)$円　(2)$(a+8\times b)$ kg

解き方
(1)1000−(ケーキの代金)
(2)(木箱の重さ)+(部品1個の重さ)×8

2 (1)$-5mn$　(2)$-x-4y$　(3)$2x^2$　(4)$-2y^2+y$

解き方
文字式では，乗法の記号×を省いてかきます。数と文字の積では，数を文字の前にかきます。
(1)かっこを省き，$-5mn$と表します。
(2)減法の記号−は省けません。
(3)同じ文字の積は，指数を使ってかきます。
(4)加法の記号+は省けません。

3 (1)$\dfrac{4}{9}x$　(2)$\dfrac{3a-2}{4}$　(3)$-\dfrac{a}{2}$　(4)$\dfrac{3}{y}$

解き方
文字式では，除法の記号÷を使わないで，分数の形でかきます。
(2)$(3a-2)$をひとまとまりとみます。分数の形で表すとき，かっこは省いてかきます。

4 (1)$\dfrac{8a}{5}$　(2)$\dfrac{4(x-y)}{3}$

解き方
(1)$8\times a$の積をかき，続いて，その積を5でわった商をかきます。
(2)$(x-y)$はひとまとまりとみます。4はかっこの前にかき，かっこは省けません。続いて，3でわった商をかきます。

5 (1)$6\times x\times y$　(2)$(a+b)\div3$

解き方
(2)分数の形の式を除法になおすときは，分子の$a+b$はひとまとまりとみて，かっこをつけます。

p.37　ぴたトレ1

1 (1)4　(2)3　(3)25　(4)−25　(5)−15　(6)4

解き方
(1)$2x-6=2\times x-6=2\times5-6=4$
(2)$-y=-(-3)=3$
(3)$(-x)^2=(-5)^2=(-5)\times(-5)=25$
(4)$-x^2=-5^2=-(5\times5)=-25$
(5)$2xy-5y=2\times x\times y-5\times y$
$=2\times5\times(-3)-5\times(-3)$
$=-30+15=-15$
(6)$-x+y^2=-5+(-3)^2=-5+9=4$

2 (1)$\dfrac{3}{5}x$人 ($0.6x$人)　(2)$\dfrac{7}{10}x$円 ($0.7x$円)
(3)$\dfrac{a}{60}$分　(4)分速$\dfrac{x}{y}$ m　(5)$(15-3a)$ km
(6)πr^2 cm^2

解き方
(1)60 %を分数で表すと$\dfrac{60}{100}=\dfrac{3}{5}$
(2)7割を分数で表すと$\dfrac{7}{10}$
(3)(時間)$=\dfrac{(\text{道のり})}{(\text{速さ})}$
(4)(速さ)$=\dfrac{(\text{道のり})}{(\text{時間})}$
(5)(道のり)=(速さ)×(時間)だから，
3時間歩いて進んだ道のりは
$a\times3=3a$(km)
したがって，残りの道のりは　$(15-3a)$ km
(6)(円の面積)=(半径)×(半径)×(円周率)
円周率はπで表し，他の文字の前にかきます。

3 (1)$\left(\dfrac{a}{1000}+b\right)$ kg　(2)$(60x+y)$分

解き方
(1)1 g$=\dfrac{1}{1000}$ kgだから，a g$=\dfrac{a}{1000}$ kg
(2)1時間=60分だから，x時間$=60x$分

4 (1)買った鉛筆とペンの本数の合計，単位は「本」
(2)買った鉛筆とペンの代金の合計，単位は「円」

解き方
(2)$100a=100\times a$…鉛筆1本の値段と本数の積
$150b=150\times b$…ペン1本の値段と本数の積
で，これらの和だから，買った鉛筆とペンの代金の合計を表しています。

p.38〜39　ぴたトレ2

1 (1)$-6xy$　(2)$0.1ab$　(3)$-ab^2$
(4)$\dfrac{x-5}{2}$　(5)$\dfrac{7y}{x}$　(6)$-4a+\dfrac{b}{5}$

解き方
文字式では，乗法の記号×を省いてかき，除法の記号÷を使わないで，分数の形でかきます。
(2)$a\times0.1\times b=0.1ab$とかき，0.1の1は省けません。
(3)$b\times a\times(-1)\times b=-ab^2$とかき，1はかきません。

2 (1)abc cm^3 (2)$10\pi a^2$ cm^3

(3)$\frac{ab}{2}$ cm^2 $\left(\frac{1}{2}ab\text{ cm}^2\right)$

(4)$\frac{(a+b)h}{2}$ cm^2 $\left(\frac{1}{2}(a+b)h\text{ cm}^2\right)$

解き方
(1)直方体の体積は (縦)×(横)×(高さ)，
すなわち $a\times b\times c$
(2)円柱の体積は (底面積)×(高さ)
すなわち $(\pi\times a\times a)\times 10$
π は，積の中では，数のあと，他の文字の前にかきます。
(3)ひし形の面積は (対角線)×(対角線)÷2，
すなわち $a\times b\div 2$
(4)台形の面積は {(上底)+(下底)}×(高さ)÷2，
すなわち $(a+b)\times h\div 2$

3 (1)$-4\times a\times b\times b$ (2)$8\div 5\div x$
(3)$(a+2\times b)\div 3$ (4)$3\times x-y\div 6$

解き方
(3)分子の $a+2\times b$ はひとまとまりとみて，かっこをつけます。
(4)減法の記号－は省けません。

4 (1)-90 (2)-41 (3)3 (4)-40

解き方
負の数を代入するときは，かっこをつけてかきます。
(1)$3xy=3\times x\times y$ としてから代入します。
(2)$-x^2-y=-(-6)^2-5$
(3)$-\frac{18}{x}=-18\div x$ としてから代入します。
(4)$\frac{4}{15}xy^2=\frac{4}{15}\times(-6)\times 5^2$

5 2 °C

解き方
$(a-6b)$ °C の a は地上の気温で，b は地上から何 km 上空かを表しています。だから，$a-6b$ に $a=20$，$b=3$ を代入します。
$20-6\times 3=20-18=2$

6 (1)$\frac{2}{25}a$ g (0.08a g) (2)$\frac{3}{5}n$ 人 (0.6n 人)
(3)$(1200-7x)$ m (4)$\frac{x+y+85}{3}$ 点

解き方
(1)8 % を分数で表すと $\frac{8}{100}=\frac{2}{25}$
(2)6 割を分数で表すと $\frac{6}{10}=\frac{3}{5}$
(3)7 分歩いて進んだ道のりは
$x\times 7=7x$ だから，$7x$ m となります。
したがって，残りの道のりは $(1200-7x)$ m
(4)3 回のテストの得点の合計は
$(x+y+85)$ 点となります。
したがって，得点の平均は $\frac{x+y+85}{3}$ 点

7 (1)$(x+10y)$ dL (2)$\left(a+\frac{b}{60}\right)$分

解き方
(1)1 L=10 dL だから，y L=$10y$ dL
(2)1 秒 = $\frac{1}{60}$ 分 だから，b 秒 = $\frac{b}{60}$ 分

8 (1)メロン 1 個と，オレンジ 4 個を買ったときの代金
(2)封筒と便せん 4 枚の全体の重さ

解き方
(1)(メロン 1 個の値段)+(オレンジ 1 個の値段)×4
だから，メロン 1 個とオレンジ 4 個を買ったときの代金。
(2)(封筒の重さ)+(便せん 1 枚の重さ)×4
だから，封筒と便せん 4 枚の全体の重さ。

9 (1)鉛筆 5 本の代金
(2)ボールペン 1 本の値段
(3)ボールペン 3 本の代金

解き方
(1)(鉛筆 1 本の値段)×5 だから，鉛筆 5 本の代金。
(2)(鉛筆 1 本の値段)+50 だから，ボールペン 1 本の値段。
(3)$(a+50)$ はボールペン 1 本の値段。
(ボールペン 1 本の値段)×3 だから，ボールペン 3 本の代金。

10 偶数…㋑，㋖ 奇数…㋓，㋕

解き方
n にいろいろな自然数を代入して，いつも偶数を表している式，奇数を表している式をさがします。

理解のコツ
・文字式の表し方，代入のしかたなど，基本的なことは必ず守ろう。
・数量を式で表す問題では，速さ，時間，道のりの関係，割合がよく出るよ。今までに習ったことばの式は確実なものにし，文字式で表すときに活かそう。

p.41 ぴたトレ1

1 (1) 1 次の項は $4x$　$4x$ の係数は 4

(2) 1 次の項は $-\dfrac{b}{3}$

$-\dfrac{b}{3}$ の係数は $-\dfrac{1}{3}$

解き方
(1) $4x=4\times x$ だから，係数は 4
(2) $-\dfrac{b}{3}=-\dfrac{1}{3}\times b$ だから，係数は $-\dfrac{1}{3}$

2 (1) $3a$　(2) $-5x$　(3) $2x-9$　(4) 3

解き方
1 次の項どうし，定数項どうしを，それぞれまとめます。
(1) $2a+a=(2+1)a=3a$
(2) $4x-9x=(4-9)x=-5x$
(3) $7x-9-5x=(7-5)x-9=2x-9$
(4) $-13y+9+13y-6=(-13+13)y+(9-6)=3$

3 (1) $6x-8$　(2) $-4x-2$　(3) $-2x+5$　(4) $-9a-4$

解き方
かっこをはずして，1 次の項どうし，定数項どうしを，それぞれまとめます。

(1)
$$
\begin{aligned}
(4x+1)+(2x-9)&=4x+1+2x-9\\
&=4x+2x+1-9\\
&=(4+2)x+(1-9)\\
&=6x-8
\end{aligned}
$$

(4)
$$
\begin{aligned}
(-8a-3)+(-a-1)&=-8a-3-a-1\\
&=-8a-a-3-1\\
&=(-8-1)a+(-3-1)\\
&=-9a-4
\end{aligned}
$$

4 (1) $2x-2$　(2) $14a-3$　(3) 2　(4) $7x-1$

解き方
ひく式のそれぞれの項をひきます。

(1)
$$
\begin{aligned}
(5x+4)-(3x+6)&=5x+4-3x-6\\
&=5x-3x+4-6\\
&=2x-2
\end{aligned}
$$

(3)
$$
\begin{aligned}
(2x-3)-(2x-5)&=2x-3-2x-(-5)\\
&=2x-3-2x+5\\
&=2x-2x-3+5\\
&=2
\end{aligned}
$$

p.43 ぴたトレ1

1 (1) $-24x$　(2) $\dfrac{9}{2}y$

解き方
交換法則や結合法則を使って計算します。
(1) $3x\times(-8)=3\times x\times(-8)=3\times(-8)\times x=-24x$

(2)
$$
\begin{aligned}
&\left(-\frac{3}{4}y\right)\times(-6)=\left(-\frac{3}{4}\right)\times y\times(-6)\\
&=\left(-\frac{3}{4}\right)\times(-6)\times y=\frac{9}{2}y
\end{aligned}
$$

2 (1) $-6x+15$　(2) $-10x+9$

解き方
分配法則を使って計算します。

(1)
$$
\begin{aligned}
(2x-5)\times(-3)&=2x\times(-3)+(-5)\times(-3)\\
&=-6x+15
\end{aligned}
$$

(2)
$$
\begin{aligned}
-(10x-9)&=(-1)\times(10x-9)\\
&=(-1)\times10x+(-1)\times(-9)\\
&=-10x+9
\end{aligned}
$$

3 (1) $6x-16$　(2) $-36a+4$

解き方
まず約分し，分配法則を使って計算します。

(1)
$$
\begin{aligned}
\frac{3x-8}{7}\times14&=\frac{(3x-8)\times\overset{2}{\cancel{14}}}{\underset{1}{\cancel{7}}}\\
&=(3x-8)\times2\\
&=3x\times2+(-8)\times2\\
&=6x-16
\end{aligned}
$$

(2)
$$
\begin{aligned}
(-16)\times\frac{9a-1}{4}&=\frac{\overset{-4}{\cancel{-16}}\times(9a-1)}{\underset{1}{\cancel{4}}}\\
&=(-4)\times(9a-1)\\
&=(-4)\times9a+(-4)\times(-1)\\
&=-36a+4
\end{aligned}
$$

4 (1) $-x+16$　(2) $7x-8$　(3) $-20a$　(4) $-9x+15$

解き方
まず，分配法則を使ってかっこをはずしてから計算します。

(1)
$$
\begin{aligned}
2(x+5)+3(-x+2)&=2x+10-3x+6\\
&=2x-3x+10+6\\
&=-x+16
\end{aligned}
$$

(2)
$$
\begin{aligned}
-(-x+4)+2(3x-2)&=x-4+6x-4\\
&=x+6x-4-4\\
&=7x-8
\end{aligned}
$$

(3)
$$
\begin{aligned}
4(a-2)-8(3a-1)&=4a-8-24a+8\\
&=4a-24a-8+8\\
&=-20a
\end{aligned}
$$

(4)
$$
\begin{aligned}
-2(6x-9)-3(-x+1)&=-12x+18+3x-3\\
&=-12x+3x+18-3\\
&=-9x+15
\end{aligned}
$$

5 (1) $-5x$　(2) $-24x$

解き方
わる数の逆数をかける乗法になおして計算します。
(1) $-20x\div4=-20x\times\dfrac{1}{4}=-5x$
(2) $16x\div\left(-\dfrac{2}{3}\right)=16x\times\left(-\dfrac{3}{2}\right)=-24x$

6 (1)$3a-1$ (2)$4x-3$

解き方

わる数の逆数をかける乗法になおしてから，分配法則を使って計算します。

(1)$(18a-6)\div 6=(18a-6)\times\frac{1}{6}$

$=18a\times\frac{1}{6}-6\times\frac{1}{6}$

$=3a-1$

(2)$(-12x+9)\div(-3)$

$=(-12x+9)\times\left(-\frac{1}{3}\right)$

$=(-12x)\times\left(-\frac{1}{3}\right)+9\times\left(-\frac{1}{3}\right)$

$=4x-3$

p.45 ぴたトレ1

1 こうた…㋑　みどり…㋐

解き方

㋐の◯にふくまれる棒の本数は5本で，◯のまとまりがn個あるから，$5n$本となります。これに，右端の1本をたして，本数を表す式は$5n+1$となります。

㋑の◯にふくまれる棒の本数は6本で，◯のまとまりがn個あるから$6n$本となります。重なって数えている縦の棒が$(n-1)$本あるから，これをひいて，本数を表す式は$6n-(n-1)$となります。

2 (1)$200-30a=b$ (2)$1000-4a=b$

解き方

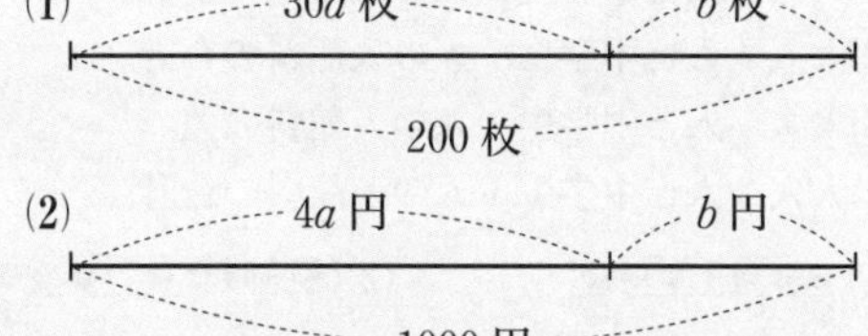

3 (1)$5a<1000$ ($1000>5a$)

(2)$30a+300>80b$ ($80b<30a+300$)

(3)$2x-4\leqq y-7$ ($y-7\geqq 2x-4$)

解き方

2つの数量の大小関係を表す不等号は，$<$，$>$，$\leqq$，$\geqq$の4種類です。

(1)代金は$5a$円となります。おつりがもらえたことから，代金は1000円よりも安くなります。

(2)代金はそれぞれ

ゆかさん…$30a+300$

まさとさん…$80b$

となります。

(3) xの2倍から4をひいた数…$2x-4$

yから7をひいた数…$y-7$

となります。

「以下」のときは，等号のついた不等号を用いて表します。

p.46〜47 ぴたトレ2

1 (1)$a+4$ (2)$-9x$ (3)$\frac{2}{15}x$ (4)$-3x+1$

(5)3 (6)$-4a+3$

解き方

(4)〜(6)は，まず，かっこをはずしてから1次の項どうし，定数項どうしを，まとめます。

(1)$8a-5-7a+9=8a-7a-5+9$

$=(8-7)a+(-5+9)$

$=a+4$

(2)$x-6x-4x=(1-6-4)x$

$=-9x$

(3)$\frac{1}{3}x-\frac{1}{5}x=\left(\frac{5}{15}-\frac{3}{15}\right)x$

$=\frac{2}{15}x$

(4)$(-4x+3)+(x-2)=-4x+3+x-2$

$=-4x+x+3-2$

$=-3x+1$

(5)$(3x-2)-(3x-5)=3x-2-3x-(-5)$

$=3x-2-3x+5$

$=3x-3x-2+5$

$=3$

(6)$(-5a-4)-(-a-7)=-5a-4-(-a)-(-7)$

$=-5a-4+a+7$

$=-5a+a-4+7$

$=-4a+3$

2 (1)$-1.2x$ (2)$20x-15$ (3)$-6x+9$

(4)$-4a+1$ (5)$-6x+10$ (6)$-8x+15$

解き方

(2)〜(6)は，分配法則を使って計算します。

(1)$(-0.3)\times 4x=(-0.3)\times 4\times x$

$=-1.2x$

(2)$5(4x-3)=5\times 4x+5\times(-3)$

$=20x-15$

(3)$-\frac{3}{4}(8x-12)=-\frac{3}{4}\times 8x+\left(-\frac{3}{4}\right)\times(-12)$

$=-6x+9$

(4)$-(4a-1)=(-1)\times(4a-1)$

$=(-1)\times 4a+(-1)\times(-1)$

$=-4a+1$

(5)$\frac{3x-5}{4}\times(-8)=\frac{(3x-5)\times(\overset{-2}{\cancel{-8}})}{\underset{1}{\cancel{4}}}$

$=(3x-5)\times(-2)$

$=3x\times(-2)+(-5)\times(-2)$

$=-6x+10$

(6)$\left(\frac{4}{9}x-\frac{5}{6}\right)\times(-18)$

$=\frac{4}{9}x\times(-18)+\left(-\frac{5}{6}\right)\times(-18)$

$=-8x+15$

3 **(1)$-8a-7$ (2)$13a-9$ (3)$4x-3$ (4)$x-4$**

解き方

まず，分配法則を利用してかっこをはずしてから計算します。

(1)$-5(a+3)-(3a-8)=-5a-15-3a+8$
$=-5a-3a-15+8$
$=-8a-7$

(2)$4(2a-3)+\frac{1}{5}(25a+15)=8a-12+5a+3$
$=8a+5a-12+3$
$=13a-9$

(3)$7x-5-\frac{9x-6}{3}=7x-5-\left(\frac{9x}{3}-\frac{6}{3}\right)$
$=7x-5-(3x-2)$
$=7x-5-3x+2$
$=7x-3x-5+2$
$=4x-3$

(4)$\frac{1}{6}(12x-42)-\frac{1}{8}(8x-24)=2x-7-x+3$
$=2x-x-7+3$
$=x-4$

4 **(1)x (2)$16a-12$ (3)$x+3$**

解き方

(1)$(-8x)\div(-8)=(-8x)\times\left(-\frac{1}{8}\right)=x$

(2)$(8a-6)\div\frac{1}{2}=(8a-6)\times2=16a-12$

(3)$\frac{7x+21}{7}=\frac{7x}{7}+\frac{21}{7}$
$=x+3$

5 **(1)$500-3a=b$ ($3a+b=500$)**

(2)$a=7b+4$ $\left(\frac{a-4}{7}=b,\ a-7b=4\right)$

(3)$x=6y-8$ $\left(x-6y=-8,\ \frac{x+8}{6}=y\right)$

解き方

(1)(出した金額)−(ノートの代金)=(おつり)
(2)(わられる数)=(わる数)×(商)+(余り)
(3)(もとのひもの長さ)
=(切り取ろうとしたひもの長さ)−8

6 **(1)$a+3x<25$ ($25>a+3x$)**

(2)$y-x=12$ ($x=y-12$, $y=x+12$)

(3)$x-\frac{4}{5}y\geqq300$ $\left(300\leqq x-\frac{4}{5}y\right)$

($x-0.8y\geqq300$, $300\leqq x-0.8y$)

(4)$450+60y\leqq x$ ($x\geqq450+60y$)

(5)①$a-b=4$ ($a=b+4$, $b=a-4$)

②$ab\leqq80$ ($80\geqq ab$)

解き方

(1)封筒と便せんの全体の重さは$(a+3x)$gで，これが，25g未満ということです。

(2)y人とx人の差が12人ということです。

(3)2割を分数で表すと $\frac{2}{10}=\frac{1}{5}$

したがって，y円の2割引きは

$y\times\left(1-\frac{1}{5}\right)=\frac{4}{5}y$

300円以上残った，ということは

(持っていた金額)−(品物の代金)

が300円以上ということです。

(4)x円で買うことができた，ということは，全体の代金がx円以下だったということです。

(5)①縦と横の長さの差が4cmということです。

②(長方形の面積)=(縦)×(横)が80cm^{2}以下ということです。

7 **(1)大人3人と中学生5人の入館料の合計は，1400円である。**

(2)大人4人と中学生7人の入館料の合計は，2000円未満である。

(3)大人1人の入館料と，中学生1人の入館料の差は，120円である。

(4)大人2人と中学生1人の入館料の合計は，600円以上である。

解き方

左辺の式が表す数量を考えます。
(1)大人3人と中学生5人の入館料の合計。
(2)大人4人と中学生7人の入館料の合計。
(3)大人1人と中学生1人の入館料の差。
(4)大人2人と中学生1人の入館料の合計。

8 (1)　　　**(2)(例)**

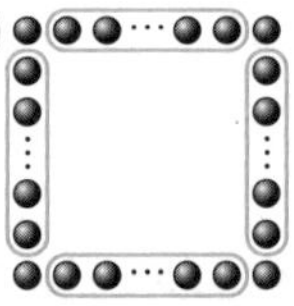

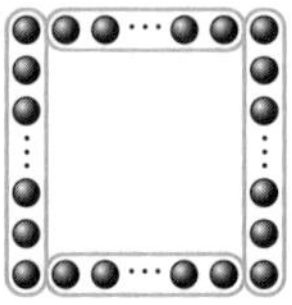

解き方

(1)それぞれの辺の両端の碁石を除くと，1辺に並ぶ碁石の個数は$(n-2)$個になります。

(2)n個，$(n-2)$個のまとまりの部分がそれぞれ2つずつになるように分けます。

理解のコツ

・分数がある式も複雑にみえる式も，ていねいに分配法則にあてはめていこう。

・式に表す力だけでなく，式を読み取る力もつけていこう。

p.48~49 ぴたトレ3

❶ (1)$-8ax$ (2)$-10(m-n)$

(3)$\frac{a+7}{6}$ (4)$4x-\frac{y}{5}$

解き方
(2)$(m-n)$をひとまとまりとみるので，かっこは省きません。
(3)$a+7$は分子になるので，かっこを省きます。

❷ (1)$-7\times x\times x\times x\times y$ (2)$a\div3+8\times b$

解き方
(1)省かれた×をもとにもどします。
(2)分数は除法の形にもどします。

❸ (1)38 (2)-14

解き方
-4に( )をつけて代入します。
(1)$3x-5y=3\times x-5\times y$としてから代入します。
(2)$\frac{7}{12}xy=\frac{7}{12}\times x\times y$としてから代入します。

❹ (1)$8a$ g (2)時速$\frac{x}{a}$ km (3)$\frac{7}{240}x$分

(4)$\left(60a+10+\frac{b}{60}\right)$分

解き方
(1)a%は$\frac{a}{100}$だから，$800\times\frac{a}{100}=8a$
(2)(速さ)=(道のり)÷(時間)
(3)行きの時間…$\frac{x}{80}$分，帰りの時間…$\frac{x}{60}$分
(4)a時間=$(60\times a)$分，b秒=$\frac{b}{60}$分

❺ (1)面積 (2)まわりの長さ

解き方
円の半径がr cmのとき，πr^2は円の面積，$2\pi r$は円の周の長さを表します。
(1)$\frac{1}{4}\pi r^2=\pi r^2\div4$
(2)πrは半円の曲線部分の長さだから，$\frac{1}{2}\pi r$は$\frac{1}{4}$の円の曲線部分の長さを表します。
また，$2r$は，$2r=r+r$で，直線部分の長さを表します。

❻ (1)$6a-5$ (2)$-x-4$ (3)$4x-10$
(4)$-3x+15$ (5)$28a-12$
(6)$x-2$ (7)$8a+1$

解き方
(2)$(2x-9)-(3x-5)=2x-9-3x-(-5)$
$=2x-9-3x+5$
$=-x-4$

(4)$\frac{x-5}{6}\times(-18)=\frac{(x-5)\times(\overset{-3}{\cancel{-18}})}{\underset{1}{\cancel{6}}}$
$=(x-5)\times(-3)$
$=-3x+15$

(5)$(7a-3)\div\frac{1}{4}=(7a-3)\times4$
$=28a-12$

(6)$\frac{1}{4}(8x-20)-\frac{1}{6}(6x-18)=2x-5-x+3$
$=x-2$

(7)$3a-5+\frac{10a+12}{2}=3a-5+\frac{10a}{2}+\frac{12}{2}$
$=3a-5+5a+6$
$=8a+1$

❼
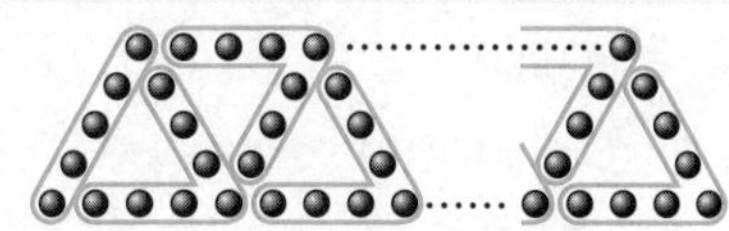

式…$5+7x$

(別解)

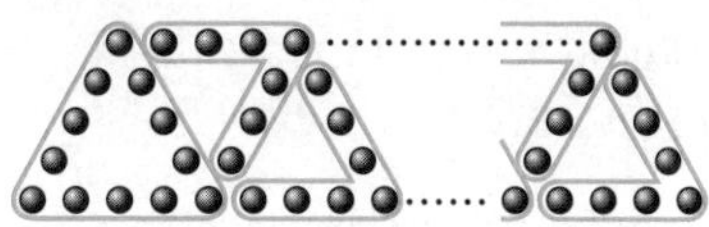

式…$12+7(x-1)$

解き方
三角形が1個増えるときの増え方に着目します。
左の5個と，7個のまとまりがx回増えて，x個の正三角形ができます。
(別解)左端の12個に，7個ずつ$(x-1)$回増えて，x個の正三角形ができます。

❽ (1)$x-8a=5$ $(8a+5=x)$
(2)$a-b<4$ $(4>a-b)$
(3)$x+6y\geqq50$ $(50\leqq x+6y)$
(4)$2x+3y\leqq1000$ $(1000\geqq2x+3y)$
(5)$2x+y>4a$ $(4a<2x+y)$

解き方
(1)(全部のいちごの数)−(分けたいちごの数)
=(余ったいちごの数)
(2)$a-b$は4未満。または，4は$a-b$より大きい。
(3)$x+6y$は50以上。または，50は$x+6y$以下。
(4)x円のかき2個とy円のなし3個を1000円で買うことができたのだから，$2x+3y$は1000以下になります。
(5)二等辺三角形の周の長さ…$(2x+y)$ cm
正方形の周の長さ…$4a$ cm

3章　方程式

p.51　ぴたトレ0

1　(1)分速 80 m　(2)80 km　(3)0.2 時間

解き方
(1)(速さ)=(道のり)÷(時間)　だから
$400\div5=80$
(2)(道のり)=(速さ)×(時間)で，
1時間20分$=\frac{80}{60}$時間　だから
$60\times\frac{80}{60}=80$ (km)
(3) 1時間は$60\times60=3600$(秒)　だから
秒速 75 m を時速になおすと
$75\times3600=270000$(m)
270000 m=270 km
(時間)=(道のり)÷(速さ)　だから
$54\div270=0.2$(時間)

2　(1)$\frac{2}{5}$(0.4)　(2)$\frac{8}{5}\left(1\frac{3}{5},\ 1.6\right)$　(3)$\frac{5}{6}$

解き方
$a:b$の比の値は，$a\div b$で求められます。
(2)$4\div2.5=40\div25=\frac{40}{25}=\frac{8}{5}$
(3)$\frac{2}{3}\div\frac{4}{5}=\frac{2}{3}\times\frac{5}{4}=\frac{5}{6}$

3　(1)17：19　(2)36：19

解き方
(2)クラス全体の人数は，$17+19=36$(人)です。

p.53　ぴたトレ1

1　㋑，㋓

解き方
それぞれの方程式の左辺と右辺のxに-3を代入し，(左辺)=(右辺)となるかどうかを調べます。
㋐(左辺)$=4\times(-3)+5=-12+5=-7$
(右辺)$=17$
㋑(左辺)$=-2\times(-3)+7=6+7=13$
(右辺)$=13$
㋒(左辺)$=-3\times(-3)=9$
(右辺)$=6+(-3)=6-3=3$
㋓(左辺)$=5\times(-3)+8=-15+8=-7$
(右辺)$=2\times(-3)-1=-6-1=-7$
(左辺)=(右辺)となるのは　㋑，㋓
したがって，解が-3となるのは，㋑，㋓です。

2　(1)4　(2)-12

解き方
等式の性質③を使って，両辺に4をかけます。
また，等式の性質④を使って，両辺を$\frac{1}{4}$でわると考えることもできます。

3　(1)$x=12$　(2)$x=5$　(3)$x=-7$　(4)$x=-8$
(5)$x=12$　(6)$x=9$　(7)$x=-30$　(8)$x=5$
(9)$x=6$　(10)$x=\frac{1}{4}$

解き方
(1)～(4)は「両辺に同じ数をたしても等式は成り立つ(等式の性質①)」または「両辺から同じ数をひいても等式は成り立つ(等式の性質②)」，(5)～(10)は「両辺に同じ数をかけても等式は成り立つ(等式の性質③)」または「両辺を同じ数でわっても等式は成り立つ(等式の性質④)」という等式の性質を使います。

p.55　ぴたトレ1

1　(1)$x=5$　(2)$x=-2$　(3)$x=-10$　(4)$x=12$

解き方
定数項は右辺に移項して，左辺をxだけの式にします。
(1)$x-8=-3$
$x=-3+8$　（-8を移項する。）
$x=5$
(2)$x+6=4$
$x=4-6$　（6を移項する。）
$x=-2$
(3)$9+x=-1$
$x=-1-9$　（9を移項する。）
$x=-10$
(4)$-32+x=-20$
$x=-20+32$　（-32を移項する。）
$x=12$

2 (1)$x=2$　(2)$x=3$　(3)$x=-5$　(4)$x=-2$

解き方

移項を使って $ax=b$ の形に変形し，両辺を x の係数 a でわって解を求めます。

(1) $8x-9=7$
$8x=7+9$ 　−9 を移項する。
$8x=16$
$x=2$ 　両辺を 8 でわる。

(2) $-7x+13=-8$
$-7x=-8-13$ 　13 を移項する。
$-7x=-21$
$x=3$ 　両辺を −7 でわる。

(3) $7x=4x-15$
$7x-4x=-15$ 　4x を移項する。
$3x=-15$
$x=-5$ 　両辺を 3 でわる。

(4) $2x=8x+12$
$2x-8x=12$ 　8x を移項する。
$-6x=12$
$x=-2$ 　両辺を −6 でわる。

3 (1)$x=2$　(2)$x=-5$　(3)$x=1$　(4)$x=-10$

(5)$x=\frac{1}{2}$　(6)$x=0$

解き方

文字をふくむ項は左辺に，定数項は右辺に，それぞれ移項します。

(1) $5x-9=2x-3$
$5x-2x=-3+9$ 　2x，−9 を移項する。
$3x=6$
$x=2$ 　両辺を 3 でわる。

(2) $6x-1=7x+4$
$6x-7x=4+1$ 　7x，−1 を移項する。
$-x=5$
$x=-5$ 　両辺を −1 でわる。

(3) $3x-5=x-3$
$3x-x=-3+5$ 　x，−5 を移項する。
$2x=2$
$x=1$ 　両辺を 2 でわる。

(4) $3x-8=12+5x$
$3x-5x=12+8$ 　5x，−8 を移項する。
$-2x=20$
$x=-10$ 　両辺を −2 でわる。

(5) $8x+5=4x+7$
$8x-4x=7-5$ 　4x，5 を移項する。
$4x=2$
$x=\frac{1}{2}$ 　両辺を 4 でわる。

(6) $8-12x=-7x+8$
$-12x+7x=8-8$ 　−7x，8 を移項する。
$-5x=0$
$x=0$ 　両辺を −5 でわる。 $0\div(-5)=0$

p.57 ぴたトレ1

1 (1)$x=-8$　(2)$x=3$　(3)$x=4$　(4)$x=-7$

解き方

まず，かっこをはずしてから解きます。

(1) $7x+4=4(x-5)$
$7x+4=4x-20$ 　かっこをはずす。
$7x-4x=-20-4$ 　4x，4 を移項する。
$3x=-24$
$x=-8$ 　両辺を 3 でわる。

(2) $x-2(2x-7)=5$
$x-4x+14=5$ 　かっこをはずす。
$x-4x=5-14$ 　14 を移項する。
$-3x=-9$
$x=3$ 　両辺を −3 でわる。

(3) $5(x+6)=50$
$x+6=10$ 　両辺を 5 でわる。
$x=10-6$ 　6 を移項する。
$x=4$

(4) $48x=6(5x-21)$
$8x=5x-21$ 　両辺を 6 でわる。
$8x-5x=-21$ 　5x を移項する。
$3x=-21$
$x=-7$ 　両辺を 3 でわる。

2 (1)$x=-2$　(2)$x=3$

解き方

係数に小数をふくむ方程式は，10，100 などを両辺にかけて，係数に小数をふくまない形にしてから計算します。

(1) $1.6x=0.8x-1.6$
$1.6x\times10=(0.8x-1.6)\times10$ 　両辺に 10 をかける。
$16x=8x-16$
$16x-8x=-16$ 　8x を移項する。
$8x=-16$
$x=-2$ 　両辺を 8 でわる。

(2) $0.04x+0.48=0.2x$
$(0.04x+0.48)\times100=0.2x\times100$ 　両辺に 100 をかける。
$4x+48=20x$
$4x-20x=-48$ 　20x，48 を移項する。
$-16x=-48$
$x=3$ 　両辺を −16 でわる。

3 (1)$x=-30$ (2)$x=7$

解き方 係数に分数をふくむ方程式は，両辺に分母の公倍数をかけて，係数に分数をふくまない形にしてから計算します。

(1)
$$\frac{1}{2}x-3=\frac{2}{3}x+2$$
$$\left(\frac{1}{2}x-3\right)\times6=\left(\frac{2}{3}x+2\right)\times6$$ 両辺に 6 をかける。
$$3x-18=4x+12$$ $4x$，-18 を移項する。
$$3x-4x=12+18$$
$$-x=30$$ 両辺を -1 でわる。
$$x=-30$$

(2)
$$\frac{2x+1}{3}=\frac{3x-1}{4}$$
$$\frac{2x+1}{3}\times12=\frac{3x-1}{4}\times12$$ 両辺に 12 をかける。
$$(2x+1)\times4=(3x-1)\times3$$ かっこをはずす。
$$8x+4=9x-3$$ $9x$，4 を移項する。
$$8x-9x=-3-4$$
$$-x=-7$$ 両辺を -1 でわる。
$$x=7$$

4 $a=9$

解き方 $6x+4=-x+2a$ に $x=2$ を代入すると
$$12+4=-2+2a$$
$$-2a=-2-16$$
$$-2a=-18$$
$$a=9$$

p.58~59 ぴたトレ2

1 (1)解ではない (2)解ではない (3)解である (4)解である

解き方 左辺，または，左辺と右辺の x に〔 〕の中の数を代入して，(左辺)=(右辺)になるかを調べます。

2 ①＋ ②＋ ③－

解き方 等式では，一方の辺にある項を，符号を変えて他方の辺へ移すことができます。このように項を移すことを移項といいます。

3 (1)$x=7$ (2)$x=9$ (3)$x=-1$ (4)$x=-5$ (5)$x=-2$ (6)$x=-\frac{7}{3}$ (7)$x=3$ (8)$x=6$ (9)$x=4$ (10)$x=3$ (11)$a=2$ (12)$a=-5$ (13)$x=-\frac{1}{3}$ (14)$x=0$

解き方 文字をふくむ項は左辺に，定数項は右辺に移項します。

(10)
$$2-7x=-10-3x$$
$$-7x+3x=-10-2$$
$$-4x=-12$$
$$x=3$$

(13)
$$9x-2=-4+3x$$
$$9x-3x=-4+2$$
$$6x=-2$$
$$x=-\frac{1}{3}$$ ← 約分を忘れずに。

(14)
$$-5x+7=-2x+7$$
$$-5x+2x=7-7$$
$$-3x=0$$
$$x=0$$ ← $0\div(-3)=0$

4 ①[3]，$C=4$ ②[2]，$C=5$ ③[4]，$C=3$

解き方
$$\frac{3x+5}{4}=8$$
$$\frac{3x+5}{4}\times4=8\times4$$ ← 両辺に 4 をかける。
$$3x+5=32$$
$$3x+5-5=32-5$$ ← 両辺から 5 をひく。
$$3x=27$$
$$3x\div3=27\div3$$ ← 両辺を 3 でわる。
$$x=9$$

①は，「$\frac{1}{4}$ でわる」と考えれば，[4]，$C=\frac{1}{4}$

②は，「-5 をたす」と考えれば，[1]，$C=-5$

③は，「$\frac{1}{3}$ をかける」と考えれば，[3]，$C=\frac{1}{3}$

5 (1)$x=-12$ (2)$a=3$ (3)$x=-1$ (4)$x=-\frac{1}{3}$ (5)$x=16$ (6)$x=7$ (7)$a=-4$ (8)$x=15$ (9)$x=30$ (10)$x=3$ (11)$x=4$ (12)$x=6$

解き方 (1)～(4)は，まずかっこをはずしてから，(5)～(7)は，10，100 などを両辺にかけて，係数に小数をふくまない形にしてから，(8)～(11)は，両辺に分母の公倍数をかけて，係数に分数をふくまない形にしてから計算します。

(2) $2a-3(1-a)=9+a$

$$\begin{aligned}2a-3+3a&=9+a\\2a+3a-a&=9+3\\4a&=12\\a&=3\end{aligned}$$

(6) $0.3x-4=-0.4x+0.9$

$$\begin{aligned}(0.3x-4)\times10&=(-0.4x+0.9)\times10\\3x-40&=-4x+9\\3x+4x&=9+40\\7x&=49\\x&=7\end{aligned}$$

(7) $0.25a+0.3=0.17a-0.02$

$$\begin{aligned}(0.25a+0.3)\times100&=(0.17a-0.02)\times100\\25a+30&=17a-2\\25a-17a&=-2-30\\8a&=-32\\a&=-4\end{aligned}$$

(9) $\frac{x}{6}+\frac{1}{3}=2+\frac{x}{9}$

$$\begin{aligned}\left(\frac{x}{6}+\frac{1}{3}\right)\times18&=\left(2+\frac{x}{9}\right)\times18\\3x+6&=36+2x\\3x-2x&=36-6\\x&=30\end{aligned}$$

(10) $3x-\frac{x-1}{2}=8$

$$\begin{aligned}\left(3x-\frac{x-1}{2}\right)\times2&=8\times2\\6x-x+1&=16\\6x-x&=16-1\\5x&=15\\x&=3\end{aligned}$$

(11) $\frac{x+5}{6}-\frac{3x-2}{4}=-1$

$$\begin{aligned}\left(\frac{x+5}{6}-\frac{3x-2}{4}\right)\times12&=-1\times12\\2(x+5)-3(3x-2)&=-12\\2x+10-9x+6&=-12\\2x-9x&=-12-10-6\\-7x&=-28\\x&=4\end{aligned}$$

(12)両辺に 10 をかけて，係数に小数や分数をふくまない形にしてから計算します。

$$\begin{aligned}\frac{4}{5}x-3&=0.5x-1.2\\\left(\frac{4}{5}x-3\right)\times10&=(0.5x-1.2)\times10\\8x-30&=5x-12\\8x-5x&=-12+30\\3x&=18\\x&=6\end{aligned}$$

 $a=6$

解き方

$x+2a=-4a+5x$ に $x=9$ を代入すると

$$\begin{aligned}9+2a&=-4a+45\\2a+4a&=45-9\\6a&=36\\a&=6\end{aligned}$$

理解のコツ

・移項は「符号を変えて他方の辺に移すこと」だから，符号には十分注意しよう。また，等式の性質①～④のうちのどれを用いて式を変形したか，表現できるようにもしておこう。

・係数に小数や分数をふくむ方程式は，等式の性質を使って係数に小数や分数をふくまない形にしてから解こう。

p.61 ぴたトレ 1

1 300 円

解き方

お菓子の値段を x 円とすると

兄の残金は　$800-2x$(円)

弟の残金は　$500-x$(円)

になることから

$$\begin{aligned}800-2x&=500-x\\-2x+x&=500-800\\-x&=-300\\x&=300\end{aligned}$$

お菓子の値段を300円とすると，問題にあいます。

2 85 人

解き方

子どもの人数を x 人とすると

$$\begin{aligned}4x-40&=3x+45\\4x-3x&=45+40\\x&=85\end{aligned}$$

子どもの人数を 85 人とすると，問題にあいます。

3 (1)①60　②x　③$60(9+x)$　④$240x$

(2)等しい関係にあるのは，家から追いつく地点までの道のりだから

$$\begin{aligned}60(9+x)&=240x\\9+x&=4x\\x-4x&=-9\\-3x&=-9\\x&=3\end{aligned}$$

兄が家を出発してから 3 分後に弟に追いつくとすると，問題にあう。　　答　3 分後

解き方

(道のり)=(速さ)×(時間) を使います。
弟の方が兄より 9 分多く時間がかかっていることに注意します。

p.63 ぴたトレ1

1 (1)$x=8$　(2)$x=25$　(3)$x=\frac{36}{7}$　(4)$x=15$

解き方

$a:b=c:d$ のとき $ad=bc$ です。

(2)$5:2=x:10$

$2x=50$

$x=25$

(4)　$3:8=x:(25+x)$

$3(25+x)=8x$

$75+3x=8x$

$-5x=-75$

$x=15$

2 250 mL

解き方

牛乳 300 mL に対して，コーヒー x mL を混ぜるとすると

$6:5=300:x$

$6x=5\times300$

$x=\frac{5\times300}{6}$

$x=250$

牛乳 300 mL に対して，コーヒー 250 mL を混ぜるとすると，問題にあいます。

3 2000 円

解き方

中学生の入館料 1200 円に対して，大人の入館料を x 円とすると

$5:3=x:1200$

$3x=5\times1200$

$x=\frac{5\times1200}{3}$

$x=2000$

大人の入館料を2000円とすると，問題にあいます。

4 120 本

解き方

くじ全体の本数 150 本に対して，はずれくじを x 本とすると，あたりくじの本数は $150-x$(本)だから

$(150-x):x=1:4$

$4(150-x)=x$

$600-4x=x$

$-4x-x=-600$

$-5x=-600$

$x=120$

くじ全体の本数 150 本に対して，はずれくじを 120 本とすると，あたりは 30 本となって，問題にあいます。

(別解)はずれの本数とくじ全体の本数の比は

4：5 となるから

$x:150=4:5$

として解くこともできます。

p.64〜65 ぴたトレ2

1 130 円

解き方

ノート 1 冊の値段を x 円とすると

$4x+280=1000-200$

$4x=520$

$x=130$

ノート 1 冊の値段を 130 円とすると，問題にあいます。

2 大のリボン…42 cm　中のリボン…33 cm
小のリボン…25 cm

解き方

中のリボンの長さを x cm とすると

小のリボンの長さは　$(x-8)$ cm

大のリボンの長さは　$(x+9)$ cm

したがって

$\underbrace{(x-8)}_{小}+\underbrace{x}_{中}+\underbrace{(x+9)}_{大}=100$

$x=33$

小のリボンの長さは　$33-8=25$(cm)

大のリボンの長さは　$33+9=42$(cm)

求めた 3 本のリボンの長さの合計は 100 cm となり，問題にあいます。

3 (1)方程式…$\frac{x+4}{6}=\frac{x-12}{5}$

はじめにあったいちごの個数…92 個

(2)方程式…$6x-4=5x+12$

はじめにあったいちごの個数…92 個

解き方

(1)はじめにあったいちご x 個に 4 個たすと，1 人に 6 個ずつ分けられるから

(子どもの人数)$=\frac{x+4}{6}$ 人

はじめにあったいちご x 個から 12 個ひくと，1 人に 5 個ずつ分けられるから

(子どもの人数)$=\frac{x-12}{5}$ 人

したがって

$\frac{x+4}{6}=\frac{x-12}{5}$　　$x=92$

はじめにあったいちごを 92 個とすると，問題にあいます。

(2)x 人に 6 個ずつ分けると 4 個たりないから

(はじめにあったいちごの個数)$=(6x-4)$ 個

x 人に 5 個ずつ分けると 12 個余るから

(はじめにあったいちごの個数)$=(5x+12)$ 個

したがって

$6x-4=5x+12$　　$x=16$

はじめにあったいちごの個数は

$6\times16-4=92$(個)

子どもの人数を 16 人，はじめにあったいちごの個数を 92 個とすると，問題にあいます。

4 プリン1個の値段…160円
持っている金額…1000円

解き方
プリン1個の値段を x 円とすると
$8x-280=6x+40 \qquad x=160$
持っている金額は　$8\times160-280=1000$(円)
プリン1個を160円，持っている金額を1000円とすると，問題にあいます。

5 (1)方程式…$\dfrac{x}{15}+\dfrac{x}{10}=3$
A，B間の道のり…18 km
(2)方程式…$15x=10(3-x)$
A，B間の道のり…18 km

解き方
(1)　(行きにかかった時間)$=\dfrac{x}{15}$ 時間
(帰りにかかった時間)$=\dfrac{x}{10}$ 時間
したがって，かかった時間の関係から
$\dfrac{x}{15}+\dfrac{x}{10}=3 \qquad x=18$
A，B間の道のりを18 kmとすると，問題にあいます。
(2)行きにかかった時間を x 時間とすると，帰りにかかった時間は $(3-x)$ 時間と表せるから，
A，B間の道のりの関係から
$15x=10(3-x) \qquad x=\dfrac{6}{5}$
A，B間の道のりは　$15\times\dfrac{6}{5}=18$(km)
A，B間の道のりを18 kmとすると，問題にあいます。

6 (1)8分後
(2)5倍になることはない。
理由…(例)水を入れ始めてから x 分後にAの水の量がBの水の量の5倍になるとすると
$40+15x=5(24+2x)$
これを解くと　$x=16$
$x=16$ を方程式の左辺に代入して，16分後のAの水の量を求めると
$40+15\times16=280$(L)
しかし，Aの水そうには250 Lまでしか水がはいらないから，280 Lの水はAの水そうにはいらない。
したがって，Aの水の量がBの水の量の5倍になることはない。

解き方
(1)水を入れ始めてから x 分後にAの水の量がBの水の量の4倍になるとすると
$40+15x=4(24+2x) \qquad x=8$
8分後に4倍になるとすると，問題にあいます。

7 (1)$3500+100x=3(1300+100x)$
(2)$x=-2$　愛さんの貯金が妹の貯金の3倍だったのは，2か月前。

解き方
(2)x か月後に，愛さんの貯金が妹の貯金の3倍になるとしてつくった方程式の解が $x=-2$ ということは，答えは　-2か月後
すなわち2か月前ということになります。

8 (1)$x=9$　(2)$x=20$　(3)$x=19$　(4)$x=48$

解き方
$a:b=c:d$　のとき　$ad=bc$
(3)　$5:12=(x-4):36$
$12(x-4)=5\times36$　) 両辺を12でわる。
$x-4=15$
$x=19$
(4)$x:(x+8)=6:7$
$7x=6(x+8)$
$7x=6x+48$
$7x-6x=48$
$x=48$

9 (1)25 mL　(2)8本

解き方
(1)酢があと x mLあればよいとすると
$(100+x):200=5:8$
$(100+x)\times8=200\times5$
$x=25$
酢があと25 mLあればよいとすると，問題にあいます。
(2)移した鉛筆を x 本とすると
$(40-x):(40+x)=2:3$
$(40-x)\times3=(40+x)\times2$
$x=8$
移した鉛筆を8本とすると，問題にあいます。

理解のコツ
・本書p.60の 例題1 の1～5の手順をしっかり身につけておこう。
・数量を図や表に整理すると，関係がわかりやすくなるよ。

p.66〜67 ぴたトレ 3

1 (1)$x=2$, [1] (2)$x=-15$, [2]
(3)$x=-6$, [4] (4)$x=-6$, [3]

解き方
次のように考えることもできます。
(1)は,「$-\frac{2}{3}$ をひく」と考えれば,[2]。
(2)は,「-12 をたす」と考えれば,[1]。
(3)は,「$-\frac{1}{7}$ をかける」と考えれば,[3]。
(4)は,「$\frac{4}{9}$ でわる」と考えれば,[4]。

2 (1)$x=2$ (2)$x=-8$ (3)$a=-3$ (4)$x=5$

解き方
[1] x をふくむ項を左辺に,定数項を右辺に移項する。
[2] 両辺を簡単にして,$ax=b$ の形にする。
[3] 両辺を x の係数 a でわる。
という手順で解いていきます。

3 (1)$x=\frac{1}{4}$ (2)$x=-7$ (3)$x=3$ (4)$x=5$

解き方
(1)は,まずかっこをはずしてから解きます。(2)は両辺に100をかけて,(3)は両辺に7をかけて,(4)は両辺に分母の最小公倍数12をかけて,それぞれ係数に小数や分数をふくまない形にしてから解きます。

4 (1)$x=21$ (2)$x=28$ (3)$x=15$ (4)$x=30$

解き方
$a:b=c:d$ のとき $ad=bc$
(4) $6:10=21:(x+5)$
$6(x+5)=10\times21$

5 (1)$2(x+x-5)=40$
(2)縦…7.5 cm 横…12.5 cm

解き方
(1)横の長さを x cm とすると,縦の長さは $(x-5)$ cm になります。
(2)$2(x+x-5)=40$
$2x-5=20$
$2x=25$
$x=12.5$
横の長さを12.5 cm とすると,縦の長さは
$12.5-5=7.5$(cm)
これらは問題にあいます。

6 A…120円 持っている金額…800円

解き方
Aのドーナツ1個の値段を x 円とすると
$7x-40=8(x-30)+80$
$x=120$
持っている金額は $7\times120-40=800$(円)
Aのドーナツ1個の値段を120円,持っている金額を800円とすると,問題にあいます。

7 (1)$\frac{x}{70}-\frac{x}{350}=16$
(2)$350x=70(x+16)$
(3)1400 m

解き方
(1)歩いて行くのにかかる時間と,自転車で行くのにかかる時間の差が16分になることから方程式をつくります。
(2)家から学校までの道のりを,2通りの式で表して,方程式をつくります。

8 (1)$40+x=4(13+x)$ (2)4年前

解き方
(2)$40+x=4(13+x)$
$x=-4$
x 年後に,お母さんの年齢が守さんの年齢の4倍になるとしてつくった方程式の解が $x=-4$ ということは,答えは -4 年後 すなわち 4年前ということになります。

9 250 mL

解き方
オリーブ油400 mL に対して,酢を x mL 混ぜるとすると
$240:150=400:x$
$240x=150\times400$
$x=250$
オリーブ油400 mL に対して,酢250 mL を混ぜるとすると,問題にあいます。

4章　比例と反比例

p.69　ぴたトレ0

1 (1)$y=1000-x$

(2)$y=90x$，○

(3)$y=\frac{100}{x}$，△

解き方
(2)xの値が2倍，3倍，…になると，yの値も2倍，3倍，…になります。
(3)xの値が2倍，3倍，…になると，yの値は$\frac{1}{2}$倍，$\frac{1}{3}$倍，…になります。

2

x (cm)	1	2	3	4	5	6	7	
y (cm^2)	3	6	9	12	15	18	21	

解き方
表から［きまった数］を求めます。
$y=$［きまった数］$\times x$　だから，
$12\div4=3$　で，［きまった数］は3になります。
$y=3\times x$から，表のあいているところにあてはまる数を求めます。

3

x (cm)	1	2	3	4	5	6	
y (cm)	48	24	16	12	9.6	8	

解き方
表から［きまった数］を求めます。
$y=$［きまった数］$\div x$　だから，
$3\times16=48$　で，［きまった数］は48になります。
$y=48\div x$から，表のあいているところにあてはまる数を求めます。

p.71　ぴたトレ1

1 ㋐，㋒

解き方
㋐のろうそくが燃えた長さを決めると，それに対応する残りの長さがただ1つ決まります。
㋒の正三角形の周の長さは　(1辺)×3
正三角形では，1辺の長さを決めると，それに対応する周の長さがただ1つ決まります。
したがって，㋐と㋒は関数といえます。
㋑では，体重が決まっても，身長は人それぞれなので，身長はただ1つに決まりません。したがって，yはxの関数ではありません。

2 (1)$y=40x$，○，比例定数…40
(2)$y=6-x$，×

解き方
$y=ax$の形で表せるとき，yはxに比例するといえます。
(2)は，xの値を決めると，yの値がただ1つに決まるので，関数ですが，比例ではありません。

3 (1)$x>5$　(2)$x\geqq3$　(3)$6\leqq x\leqq12$　(4)$2\leqq x<10$

解き方
(1)「5より大きい」は5をふくまないので，不等号>を使います。
(2)「3以上」は「3または3より大きい」という意味で，$x=3$または$x>3$だから，不等号≧を使います。
(3)(4)2つの不等号を使って値の範囲を表します。
(3)「12以下」は，$x=12$または$x<12$だから，不等号≦を使います。
(4)「10未満」は「10より小さい」と同じ意味で，10をふくまないので，不等号<を使います。

4 $0\leqq x\leqq8$，$0\leqq y\leqq8$

解き方
水は8Lあるから，0L以上8L以下の水を使うことができます。また，$y=8-x$と表せ，$x=0$のとき$y=8$，$x=8$のとき$y=0$となるから，残りの水の量の変域も0L以上8L以下になります。

5 (1)①3　②-6　(2)2倍，3倍，…になる。
(3)-3

解き方
(1)$y=-3x$のxに-1，2を代入して，yの値を求めます。
①$x=-1$のとき，$y=-3\times(-1)=3$
②$x=2$のとき，$y=-3\times2=-6$
(3)$\frac{6}{-2}=-3$，$\frac{-3}{1}=-3$より，$\frac{y}{x}$は常に-3となります。

p.73 ぴたトレ1

1 A (1, 5)　B (3, −3)　C (−2, −4)
D (−3, 0)　E (−5, 4)

解き方　それぞれの点から，x 軸，y 軸に垂直な直線をひき，x 軸上のめもりと，y 軸上のめもりを読みます。その数の組がそれぞれの点の座標になります。
(■, ●)
x 座標　y 座標

2

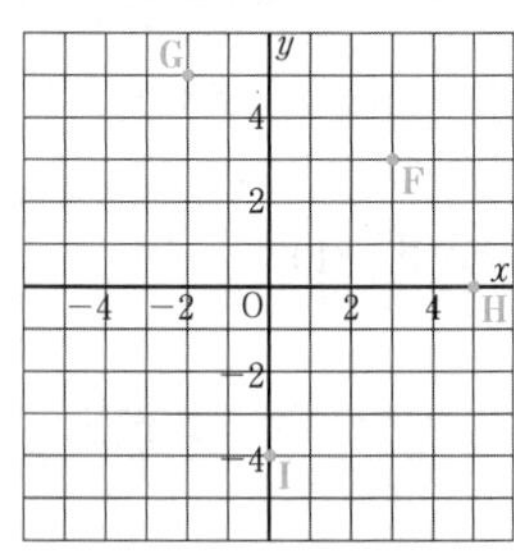

解き方　F (3, 3) は，原点 O から右へ 3，上へ 3 進んだ点です。また，G (−2, 5) は，原点 O から左へ 2，上へ 5 進んだ点です。
H (5, 0) は x 軸上，I (0, −4) は y 軸上の点です。

3

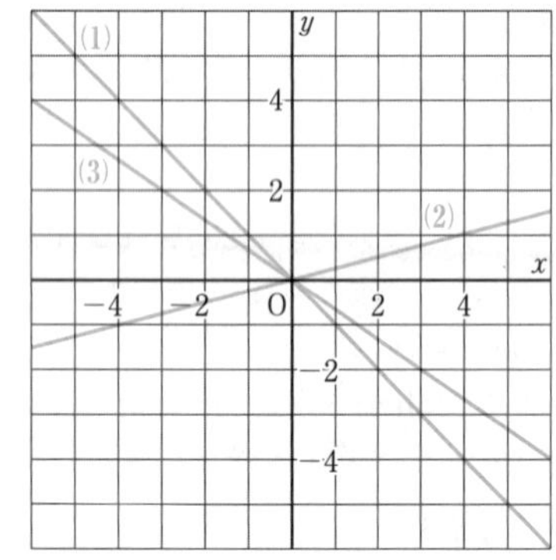

解き方　原点以外でグラフが通る 1 点を，x 座標も y 座標も整数になる点からさがします。
(1) $x=1$ のとき $y=-1$ だから，
グラフは，原点以外に，
点 (1, −1) を通る直線になります。
(2) $x=4$ のとき $y=1$ だから，
グラフは，原点以外に，
点 (4, 1) を通る直線になります。
(3) $x=3$ のとき $y=-2$ だから，
グラフは，原点以外に，
点 (3, −2) を通る直線になります。

p.75 ぴたトレ1

1 (1) ① −3　② 6
(2) **y の値は 3 増加する。**
(3)

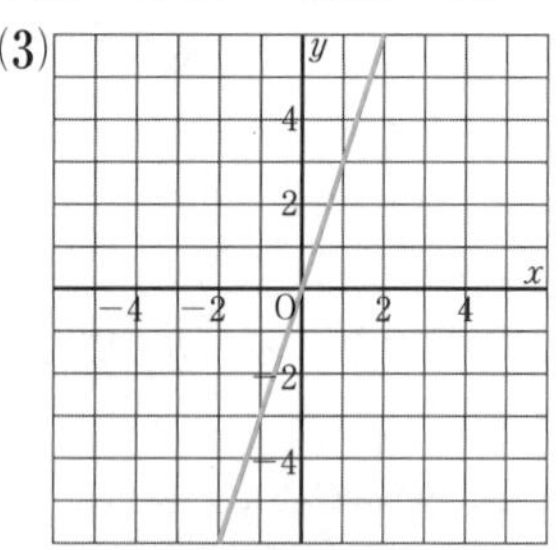

(4) **上へ 3 めもり分進む。**

解き方　(1) $y=3x$ の x に −1，2 を代入して求めます。
① $3\times(-1)=-3$　② $3\times2=6$
(2) x の値が 0 から 1 まで 1 増加するとき，y の値は 0 から 3 まで 3 増加します。
(3) 比例の関係 $y=3x$ のグラフは，原点と，点 (1, 3) を通る直線になります。

2 (1) $\boldsymbol{y=-7x}$　(2) $\boldsymbol{y=-\frac{2}{3}x}$

解き方　y が x に比例するから，比例定数を a とすると，$y=ax$ と表すことができます。
(1) $x=4$ のとき $y=-28$ だから
$-28=a\times4$
$a=-7$
したがって　$y=-7x$
(2) $x=-12$ のとき $y=8$ だから
$8=a\times(-12)$
$a=-\frac{2}{3}$
したがって　$y=-\frac{2}{3}x$

3 (1) $\boldsymbol{y=4x}$　(2) $\boldsymbol{y=-\frac{1}{3}x}$

解き方　y が x に比例するから，比例定数を a とすると，$y=ax$ と表すことができます。
(1) グラフが点 (1, 4) を通るから，
$x=1$ のとき $y=4$ だから
$4=a\times1$
$a=4$
したがって　$y=4x$
(2) グラフが点 (3, −1) を通るから，
$x=3$ のとき $y=-1$ だから
$-1=a\times3$
$a=-\frac{1}{3}$
したがって　$y=-\frac{1}{3}x$

p.76〜77 ぴたトレ2

❶ (1)㋐，㋑，㋓，㋔

(2)㋑$y=\frac{1}{6}x$　比例定数…$\frac{1}{6}$

㋓$y=2\pi x$　比例定数…2π

解き方

(1)㋒…x(面積)の値を決めても，それに対応するy(高さ)の値は，底辺がわからないので，ただ1つに決まりません。

㋐，㋑，㋓，㋔は，xの値を決めると，それに対応するyの値がただ1つ決まるから，yはxの関数であるといえます。

(2)yがxに比例することを示すには，式が$y=ax$の形で表せることを示せばよいです。

㋐$y=x-3$

㋑$y=x\div6$ より　$y=\frac{1}{6}x$

㋓$y=2x\times\pi$ より　$y=2\pi x$

㋔$y=x^2\times\pi$ より　$y=\pi x^2$

$y=ax$の形で表せるのは，㋑と㋓

㋓の比例定数は，πは決まった1つの数を表すので，2πになります。

❷ (1)㋐10　㋑-15　(2)㋒-5　㋓3

(3)$y=-5x$　比例定数…-5

解き方

(1)yがxに比例するとき，xの値が2倍，3倍，…になると，それに対応するyの値も2倍，3倍，…になることから考えます。

㋐$5\times2=10$　㋑$(-5)\times3=-15$

(3)表から1組の対応するxとyの値を選びます。

$x=1$のとき$y=-5$だから

$-5=1\times a$　　$a=-5$

したがって　$y=-5x$

または，比例を表す式$y=ax$では，商$\frac{y}{x}$は一定で，この値は比例定数aに等しくなるということから，(2)で求めた-5がaの値と考えることもできます。また，比例定数は$x=1$のときのyの値に等しいから，(1)の表から，$x=1$のとき$y=-5$だから，$a=-5$と考えることもできます。

❸ (1)A $(5,\ 4)$

B $(0,\ 3)$

C $(-4,\ 0)$

D $(-3,\ -4)$

E $(0,\ -2)$

F $(4,\ -5)$

G $(3,\ 0)$

(2)

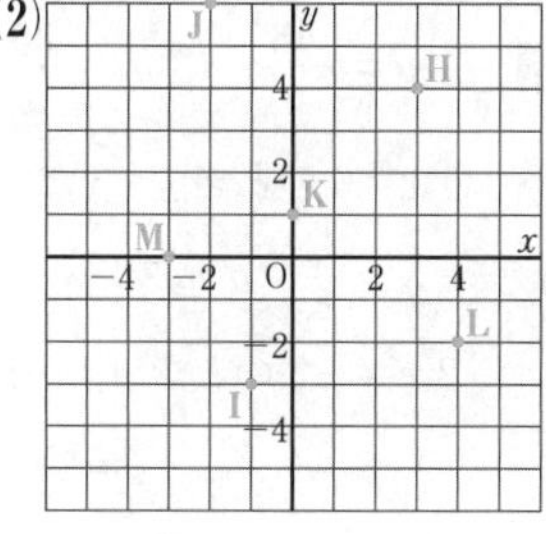

解き方

(1)それぞれの点から，x軸，y軸に垂直な直線をひき，x軸上のめもりと，y軸上のめもりを読み取ります。その数の組がそれぞれの点の座標になります。　(■，●)

x座標　y座標

(2)H$(3,\ 4)$は，原点Oから右へ3，上へ4進んだ点です。また，I$(-1,\ -3)$は，原点Oから左へ1，下へ3進んだ点です。

K$(0,\ 1)$はy軸上，M$(-3,\ 0)$はx軸上の点です。

❹ (1)$y=-\frac{4}{3}x$　(2)$y=-16$

解き方

(1)yがxに比例するから，比例定数をaとすると$y=ax$と表すことができます。

$x=-9$のとき$y=12$だから

$12=a\times(-9)$　　$a=-\frac{4}{3}$

したがって　$y=-\frac{4}{3}x$

(2)$x=12$のとき　$y=-\frac{4}{3}\times12$　$y=-16$

❺

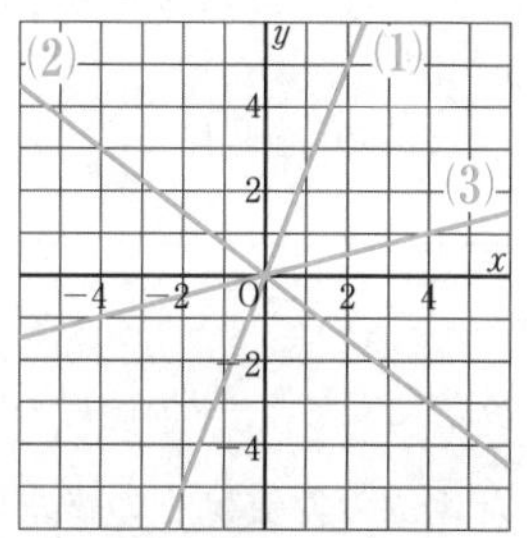

解き方

比例のグラフは，原点とほかの1点がわかればかけるから，x座標もy座標も整数になる点を考えます。

(1)$x=2$のとき$y=5$だから，
グラフは，原点以外に
点$(2,\ 5)$を通る直線になります。

(2)$x=4$のとき$y=-3$だから，
グラフは，原点以外に
点$(4,\ -3)$を通る直線になります。

(3)点$(-20,\ -5)$をかき入れることができないので，まず，$y=ax$の式に表します。

$x=-20$のとき$y=-5$だから，

$-5=a\times(-20)$　　$a=\frac{1}{4}$

したがって　$y=\frac{1}{4}x$

この式で，$x=4$のとき$y=1$だから，
グラフは，原点以外に
点$(4,\ 1)$を通る直線になります。

❻ (1)$y=2x$　(2)$y=-\frac{2}{3}x$

解き方　y が x に比例するから，比例定数を a とすると $y=ax$ と表すことができます。

(1)グラフが点 $(1,\ 2)$ を通るから，

$x=1$ のとき $y=2$ だから

$2=a\times1\quad a=2$

したがって　$y=2x$

(2)グラフが点 $(3,\ -2)$ を通るから，

$x=3$ のとき $y=-2$ だから

$-2=a\times3\quad a=-\dfrac{2}{3}$

したがって　$y=-\dfrac{2}{3}x$

 **(1)$y=4x$　(2)9 分後　(3)$0\leqq x\leqq15$**

解き方　(1)y が x に比例するから，比例定数を a とすると $y=ax$ と表すことができます。

$x=5$ のとき $y=20$ だから

$20=a\times5\quad a=4$

したがって　$y=4x$

(2)$y=4x$ に $y=36$ を代入して，$36=4x\quad x=9$

(3)水を入れ始めるとき　$x=0$

水そうが満水になるとき，$y=4x$ に $y=60$ を代入して　$60=4x\quad x=15$

したがって，x の変域は　$0\leqq x\leqq15$

理解のコツ

・変域や比例定数が負の数にまで広がっても，x の値が m 倍になると y の値も m 倍になる，$\dfrac{y}{x}$ の値は一定…など，小学校で学習した比例の性質はそのまま成り立つ。

・ただし，増加，減少については注意が必要だ。比例定数が正の場合と負の場合に分けて，正しく理解しておこう。比例するから増えると考えては誤りだよ。

・グラフでは，x 座標も y 座標も整数である点を見つけることがポイントになる。グラフをかくときも，グラフから式を求めるときも，ここがスタートだ。

p.79　ぴたトレ 1

1 **(1)$y=90-x$，×**

(2)$y=\dfrac{18}{x}$，○，比例定数…18

(3)$y=\dfrac{50}{x}$，○，比例定数…50

解き方　$y=\dfrac{a}{x}$ の形で表されるとき，y は x に反比例するといえます。

2 **(1)㋐9　㋑36　㋒-18　㋓-9**

(2)$\dfrac{1}{2}$ 倍，$\dfrac{1}{3}$ 倍，$\dfrac{1}{4}$ 倍，…になる。

(3)比例定数

解き方　(3)xy の値は一定で，比例定数に等しくなります。

3

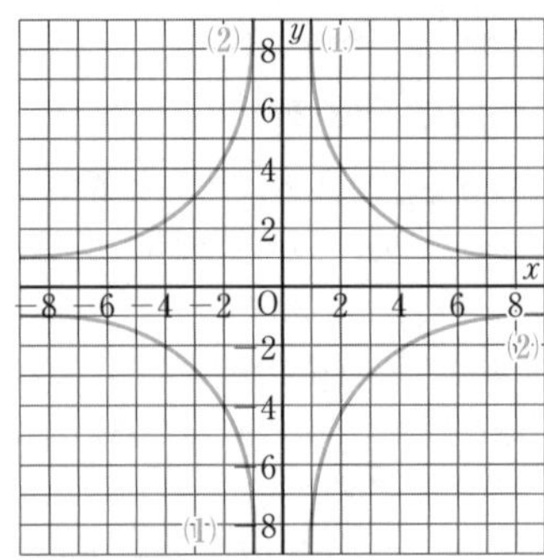

解き方　(1)点 $(1,\ 8)$，$(2,\ 4)$，$(4,\ 2)$，$(8,\ 1)$，$(-1,\ -8)$，$(-2,\ -4)$，$(-4,\ -2)$，$(-8,\ -1)$ をとります。

(2)点 $(1,\ -9)$，$(3,\ -3)$，$(9,\ -1)$，$(-1,\ 9)$，$(-3,\ 3)$，$(-9,\ 1)$ をとります。

それぞれの点を，$x>0$ と $x<0$ に分けて，なめらかな曲線で結びます。

p.81　ぴたトレ 1

1 (1)

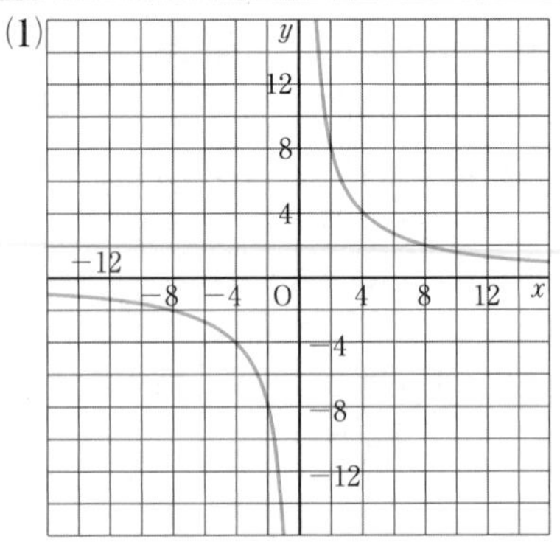

(2)減少する

(3)減少する

解き方　(1)表にある点をとり，それぞれの点を $x>0$，$x<0$ に分けて，なめらかな曲線で結びます。

(2)$x>0$ のとき，グラフは右下がりなので，y の値は減少します。

(3)$x<0$ のとき，グラフは右下がりなので，y の値は減少します。

2 **(1)$y=\dfrac{48}{x}$　(2)$y=\dfrac{30}{x}$**

解き方　(1)$x=6$ のとき $y=8$ だから，

$8=\dfrac{a}{6}\quad a=48$

(2)$x=-2$ のとき $y=-15$ だから，

$-15=\dfrac{a}{-2}\quad a=30$

3 (1)$y=\frac{1200}{x}$　(2)20 分　(3)$15 \leqq y \leqq 20$

解き方
(1)(道のり)=(速さ)×(時間) を使って，家から学校までの道のりは，$80 \times 15=1200$(m)
(時間)=(道のり)÷(速さ) を使って，
$y=1200 \div x$　　したがって　$y=\frac{1200}{x}$
(2)分速 60 m のとき　$y=\frac{1200}{60}=20$
(3)分速 80 m で歩くと 15 分かかり，分速 60 m で歩くと 20 分かかります。

p.83　ぴたトレ 1

1 (1)y は x に比例するから，比例定数を a とすると　$y=ax$
$x=4$ のとき $y=200$ だから　$200=a \times 4$
$a=50$　　したがって　$y=50x$
$x=60$ のとき　$y=50 \times 60=3000$
答　約 3000 mL

(2)ジュースの量はトマトの個数に比例するから，トマトの個数が 4 個から 60 個に 15 倍になると，できるジュースの量も 15 倍になる。
$200 \times 15=3000$　　答　約 3000 mL

解き方
(2)表を横に見る見方を使います。

2 (1)y は x に反比例するから，比例定数を a とすると　$y=\frac{a}{x}$
$x=5$ のとき $y=36$ だから　$36=\frac{a}{5}$
$a=180$　　したがって　$y=\frac{180}{x}$
$x=45$ のとき　$y=\frac{180}{45}=4$　　答　4 cm

(2)支点からの距離はおもりの重さに反比例するから，重さが 5 g から 45 g に 9 倍になると，距離は $\frac{1}{9}$ 倍になる。
$36 \times \frac{1}{9}=4$　　答　4 cm

解き方
x と y の表で，対応する x と y の積は一定 (180) です。このことから，y は x に反比例すると考えられます。

3 (1)$y=125x$　x の変域…$0 \leqq x \leqq 8$
(2)走ったときの分速

解き方
(1)グラフは原点を通る直線だから，y は x に比例します。比例定数を a とすると　$y=ax$
$x=4$ のとき $y=500$ だから　$500=a \times 4$
$a=125$　　したがって　$y=125x$

p.84〜85　ぴたトレ 2

❶ (1)$y=4x$　　反比例の関係ではない。
(2)$y=\frac{10}{x}$　　反比例する。
(3)$y=\frac{10}{x}$　　反比例する。

解き方
$y=\frac{a}{x}$ の形で表されるとき，y は x に反比例するといえます。
(1)(道のり)=(速さ)×(時間)
(2)(速さ)=(道のり)÷(時間)
(3)(時間)=(道のり)÷(速さ)

❷ (1)㋐−15　㋑10　(2)㋒30　㋓$\frac{1}{2}$
(3)$y=\frac{30}{x}$　　比例定数…30

解き方
y が x に反比例するとき，x の値が 2 倍，3 倍，…になると，y の値は $\frac{1}{2}$ 倍，$\frac{1}{3}$ 倍，…になります。
xy の値は一定で，比例定数に等しくなります。

❸
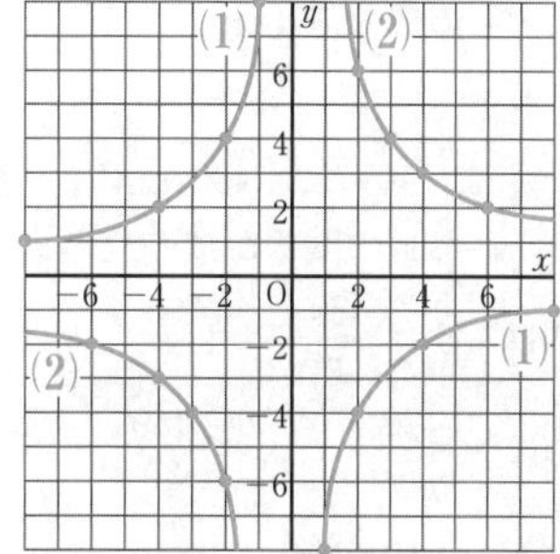

y の変域…(1)$-4 \leqq y \leqq -2$　(2)$3 \leqq y \leqq 6$

解き方
x と y の対応を調べます。
(1)

x	−8	−4	−2	−1	0	1	2	4	8
y	1	2	4	8	×	−8	−4	−2	−1

(2)反比例の式は，$y=\frac{12}{x}$ になります。

x	−6	−4	−3	−2	0	2	3	4	6
y	−2	−3	−4	−6	×	6	4	3	2

x，y の値の組を座標とする点をとり，$x>0$，$x<0$ に分けて 2 つのなめらかな曲線で結んで，グラフをかきます。
y の変域は，$2 \leqq x \leqq 4$ の範囲にあるグラフで，y の値が最も大きい点，最も小さい点を読み取って，不等号を使って表します。

❹ (1)$y=\dfrac{10}{x}$

(2)$x=5$ のとき…$y=2$

$y=-10$ のとき…$x=-1$

解き方

(1)$y=\dfrac{a}{x}$ に x と y の値を代入して，a の値を求めます。また，積 xy の値は比例定数に等しいことを使って，式や x，y の値を求めることもできます。

$x=2$ のとき $y=5$ だから　$xy=2\times5=10$

したがって　$y=\dfrac{10}{x}$

(2)$x=5$ のとき　$y=\dfrac{10}{5}=2$

$y=-10$ のとき　$-10=\dfrac{10}{x}$　　$x=-1$

❺ 約 350 枚

解き方

紙の高さは枚数に比例します。高さが 6 mm から 42 mm に 7 倍になると，枚数も 7 倍になります。

枚数(枚)	50	
高さ(mm)	6	42

（7倍）

$50\times7=350$

❻ (1)$y=\dfrac{480}{x}$

(2)用意したリボン全体の長さ(cm)

(3)16 人

解き方

(1)リボン全体の長さは　$40\times12=480$(cm)

480 cm だから，$xy=480$ の関係が成り立ちます。

したがって，式は　$y=\dfrac{480}{x}$

(3)$y=30$ のとき　$30=\dfrac{480}{x}$　　$x=\dfrac{480}{30}=16$

❼ (1)列車 A　(2)3 分　(3)10 分後

解き方

(1)かかった時間の短い列車の方が，速さが速いといえます。

(2)$y=18$ のときの x の値の差を，グラフから読み取ります。

(3)y の値の差が 3 km になるときの x の値を，グラフから読み取ります。

理解のコツ

・比例，反比例のちがいを整理しておく。

・比例➡$y=ax$ とかける。$x\neq0$ のとき，$\dfrac{y}{x}$ の値は一定。x の値が n 倍になると y の値も n 倍になる。

・反比例➡$y=\dfrac{a}{x}$ とかける。xy の値は一定。x の値が n 倍になると y の値は $\dfrac{1}{n}$ 倍になる。

p.86〜87　ぴたトレ 3

❶ (1)㋐，㋑，㋒　(2)記号…㋑　式…$y=70x$

(3)記号…㋒　式…$y=\dfrac{80}{x}$

解き方

㋐〜㋓を，y を x の式で表してみます。

㋐(出席者)$=35-$(欠席者) だから

$y=35-x$

㋑(代金)$=70\times$(個数) だから　$y=70x$

㋒(へいをすべてぬるのにかかる時間)

$=80\div$(1 時間にぬれる面積) だから　$y=\dfrac{80}{x}$

㋓台形の面積を求めるには，高さも必要だから式で表すことはできません。

(1)㋐〜㋓で，x の値を決めると，それに対応する y の値がただ 1 つ決まるものを選びます。

(2)$y=ax$ の形で表される式を選びます。

(3)$y=\dfrac{a}{x}$ の形で表される式を選びます。

❷ (1)①$y=-\dfrac{5}{3}x$　②$y=-25$

(2)①$y=\dfrac{72}{x}$　②$x=-4$

解き方

(1)①y が x に比例し，$x=-6$ のとき

$y=10$ だから　$10=a\times(-6)$　$a=-\dfrac{5}{3}$

したがって　$y=-\dfrac{5}{3}x$

②$y=-\dfrac{5}{3}\times15$　$y=-25$

(2)①y が x に反比例し，$x=-9$ のとき $y=-8$

だから　$-8=\dfrac{a}{-9}$　$a=72$

したがって　$y=\dfrac{72}{x}$

②$-18=\dfrac{72}{x}$　$x=-4$

❸ (1)右の図

(2)①$y=-\dfrac{3}{2}x$

②$y=\dfrac{10}{x}$

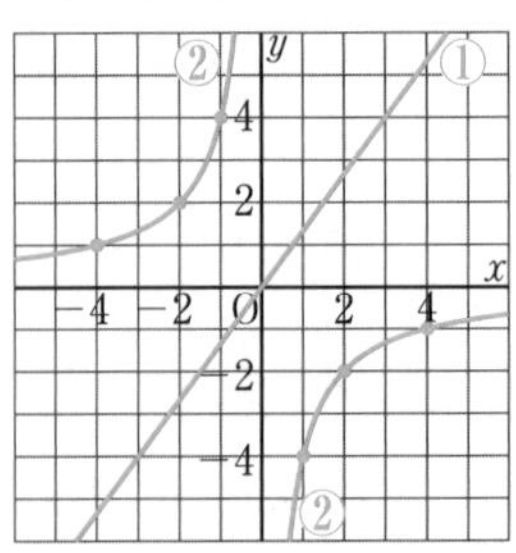

解き方

(1)①$x=3$ のとき $y=4$ だから，原点以外に点 (3，4) を通る直線をかきます。

②点 $(-4,\ 1)$ と $(-2,\ 2)$ と $(-1,\ 4)$，$(1,\ -4)$ と $(2,\ -2)$ と $(4,\ -1)$ をとり，双曲線をかきます。

(2)①グラフは点$(-2, 3)$を通ります。

$3=a\times(-2)$　　$a=-\frac{3}{2}$　　$y=-\frac{3}{2}x$

②グラフは点$(2, 5)$を通ります。

$5=\frac{a}{2}$　　$a=10$

したがって　$y=\frac{10}{x}$

❹ **(1)$y=\frac{720}{x}$　(2) 9 分　(3)$8\leqq y\leqq 18$**

解き方
(1)家から駅までの道のりは
$60\times 12=720$(m)
(時間)=(道のり)÷(速さ)から　$y=\frac{720}{x}$

(2)$x=80$ のとき　$y=\frac{720}{80}=9$

(3)$x=40$, $x=90$ のとき，y の値はそれぞれ
$y=\frac{720}{40}=18$, $y=\frac{720}{90}=8$
したがって，y の変域は　$8\leqq y\leqq 18$

❺ **500 cm²**

解き方
厚紙の面積は，重さに比例します。
正方形の厚紙の面積は，$30\times 30=900$(cm²)で，
重さが $\frac{5}{9}$ 倍 (20÷36) になれば，面積も $\frac{5}{9}$ 倍になるから

$900\times\frac{5}{9}=500$(cm²)

❻ **(1)姉が 3 分先に着いた。　(2)150 m**

解き方
横軸を x 軸，縦軸を y 軸としてグラフから読み取ります。

(1)$y=900$ のときの 2 つのグラフの x 座標の差を読み取ります。

(2)$x=10$ のときの 2 つのグラフの y 座標の差を読み取ります。

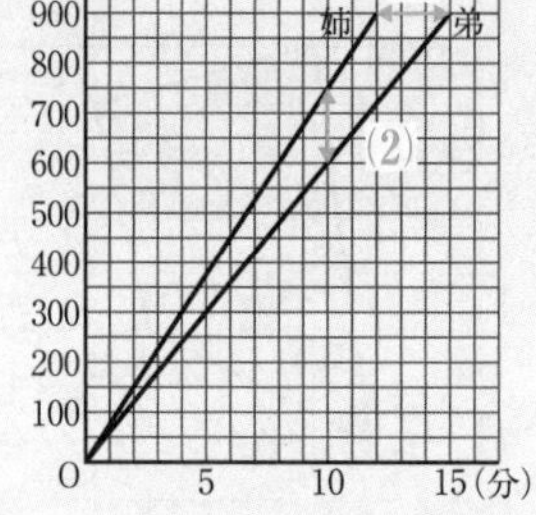

❼ **(1)$y=4x$**
(2)x の変域…$0\leqq x\leqq 6$，y の変域…$0\leqq y\leqq 24$

解き方
(1)(直角三角形ABPの面積)$=\frac{1}{2}\times$BP$\times$ABだから，

$y=\frac{1}{2}\times x\times 8$　　したがって　$y=4x$

(2)点 P が B を出発するとき　$x=0$, $y=0$
点 P が C まで進んだとき　$x=6$, $y=24$

5章　平面図形

p.89　ぴたトレ0

❶ (1)

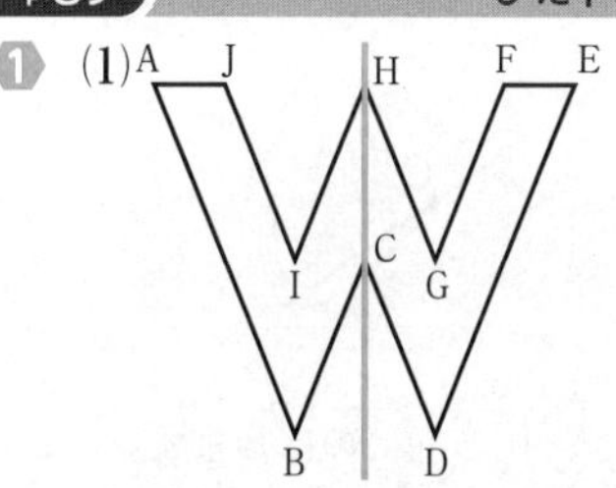

(2)垂直に交わる。　(3) 3 cm

解き方
線対称な図形は，対称の軸を折り目にして折ると，ぴったりと重なります。対応する 2 点を結ぶと対称の軸と垂直に交わり，軸からその 2 点までの長さは等しくなります。

(3)点 H は，対称の軸の上の点で，点 A と E は対応する点だから，AH=EH です。

❷ **(1)下の図の点 O**

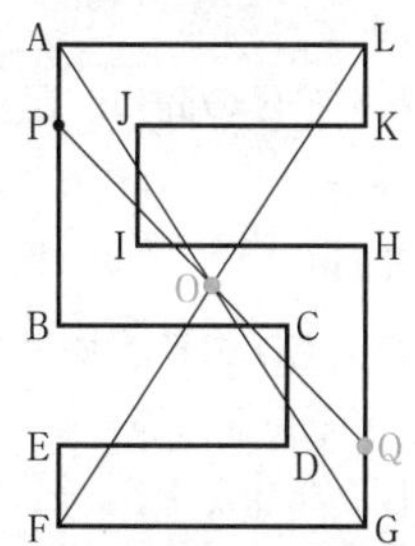

(2)点 H　(3)上の図の点 Q

解き方
(1)対応する点どうし，例えば，点 A と点 G，点 F と点 L を直線で結び，それらの線の交わった点が対称の中心 O です。

(3)点 P と対称の中心 O を結ぶ直線をのばし，辺 GH と交わる点が Q となります。

p.91 ぴたトレ 1

1

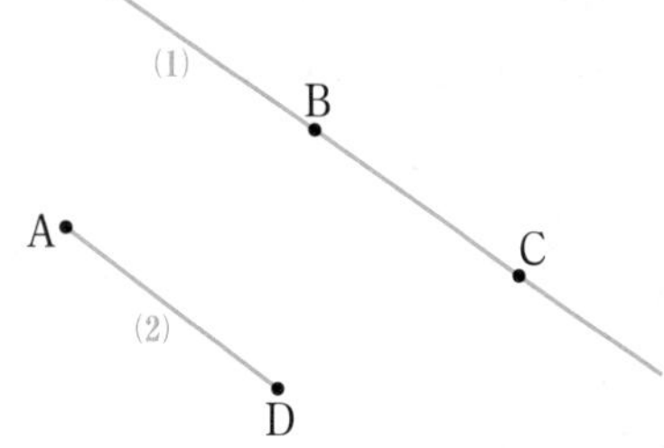

解き方
(1)B と C を線で結び，両方向にのばします。
(2)A から D までの間を線で結びます。

2 (1)**AB＝DC**　(2)**∠ACB**　(3)**AB⊥BC**
(4)**AD∥BC**

解き方
(1)AB，DC とかいてそれぞれの長さを表し，長さが等しいことを等号(＝)を使って表します。
(2)記号∠を使い，頂点となる C を真ん中にかきます。∠BCA ともかきます。
(3) 2 つの線分(直線)を表す記号の間に，記号⊥をかいて，垂直を表します。
(4) 2 つの線分(直線)を表す記号の間に，記号∥をかいて，平行を表します。

3 (1) **5 cm**　(2) **4 cm**　(3) **4 cm**

解き方
(1)点 C と点 D の距離は線分 CD の長さです。平行四辺形の向かい合う辺の長さは等しいから，CD の長さは AB と等しくなります。
(2)，(3)はともに，平行四辺形の高さなので，AH と等しくなります。

4 **130°**

解き方
円の接線は，接点を通る半径に垂直だから
∠PAO＝90°，∠PBO＝90°
です。
四角形 OAPB の 4 つの角の和は 360° なので
∠AOB＝360°−(50°＋90°＋90°)＝130°

p.93 ぴたトレ 1

1

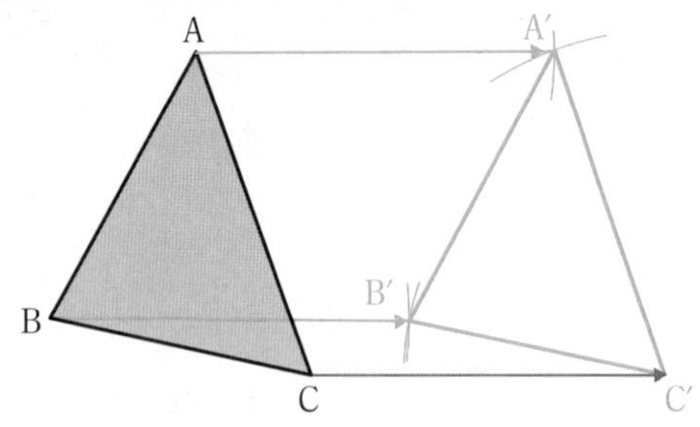

解き方
①点 A，B をそれぞれ中心として，矢印の長さを半径とする円をかきます。②点 C′ を中心として，CA，CB をそれぞれ半径とする円をかき，①でかいた円との交点を A′，B′ とします。このとき，AA′∥CC′，BB′∥CC′ となります。③△A′B′C′ をかきます。

2

解き方
①点 A，B，C からそれぞれ点 O を通る直線をひきます。②①でひいた直線上に，AO＝A′O，BO＝B′O，CO＝C′O となる点 A′，B′，C′ をとり，△A′B′C′ をかきます。

3

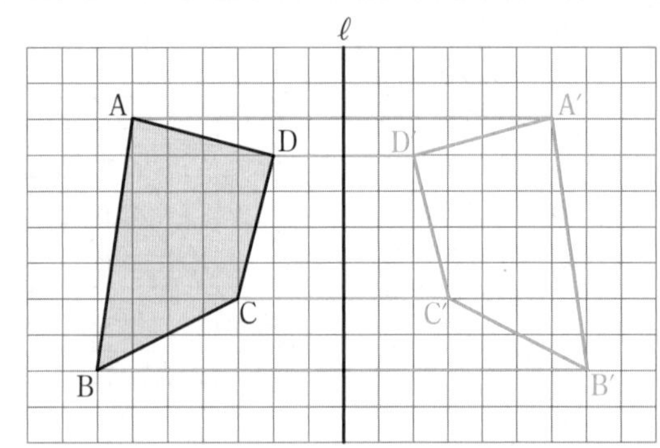

解き方
①各点から，直線 ℓ に垂直な半直線をひきます。
②①でかいた半直線上に，直線 ℓ が垂直二等分線となるように，点 A′，B′，C′，D′ をとり，四角形 A′B′C′D′ をかきます。

4 **平行移動と対称移動**

解き方
△ABC を △A′B′C′ に平行移動したあと，直線 ℓ を対称の軸として，△PQR に対称移動します。

ぴたトレ2

1 (1)AD∥BC　(2)CD⊥BC

解き方
(1)2つの線分(直線)を表す記号の間に，記号∥をかいて，平行を表します。
(2)2つの線分(直線)を表す記号の間に，記号⊥をかいて，垂直を表します。

2 (1)$\overset{\frown}{AC}$　(2)弦(弦AC)　(3)OA＝OC
(4)△OAC　(5)90°　(6)63°

解き方
(3)OAとOCは，ともに円Oの半径で等しくなります。
(5)円の接線は，接点を通る半径に垂直です。
(6)∠PAO＝90°で，△PAOの3つの角の大きさの和は180°なので
∠AOB＝180°－(27°＋90°)＝63°

3 (1)㋐，㋔，㋞　(2)㋛，㋟　(3)㋓，㋗，㋘

解き方
(1)右の図のように，3個の三角形に重ね合わせることができます。

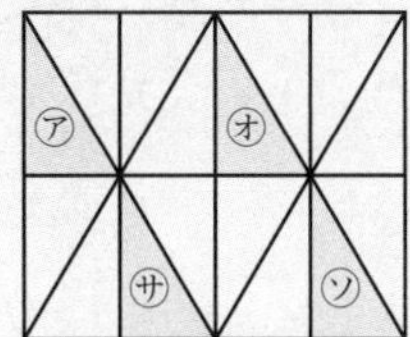

(2)右の図の点●をそれぞれ中心として180°回転移動(点対称移動)します。

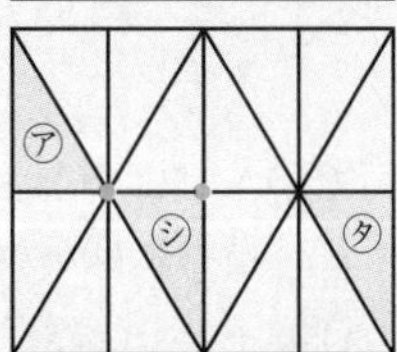

(3)右の図の3つの直線をそれぞれ対称の軸として対称移動します。

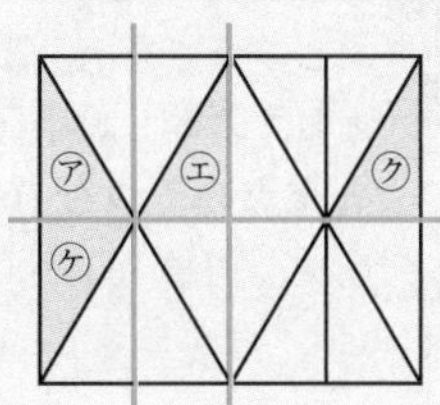

4 (1)㋔　(2)240°　(3)点C

解き方
点Oを中心として，60°回転移動するごとに，となりの正三角形に重なり合います。
(1)時計まわりに，60°の回転移動を2回行うと㋔に重なります。
(2)時計まわりに4つ目の正三角形に重ね合わせるので，回転する角度は60°×4＝240°になります。
(3)図のように，OAはOCに重なるので，点Aは点Cに重なります。

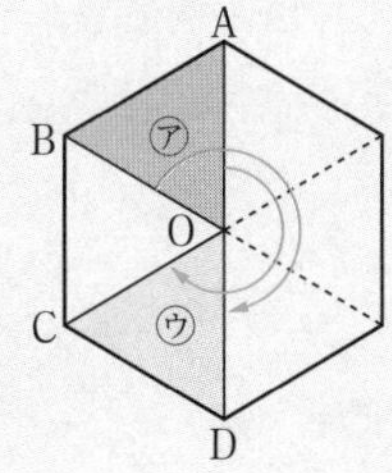

5

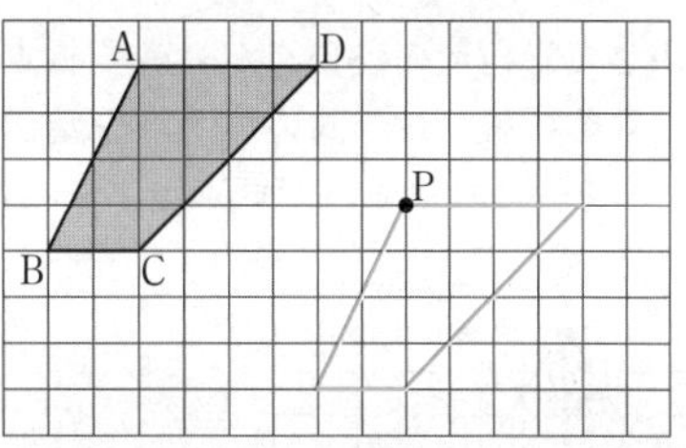

解き方
方眼を利用して，台形ABCDの各頂点が対応する点を求めます。

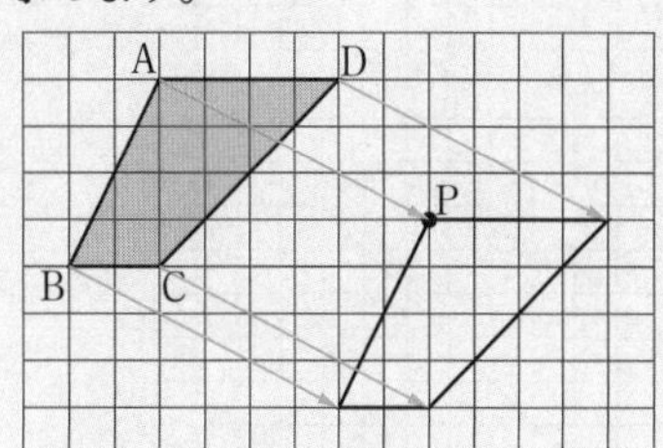

6 (1)(2)

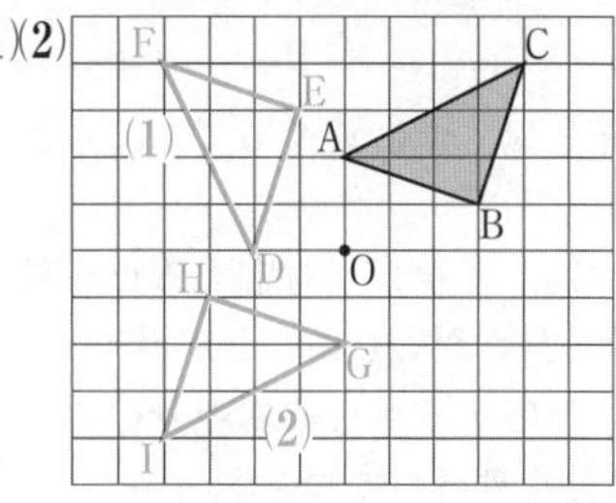

解き方
(1)方眼を利用して90°の角をはかります。
(2)点対称移動は，180°の回転移動のことです。(1)の△DEFをさらに90°回転移動した図形になります。

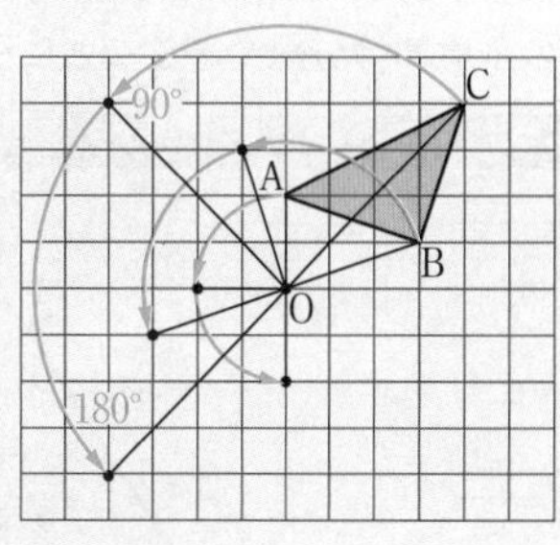

7 (1)

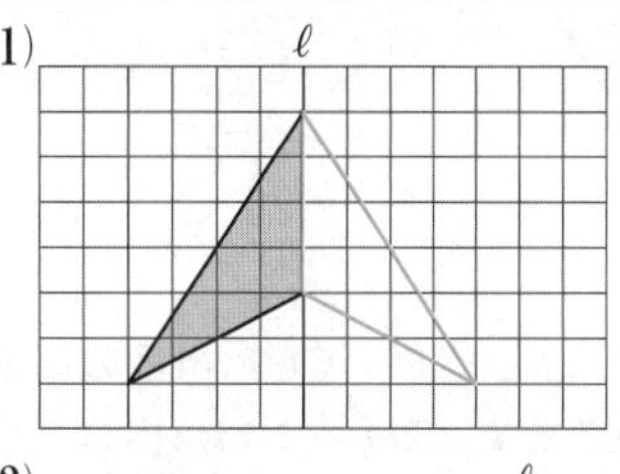

(2)

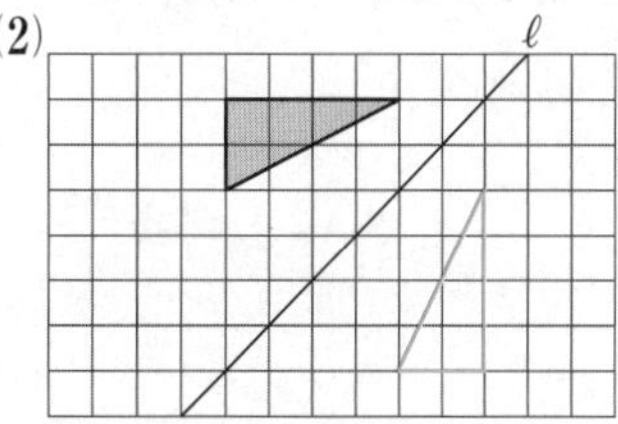

解き方　方眼を利用して三角形の各頂点が対応する点を求めます。対称の軸 ℓ は，対応する点を結ぶ線分の垂直二等分線になっています。

(1)

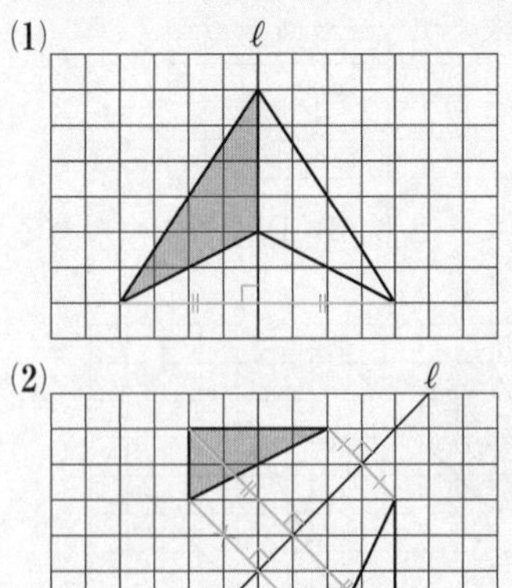

(2)

理解のコツ

・新しい用語や記号は，学習を進めていくなかで，身につけていこう。

・平行移動は，対応する線分，対応する点を結ぶ線分がそれぞれ平行で長さが等しいことがポイント。

・回転移動では，対応する点を結ぶ線分の中点が回転の中心になることを理解しておこう。

・対称移動では，対称の軸は，対応する点を結ぶ線分の垂直二等分線であることに注目して図を見よう。

p.97　ぴたトレ 1

1

A　B

解き方　①点 A，B を中心として，等しい半径の円を交わるようにかきます。②①でかいた円の交点を直線で結びます。

2

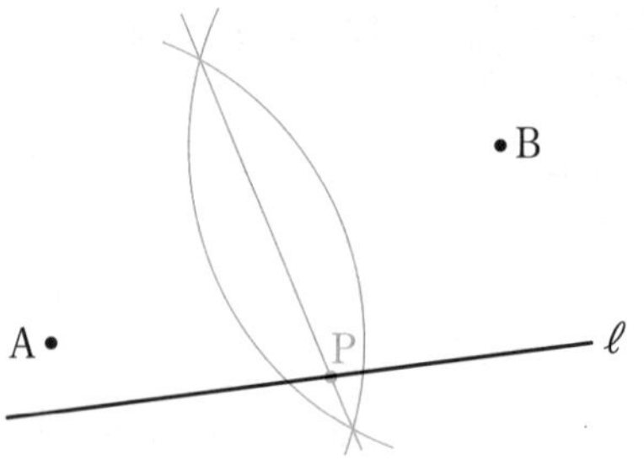

解き方　線分 AB の垂直二等分線上にある点は，2 点 A，B から等しい距離にあります。したがって，求める点 P は，線分 AB の垂直二等分線と直線 ℓ との交点になります。

3

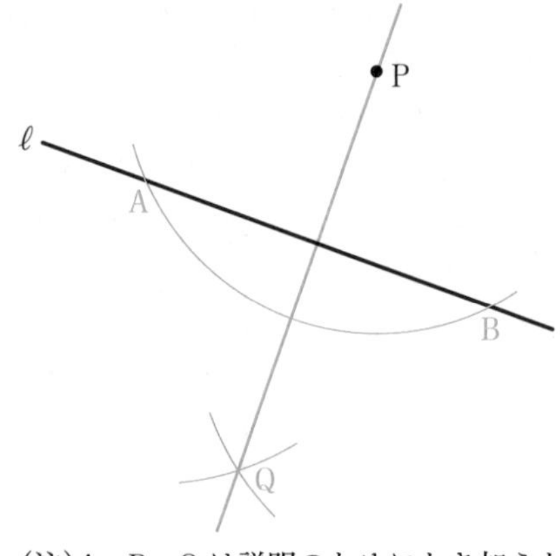

(注)A，B，Q は説明のためにかき加えたもので，解答にはかかなくてもよい。

解き方　①点 P を中心として，直線 ℓ と交わる円をかき，ℓ との交点を A，B とします。②点 A，B を中心として，等しい半径の円を交わるようにかき，その交点の 1 つを Q とします。③直線 PQ をひきます。直線 PQ が，P を通る直線 ℓ の垂線です。

4

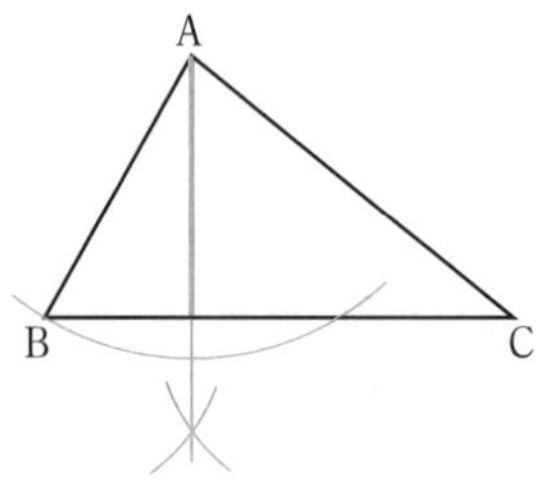

解き方　頂点 A を通り，辺 BC に垂直な直線を作図します。

p.99 ぴたトレ 1

1 (1)

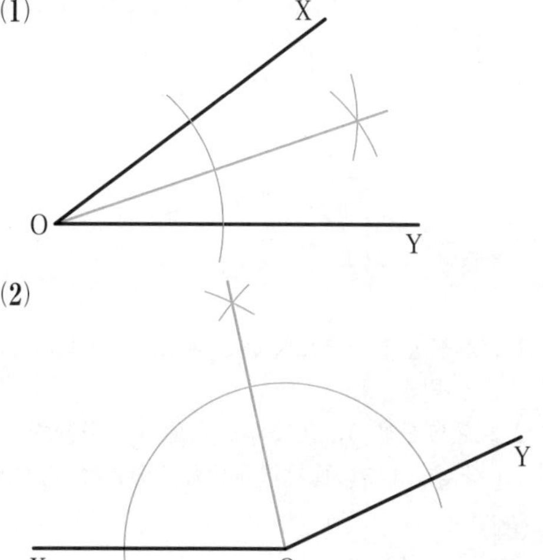

解き方
①点 O を中心として，適当な半径の円を OX と OY に交わるようにかきます。②それぞれの交点を中心として，等しい半径の円をかきます。③②でかいた円の交点と点 O を直線で結びます。

2

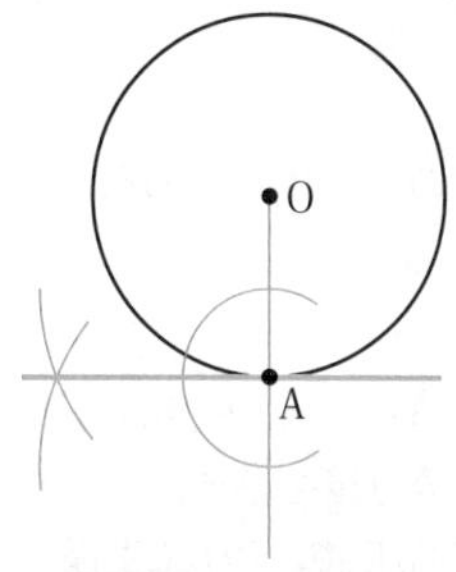

解き方
円の接線は，接点を通る半径に垂直です。はじめに直線 OA をひき，点 A を通る，直線 OA の垂線を作図します。
点 A を通る垂線は，大きさが 180° の角の二等分線と考えて作図します。

3

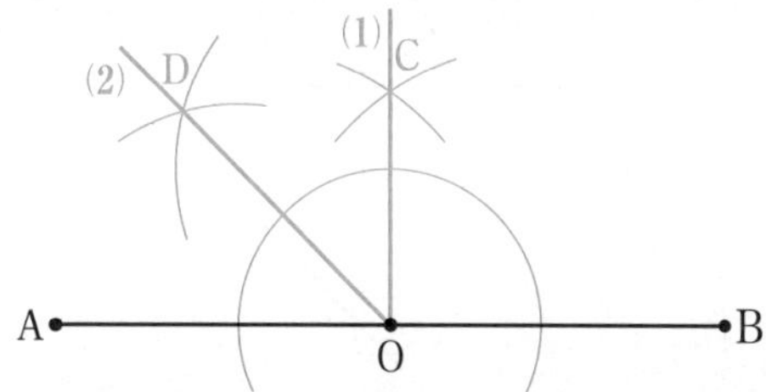

解き方
(1)点 O を通る AB の垂線をひきます。垂線は，大きさが 180° の ∠AOB の二等分線と考えて作図します。
(2)(1)でかいた ∠AOC の二等分線を作図します。

p.101 ぴたトレ 1

1 (1)288°　(2)$\frac{4}{5}$

解き方
(1)色をつけたおうぎ形の中心角は
$360°-72°=288°$
(2)1 つの円で，おうぎ形の弧の長さは中心角に比例するから，弧の長さの割合は中心角の割合に等しい。したがって
$\frac{288}{360}=\frac{4}{5}$

2 **(1)弧の長さ…2π cm　面積…10π cm^2**
(2)弧の長さ…7π cm　面積…21π cm^2

解き方
(弧の長さ)=(円周の長さ)×$\frac{(中心角)}{360}$
(おうぎ形の面積)=(円の面積)×$\frac{(中心角)}{360}$
で求めます。
(1)(弧の長さ)$=2\pi\times10\times\frac{36}{360}=2\pi$(cm)
(面積)$=\pi\times10^2\times\frac{36}{360}=10\pi$(cm^2)
(2)(弧の長さ)$=2\pi\times6\times\frac{210}{360}=7\pi$(cm)
(面積)$=\pi\times6^2\times\frac{210}{360}=21\pi$(cm^2)

3 **(1)144°　(2)240°**

解き方
(1)半径が 5 cm の円の周の長さは
$2\pi\times5=10\pi$(cm)
だから，おうぎ形の中心角は
$360°\times\frac{4\pi}{10\pi}=360°\times\frac{2}{5}=144°$
(2)半径 12 cm の円の周の長さは
$2\pi\times12=24\pi$(cm)
だから，おうぎ形の中心角は
$360°\times\frac{16\pi}{24\pi}=360°\times\frac{2}{3}=240°$

4 **6π cm^2**

解き方
おうぎ形の面積 S は，半径を r，弧の長さを ℓ とすると，$S=\frac{1}{2}\ell r$ で求めることができます。
よって　$S=\frac{1}{2}\times3\pi\times4=6\pi$

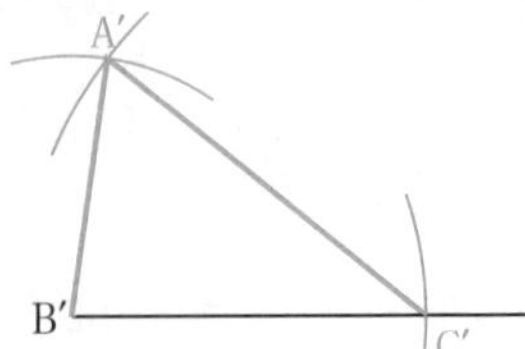

解き方　線分の長さはコンパスで移します。
①点B′を中心として，BCを半径とする円をかき，半直線との交点をC′とします。②点B′，C′を中心として，それぞれBA，CAを半径とする円をかき，その交点の1つをA′とします。③線分A′B′，A′C′をひきます。

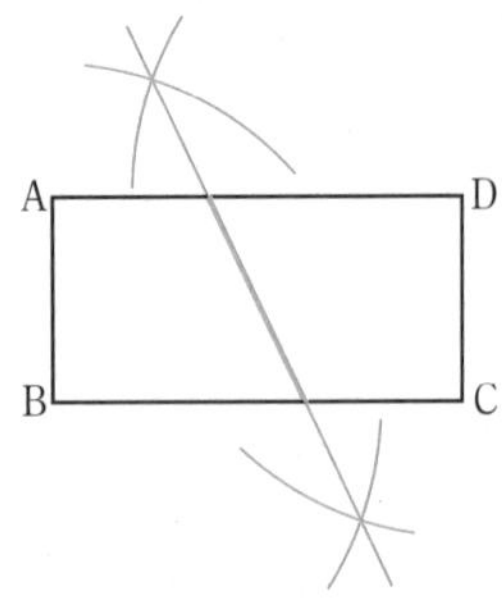

解き方　右の四角形PBEQは，四角形PDCQを対称移動したもので，対称の軸PQ(折り目)は，線分BDの垂直二等分線です。

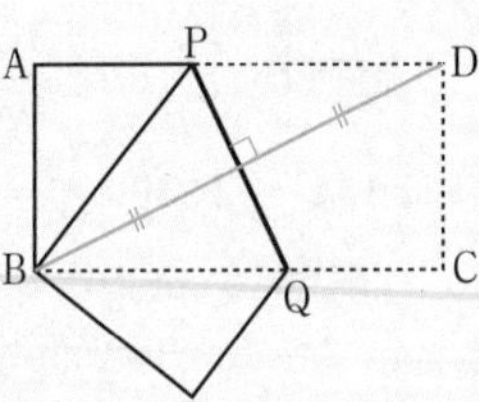

❸

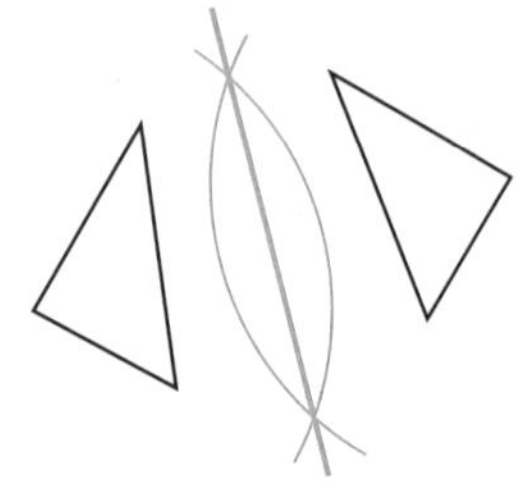

解き方　対応する点を1組選び，その2点を結ぶ線分の垂直二等分線を作図します。

❹ (1)

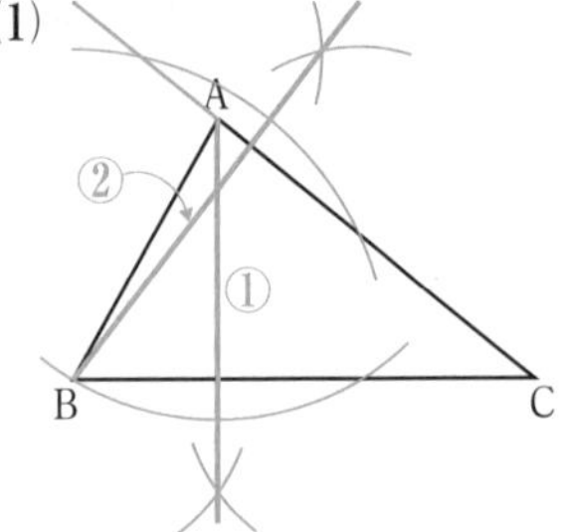

(2)

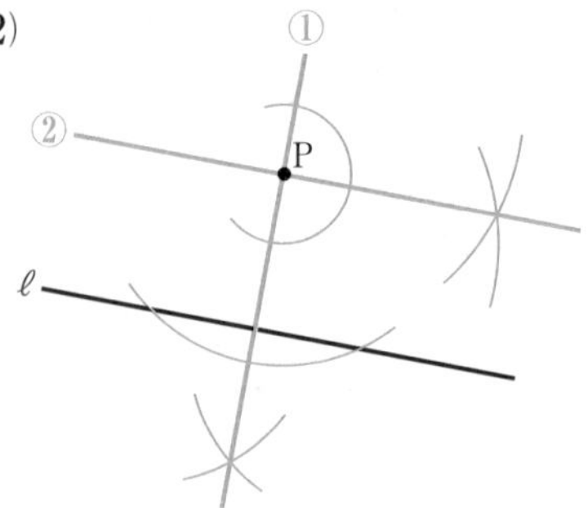

解き方
(1)辺が短くてかきにくいときは，その辺を延長して作図します。
(2)②点Pを通る，①でかいた直線の垂線を作図します。1つの直線に垂直な2直線は平行です。

❺ (例)

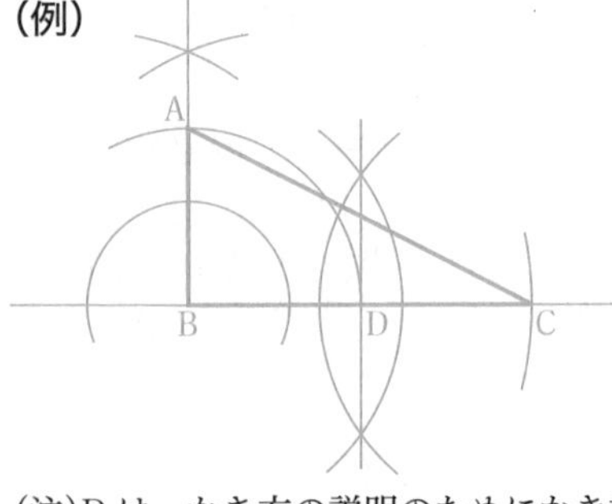

(注)Dは，かき方の説明のためにかき加えたもので，解答にはかかなくてもよい。

解き方　①直線をひき，線分PQの長さを移しとって辺BCとします。②点Bを通る辺BCの垂線をかきます。③辺BCの垂直二等分線をひき，中点をDとします。④点Bを中心として，BDを半径とする円をかき，②の垂線との交点をAとします。⑤辺ACをひきます。

❻ (1)(例)

(2)(例)

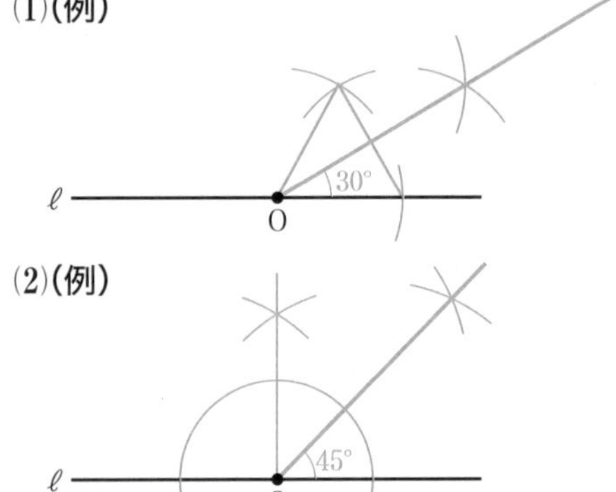

解き方

(1)正三角形を作図して 60° の角をつくり，その二等分線をひきます。

(2)垂線を作図して 90° の角をつくり，その二等分線をひきます。右の図のように，直角二等辺三角形をつくる方法もあります。

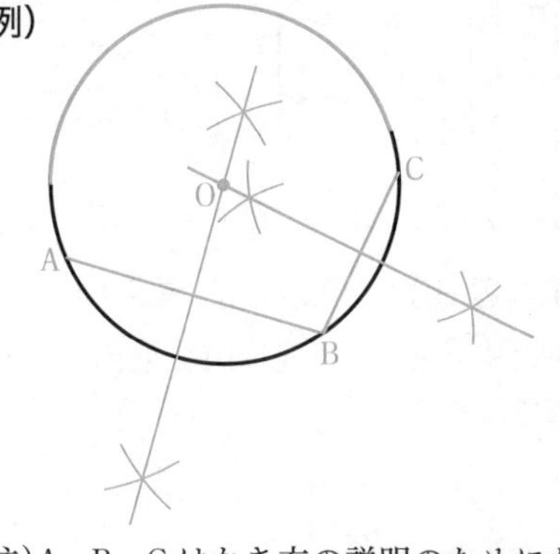

7 (例)

(注)A，B，C はかき方の説明のためにかき加えたもので，解答にはかかなくてよい。

解き方

弧の上に適当に 3 点 A，B，C をとり，線分 AB，BC それぞれの垂直二等分線を作図し，その交点を O とします。点 O を中心として，OA を半径とする円をかいて，円を完成します。

8 **(1)弧の長さ…8π cm，面積…36π cm^2**

(2)中心角の大きさ…45°，面積…18π cm^2

解き方

(1)弧の長さは　$2\pi\times9\times\frac{160}{360}=8\pi$(cm)

面積は　$\pi\times9^2\times\frac{160}{360}=36\pi$(cm^2)

または　$\frac{1}{2}\times8\pi\times9=36\pi$(cm^2)

(2)中心角の大きさは

$360°\times\frac{3\pi}{2\pi\times12}=45°$

または，中心角の大きさを $x°$ とすると

$3\pi=2\pi\times12\times\frac{x}{360}$　$x=45$

面積は　$\frac{1}{2}\times3\pi\times12=18\pi$(cm^2)

理解のコツ

・線分 AB の垂直二等分線上にある点は，2 点 A，B から等しい距離にあり，角の二等分線上にある点は，角の 2 辺から等しい距離にある。また，直線 ℓ 上にない点 P から直線 ℓ に垂線をひき，ℓ との交点を H とすると，線分 PH は，点 P と直線 ℓ との距離を表す。

・作図の方法に迷ったときは，完成図をフリーハンドでかいてみよう。ヒントがつかめるはずだ。

p.104～105　ぴたトレ 3

1 **(1)AB // DC　(2)∠ABD＝∠CBD**

(3)AC⊥BD，BO＝DO

解き方

(1)平行は記号 // を使って表します。

(2)∠ABD＝$\frac{1}{2}$∠ABC と表すこともあります。

(3)垂直二等分線は，垂直，2 等分という 2 つのことがらを，それぞれ記号を使って表します。

2 (1)

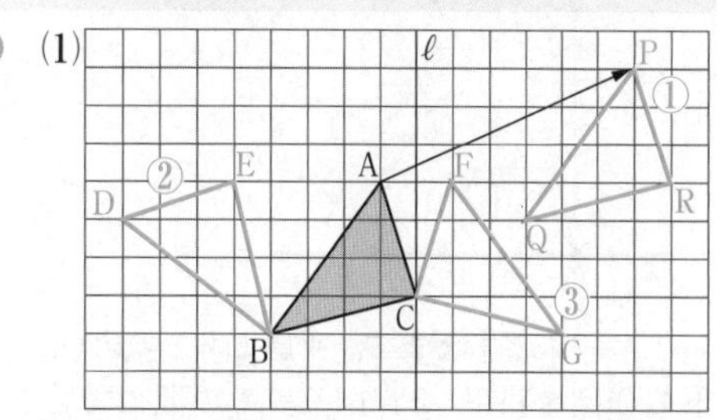

(2)AP // BQ，AP // CR，AP＝BQ＝CR

解き方

(1)① 3 点 A，B，C をそれぞれ右へ 7，上へ 3 だけ移動して，P，Q，R とします。

②方眼を利用して 90° の角をつくります。

③ℓ が線分 AF，BG の垂直二等分線となるように，点 F，G をとります。

(2)平行移動では，対応する点を結ぶ線分は，すべて平行で，長さが等しくなります。

3

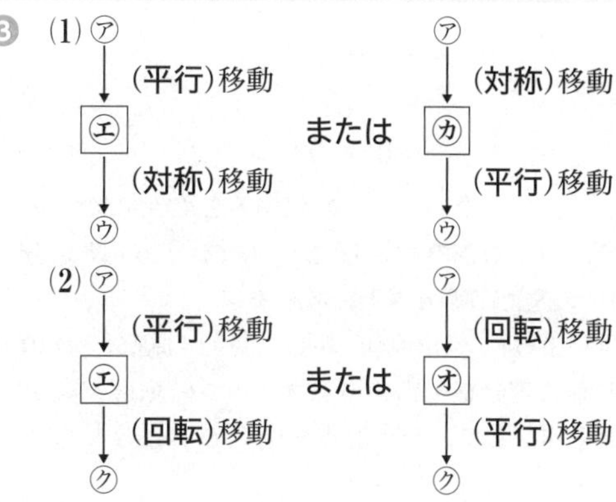

解き方

平行移動，回転移動，対称移動を組み合わせると，図形をどのような位置にでも移動させることができます。

(1)平行移動と対称移動を組み合わせます。

(2)平行移動と回転移動を組み合わせます。

4

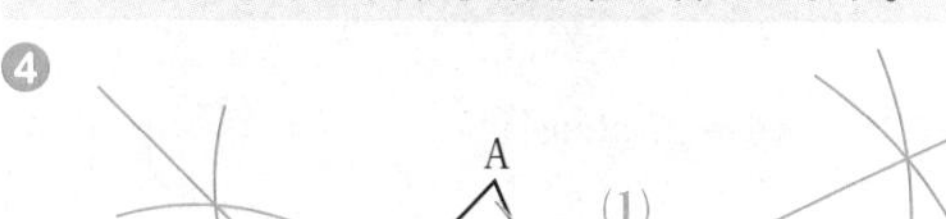

解き方
(1)B を通る AC の垂線をひき，AC との交点を H とします。
(2)AM＝BM のとき，△ACM と △BCM は，底辺の長さが等しく，高さが同じなので，面積は等しくなります。したがって，辺 AB の中点 M を，垂直二等分線の作図で求めます。

5 (例)

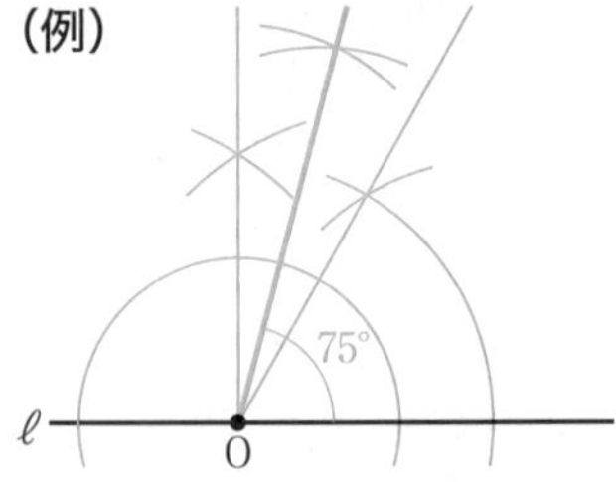

解き方
60°＋15°＝75° と考えます。垂線と 60° の角(正三角形の作図を利用)を作図し，その間にできる 30° の角の二等分線をひきます。
また，45°＋30°＝75° や，(180°－30°)÷2＝75° のように考えて作図することもできます。

6

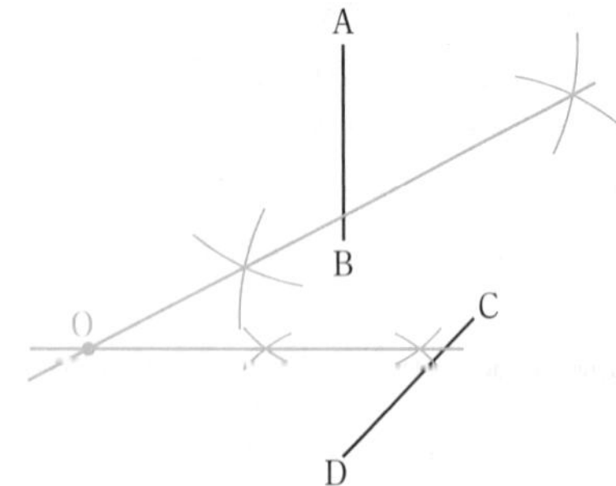

解き方
A を点 O を中心として回転すると C に重なるので，OA＝OC です。したがって，点 O は線分 AC の垂直二等分線上にあります。
同じように，OB＝OD から，点 O は線分 BD の垂直二等分線上にあります。2 つの垂直二等分線を作図して，その交点が回転の中心 O になります。

7 **(1)弧の長さ…6π cm，面積…24π cm^2**
(2)27π cm^2

解き方
(1)弧の長さは　$2\pi\times8\times\dfrac{135}{360}=6\pi$(cm)
　面積は　$\pi\times8^2\times\dfrac{135}{360}=24\pi$(cm^2)
(2)$\dfrac{1}{2}\times9\pi\times6=27\pi$(cm^2)

6章　空間図形

p.107　ぴたトレ 0

1 **(1)四角柱　(2)三角柱**

解き方
それぞれの展開図を，点線に沿って折りまげ，組み立てた図を考えます。
見取図をかくと，次のようになります。

(1)
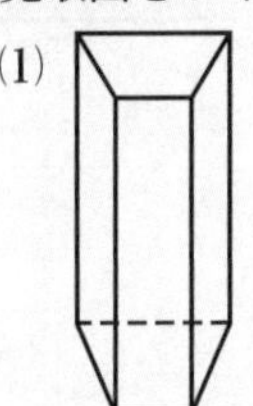
(2)

2 **(1)辺 IH(辺 HI)　(2)頂点 A，頂点 I**

解き方
わかりにくいときは，見取図をかき，頂点をかき入れてみます。

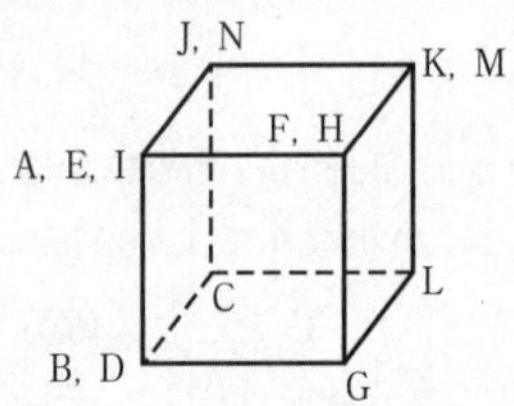

3 **(1)120 cm^3　(2)180 cm^3**
(3)2198 cm^3　(4)401.92 cm^3

解き方
それぞれ，(底面積)×(高さ)　で求めます。
(1)(5×3)×8＝120(cm^3)
(2)(6×10÷2)×6＝180(cm^3)
(3)(10×10×3.14)×7＝2198(cm^3)
(4)底面は，半径が 4 cm の円です。
　(4×4×3.14)×8＝401.92(cm^3)

p.109　ぴたトレ 1

1 **(1)六面体　(2)五面体　(3)七面体　(4)六面体**

解き方
多面体の角柱には底面が 2 つあり，角錐には底面が 1 つしかありません。
(1)底面が 2 つ，側面が 4 つで，六面体。
(2)底面が 1 つ，側面が 4 つで，五面体。
また，五角柱，五角錐の見取図は右のようになります。

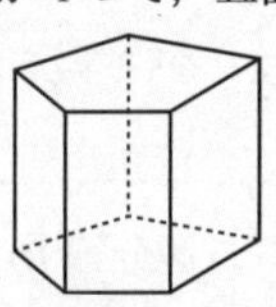
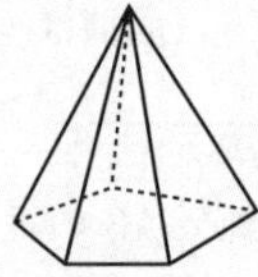

2 **頂点の数…20 個　辺の数…30 本**

解き方
正十二面体には，正五角形の面が 12 あり，1 つの頂点に面が 3 つ，1 つの辺に面が 2 つ集まっています。よって，
正十二面体の頂点の数は，5×12÷3＝20(個)
辺の数は，5×12÷2＝30(本)となります。

3 (1)辺 BC，辺 EH，辺 FG
(2)辺 AB，辺 AE，辺 CD，辺 DH
(3)辺 BF，辺 CG，辺 EF，辺 GH

解き方 (3)辺 AD と平行な辺，交わる辺に×印をつけると，次の図のようになります。残りの 4 つの辺がねじれの位置にある辺です。

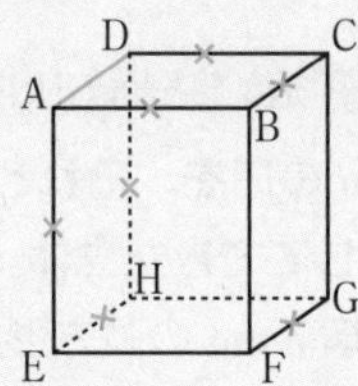

4 2つ

解き方 辺 AB と平行な辺はありません。辺 AB と交わる辺 AC，AD，AE，BC，BE に×印をつけると，次の図のようになります。残りの 2 つの辺 CD と DE がねじれの位置にある辺です。

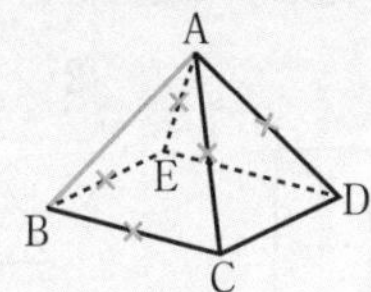

5 (1)面 ABCD，面 BFGC
(2)面 AEFB，面 BFGC
(3)辺 AD，辺 BC，辺 EH，辺 FG

解き方 (2)直線 DH と交わらない面と，辺 DH をふくまない面が，辺 DH に平行な面です。
(3)AD⊥DC，AD⊥DH だから，辺 AD は辺 DC，DH をふくむ面 DHGC に垂直です。
同じように，BC⊥CD，BC⊥CG だから，
BC⊥面 DHGC
EH⊥HD，EH⊥HG だから，
EH⊥面 DHGC
FG⊥GC，FG⊥GH だから，
FG⊥面 DHGC

p.111 ぴたトレ 1

1 (1)面 EFGH
(2)面 ABFE，面 BCGF，面 CDHG，面 ADHE

解き方 (1)面 ABCD と交わらない面。
(2)面 ABCD⊥AE(BF，CG，DH も同様)だから，辺 AE(BF，CG，DH)をふくむ面が垂直になります。

2 (1)底面 (2)6 (3)(正)四角柱(直方体)

解き方 動く面が底面で，垂直な方向に動かした 6 cm が，できる立体の高さになります。

3 (1)円錐 (2)13 cm (3)二等辺三角形 (4)円

解き方 (1)底面の半径が 5 cm，高さが 12 cm の円錐ができます。
(2)

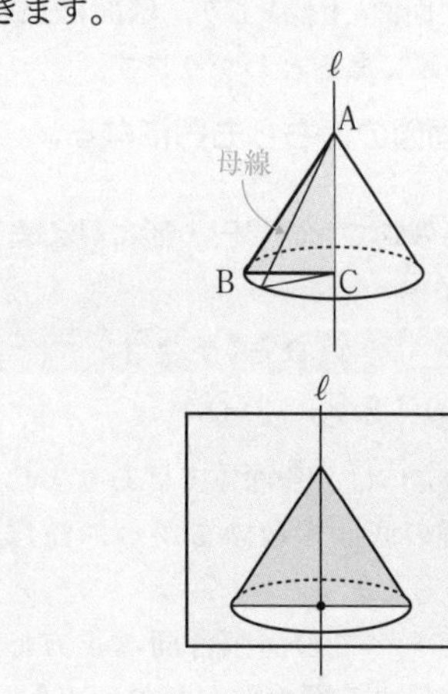

(3)

(4)

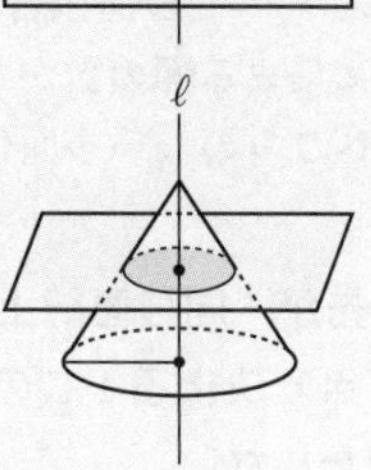

p.113 ぴたトレ 1

1 (1)点 B，点 E (2)辺 OA

解き方 (1)組み立てた立体では，下の図のように，点 B，D，E が重なります。
(2)BC と交わらない辺が，ねじれの位置にある辺です。

O
D E
A C
B

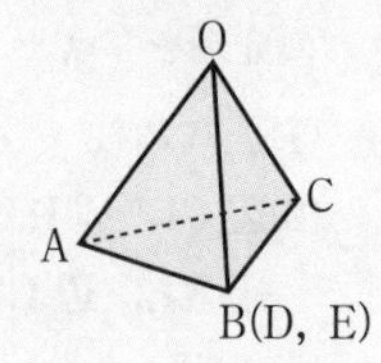

2 (1) 8 cm (2) 4π cm

解き方 (1)おうぎ形の半径は，見取図の母線の長さと等しくなります。
(2)おうぎ形の弧の長さは，底面の円の周の長さと等しくなります。

3 正四角錐
(見取図)

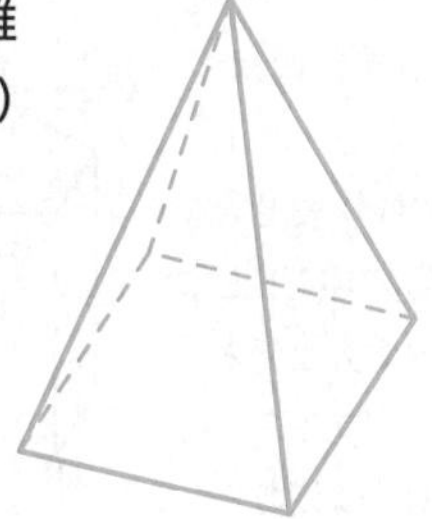

解き方 立面図(上側)より，角錐か円錐であることがわかります。平面図(下側)より，底面は正方形なので，正四角錐であるとわかります。

4 **立面図，平面図のどちらも円になる。**

解き方 球はどの面から見ても同じ円の形に見えます。

p.114〜115 ぴたトレ2

1 (1)㋔，㋕，㋖　(2)㋐　(3)㋑

解き方 (1)曲面がある立体は，多面体ではありません。
(2)角柱，角錐の底面の数のちがいに注意して，何面体かを考えます。
(3)立方体は，すべての面が合同な正方形で，1つの頂点に集まる面の数がどの頂点も3つで同じで，へこみのない多面体だから，正多面体です。

2 **3本の脚の先が，同じ直線上にない3点であれば，その3点で決まる1つの平面の上にのるから，がたがたしない。**
また，4本の脚の場合，その4つの脚の先のうち，3つの点で決まる1つの平面上に，残りの点がないとき，台は1つの平面の上にのらないから，がたがたする。

解き方 同じ直線上にない3点が決まれば，その3点をふくむ平面は1つに決まることから，4本の脚の先端を3点と1点に分けて考えます。

3 (1)正六角柱
(2)辺 CI，辺 DJ，辺 EK，辺 FL，辺 HI，辺 IJ，辺 KL，辺 GL
(3) 4組
(4)交わる
(5)辺 CI，辺 DE，辺 DJ，辺 EK，辺 JK，辺 FL
(6)面 ABCDEF，面 GHIJKL

解き方 (1)底面が正六角形だから，正六角柱です。
(2)辺 AB と平行な辺，交わる辺に×印をつけると，下の図のようになります。
同じ平面上にある辺は，平行か交わるので，ねじれの位置にはありません。
辺 AB と辺 CD，辺 EF は，図のようにのばすと交わります。×印をつけていない8つの辺がねじれの位置にある辺です。

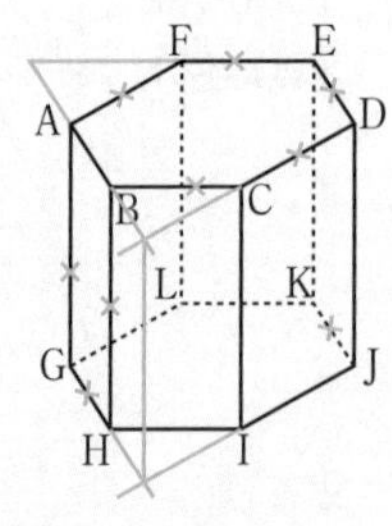

(3)底面の1組のほかに，側面に3組あります。
(4)図のように，辺 AB と GH，辺 CD と IJ をのばすと，2つの平面は交わります。
(5)面 AGHB と平行な面 DEKJ 上にある4つの辺は平行です。辺 CI，辺 FL も平行です。
(6)辺 CI は点 C で面 ABCDEF と交わり，CI⊥BC，CI⊥CD なので，辺 CI と面 ABCDEF は垂直です。
同じように，辺 CI と面 GHIJKL も垂直です。

4 **• 直径 10 cm の円を，それと垂直な方向に 6 cm 動かしてできた立体。**
• 縦 6 cm，横 5 cm の長方形を，直線 OO′ を軸として1回転させてできた立体。

解き方 角柱や円柱は，底面の多角形や円を，底面と垂直な方向に平行に動かしてできた立体とみることができます。また，円柱や円錐は，長方形や直角三角形の回転体とみることができます。円柱は2通りの見方ができます。

5 (1)

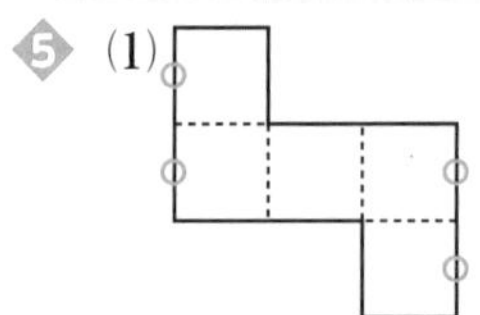

(2)

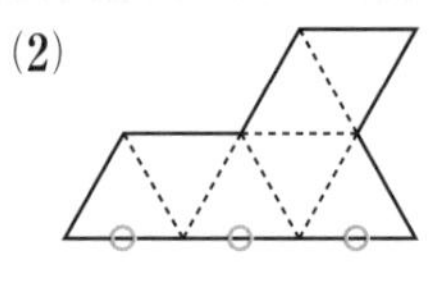

解き方 ⌒でつないだ辺が重なります。
重なる辺がない辺に，残りの面をつけることができます。

(1)

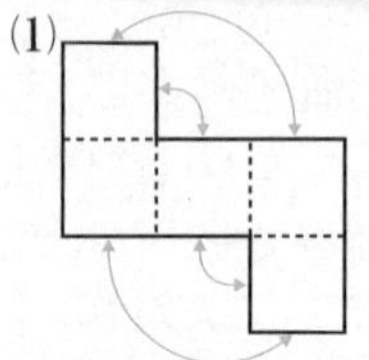

(2)

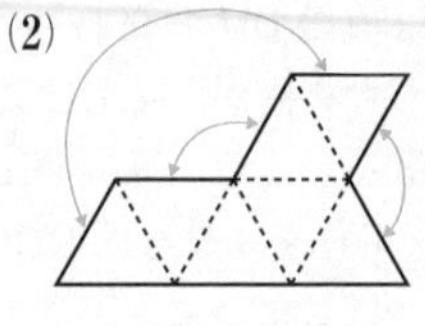

6 (1)(2)

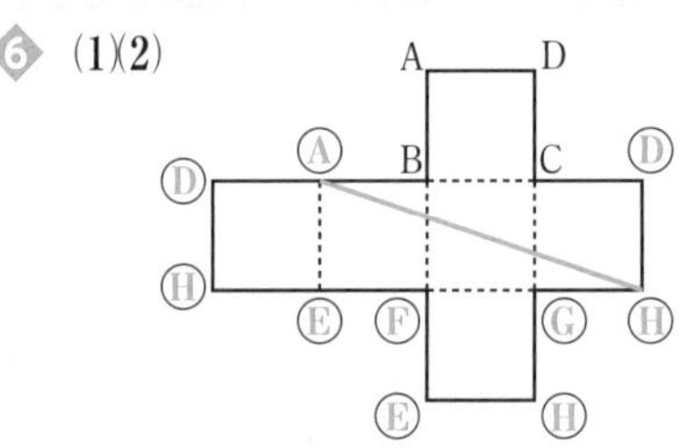

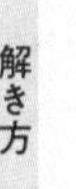

解き方 (1)面 ABCD，面 BFGC，面 FEHG をもとにして考えます。
⌒でつないだ点には同じ頂点が入ります。
(2)長さが最も短くなるように張った糸は，展開図の上では1つの線分になります。辺 BF，CG を通るように線分 AH をひきます。

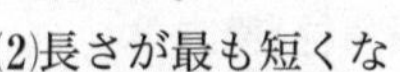

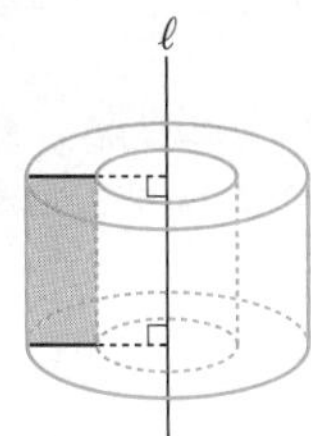

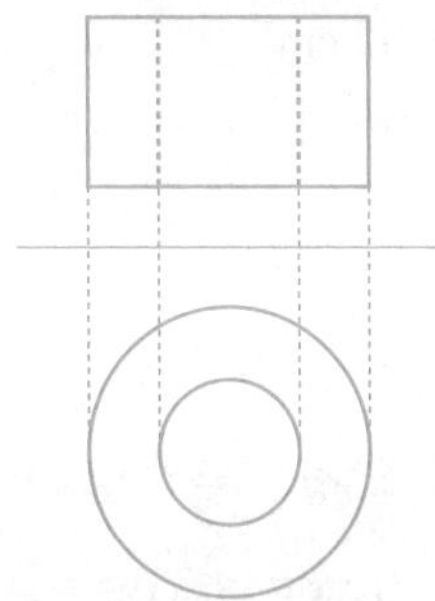

解き方　大きい円柱の中央から小さい円柱をくりぬいた形の立体になります。

8　**立方体**　　**三角柱**　　**円柱**

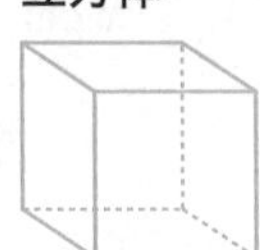

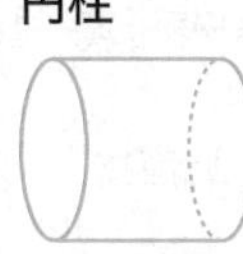

解き方　立面図と平面図だけでは，立体をはっきり表せない場合の例です。
上の図のそれぞれの立体を真横から見ると，正方形，直角二等辺三角形，円になります。
右の図は，真横から見た図をつけ加えた円柱の投影図です。

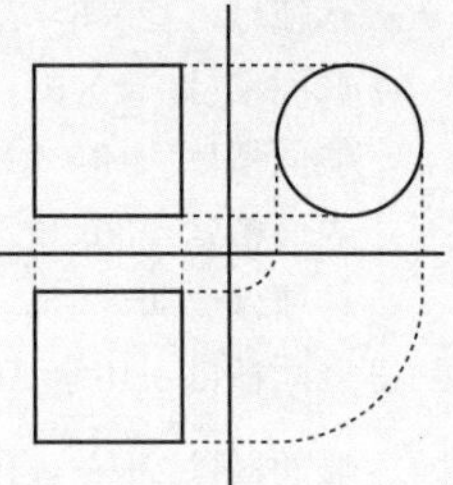

円柱では，底面の円の直径と円柱の高さが等しいとき，立面図と平面図は合同な正方形になります。

理解のコツ

- 位置関係で最も出題されるのは「ねじれの位置」です。平行な直線や交わる直線に×印をつけていくと，残った直線がねじれの位置だよ。
- おもな立体の見取図や展開図はかけるようにしておこう。いろいろな問題の解決に役に立つよ。
- 見取図や投影図をかくときは，見えない辺を破線でかくことを忘れないようにしよう。

p.117　ぴたトレ 1

1　**(1)㋐ 6 cm　㋑ 8 cm　㋒ 6 cm　㋓ 8 cm**
(2)288 cm²

解き方
(1)展開図において，側面の長方形の横の長さと，底面の三角形のまわりの長さは等しくなります。
(2)底面積は　$\frac{1}{2}\times6\times8=24(\text{cm}^2)$
側面積は　$10\times(6+10+8)=240(\text{cm}^2)$
表面積は　$24\times2+240=288(\text{cm}^2)$

2　**(1)198 cm²　(2)168π cm²**

解き方
(1)底面積は　$3\times6=18(\text{cm}^2)$
側面積は　$9\times(3\times2+6\times2)=162(\text{cm}^2)$
表面積は　$18\times2+162=198(\text{cm}^2)$
(2)底面積は　$\pi\times6^2=36\pi(\text{cm}^2)$
側面積は　$8\times(2\pi\times6)=96\pi(\text{cm}^2)$
表面積は　$36\pi\times2+96\pi=168\pi(\text{cm}^2)$

3　**(1)85 cm²　(2)48π cm²**

解き方
(1)底面積は　$5\times5=25(\text{cm}^2)$
側面積は　$\left(\frac{1}{2}\times5\times6\right)\times4=60(\text{cm}^2)$
表面積は　$25+60=85(\text{cm}^2)$
(2)底面の半径が 4 cm で，母線の長さが 8 cm の円錐です。
底面積は　$\pi\times4^2=16\pi(\text{cm}^2)$
側面積は　$\frac{1}{2}\times(2\pi\times4)\times8=32\pi(\text{cm}^2)$
表面積は　$16\pi+32\pi=48\pi(\text{cm}^2)$

4　**27π cm²**

解き方
底面積は　$\pi\times3^2=9\pi(\text{cm}^2)$
側面積は　$\frac{1}{2}\times(2\pi\times3)\times6=18\pi(\text{cm}^2)$
表面積は　$9\pi+18\pi=27\pi(\text{cm}^2)$

p.119　ぴたトレ 1

1　**(1)225 cm³　(2)20π cm³**

解き方
(1)$\frac{1}{2}\times9\times10\times5=225(\text{cm}^3)$
(2)$\pi\times2^2\times5=20\pi(\text{cm}^3)$

2　**(1)40 cm³　(2)96π cm³**

解き方
(1)$\frac{1}{3}\times\frac{1}{2}\times6\times5\times8=40(\text{cm}^3)$
(2)$\frac{1}{3}\times\pi\times6^2\times8=96\pi(\text{cm}^3)$

3　**288π cm³**

解き方
$\frac{4}{3}\pi\times6^3=288\pi(\text{cm}^3)$

4　**108π cm²**

解き方
直線 ℓ を軸として 1 回転させると，下のような半径が 6 cm の半球ができます。
円の部分の面積は
$\pi\times6^2=36\pi(\text{cm}^2)$
半球の曲面の面積は
$(4\pi\times6^2)\times\frac{1}{2}=72\pi(\text{cm}^2)$
表面積は　$36\pi+72\pi=108\pi(\text{cm}^2)$

6 cm

1 (1)$214\ \mathrm{cm}^2$　(2)$210\ \mathrm{cm}^3$

解き方
(1)底面積は　$5\times6=30(\mathrm{cm}^2)$
側面積は　$7\times(5\times2+6\times2)=154(\mathrm{cm}^2)$
したがって，表面積は
$30\times2+154=214(\mathrm{cm}^2)$
(2)(体積)＝(底面積)×(高さ)だから
$5\times6\times7=210(\mathrm{cm}^3)$

2 (1)$110\ \mathrm{cm}^2$　(2)$75\ \mathrm{cm}^3$

解き方
(1)底面の周の長さが 16 cm だから，角柱の側面をつないでできる長方形の横の長さは 16 cm となります。側面積は
$5\times16=80(\mathrm{cm}^2)$
したがって，表面積は
$15\times2+80=110(\mathrm{cm}^2)$
(2)(体積)＝(底面積)×(高さ)だから
$15\times5=75(\mathrm{cm}^3)$

3 (1)16 cm
(2)底面の円の周の長さ…20π cm
半径…10 cm
(3)$260\pi\ \mathrm{cm}^2$

解き方
(2)底面の円の周の長さは，側面にあたるおうぎ形の弧の長さに等しい。おうぎ形の弧の長さは
$2\pi\times16\times\dfrac{225}{360}=20\pi(\mathrm{cm})$
したがって，底面の円の半径を x cm とすると
$2\pi x=20\pi$　$x=10$
(3)底面積は　$\pi\times10^2=100\pi(\mathrm{cm}^2)$
半径 r，弧の長さ ℓ のおうぎ形の面積 S は，
$S=\dfrac{1}{2}\ell r$ だから
側面積は　$\dfrac{1}{2}\times20\pi\times16=160\pi(\mathrm{cm}^2)$
表面積は　$100\pi+160\pi=260\pi(\mathrm{cm}^2)$

4 45 cm

解き方
正四角錐の高さを x cm とすると，体積が立方体の体積と等しいから
$\dfrac{1}{3}\times15^2\times x=15^3$
$x=45$
（両辺を 15^2 でわり，次に両辺に 3 をかける。）
なお，底面積も高さも等しいとき，角錐の体積は角柱の体積の $\dfrac{1}{3}$ だから，底面積と体積が等しいとき，角錐の高さは角柱の高さの 3 倍になります。

5 $42\ \mathrm{cm}^3$

解き方
水がはいっている部分は，底面を底辺 9 cm，高さ 4 cm の三角形とみると，高さが 7 cm の三角錐です。
底面積は　$\dfrac{1}{2}\times9\times4=18(\mathrm{cm}^2)$
体積は　$\dfrac{1}{3}\times18\times7=42(\mathrm{cm}^3)$

6 (1)表面積…$132\ \mathrm{cm}^2$，体積…$72\ \mathrm{cm}^3$
(2)表面積…$252\pi\ \mathrm{cm}^2$，体積…$540\pi\ \mathrm{cm}^3$
(3)表面積…$360\ \mathrm{cm}^2$，体積…$400\ \mathrm{cm}^3$
(4)表面積…$1600\pi\ \mathrm{cm}^2$，体積…$\dfrac{32000}{3}\pi\ \mathrm{cm}^3$

解き方
(1)底面積は　$\dfrac{1}{2}\times8\times3=12(\mathrm{cm}^2)$
側面積は　$6\times(5+5+8)=108(\mathrm{cm}^2)$
表面積は　$12\times2+108=132(\mathrm{cm}^2)$
体積は　$12\times6=72(\mathrm{cm}^3)$
(2)底面積は　$\pi\times6^2=36\pi(\mathrm{cm}^2)$
側面積は　$15\times12\pi=180\pi(\mathrm{cm}^2)$
表面積は　$36\pi\times2+180\pi=252\pi(\mathrm{cm}^2)$
体積は　$36\pi\times15=540\pi(\mathrm{cm}^3)$
(3)底面積は　$10^2=100(\mathrm{cm}^2)$
側面積は　$\left(\dfrac{1}{2}\times10\times13\right)\times4=260(\mathrm{cm}^2)$
表面積は　$100+260=360(\mathrm{cm}^2)$
体積は　$\dfrac{1}{3}\times100\times12=400(\mathrm{cm}^3)$
(4)表面積は　$4\pi\times20^2=1600\pi(\mathrm{cm}^2)$
体積は　$\dfrac{4}{3}\pi\times20^3=\dfrac{32000}{3}\pi(\mathrm{cm}^3)$

7 (1)$320\pi\ \mathrm{cm}^3$　(2)$480\pi\ \mathrm{cm}^2$

解き方
(1)底面の半径が 8 cm で，母線の長さが 17 cm，高さが 15 cm の円錐ができます。
体積は　$\dfrac{1}{3}\times(\pi\times8^2)\times15=320\pi(\mathrm{cm}^3)$
(2)底面の半径が 15 cm で，母線の長さが 17 cm，高さが 8 cm の円錐ができます。
側面積は　$S=\dfrac{1}{2}\ell r$ の公式を利用して求めます。
底面積は　$\pi\times15^2=225\pi(\mathrm{cm}^2)$
底面の円の周の長さは，$2\pi\times15=30\pi(\mathrm{cm})$ だから，
側面積は　$\dfrac{1}{2}\times30\pi\times17=255\pi(\mathrm{cm}^2)$
したがって，表面積は
$225\pi+255\pi=480\pi(\mathrm{cm}^2)$

⑧ (1)75π cm² (2)$\dfrac{250}{3}\pi$ cm³

解き方

半径が 5 cm の半球になります。

(1)円の部分の面積は　$\pi\times5^2=25\pi(\text{cm}^2)$

半球の曲面の面積は　$(4\pi\times5^2)\times\dfrac{1}{2}=50\pi(\text{cm}^2)$

したがって，半球の表面積は

$25\pi+50\pi=75\pi(\text{cm}^2)$

(2)$\left(\dfrac{4}{3}\pi\times5^3\right)\times\dfrac{1}{2}=\dfrac{250}{3}\pi(\text{cm}^3)$

理解のコツ

・表面積は，底面積と側面積をていねいに求めて計算しよう。

・円錐の出題が多いよ。側面積を求めるときは，おうぎ形の中心角の大きさを求めてもよいけど，おうぎ形の面積の公式 $S=\dfrac{1}{2}\ell r$ が便利だね。

p.122～123　ぴたトレ3

❶ (1)㋐，㋑，㋓ (2)㋒，㋔，㋕ (3)㋑，㋒，㋓

解き方

(1)多面体は，いくつかの平面だけで囲まれた立体です。曲面のある㋒，㋔，㋕は多面体ではありません。

(2)㋒は長方形，㋔は直角三角形，㋕は円を，それぞれ1回転させてできる回転体です。

(3)角柱や円柱は，底面が平行です。

❷ (1)3 (2)5 (3)2 (4)3

解き方

(1)辺 DC，辺 EF，辺 HG の3つ。

(2)図の×をつけた辺は，辺 BF と交わる辺と平行な辺です。ねじれの位置にある辺は，これ以外の辺で，

辺 AD，辺 CD，辺 DH，

辺 EH，辺 GH の5つ。

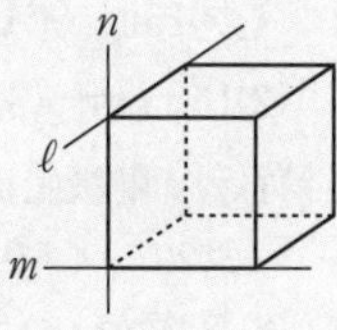

(3)面 ABCD，面 AEFB の2つ。

(4)面 AEHD，面 BFGC，面 CDHG の3つ。

❸ (1)○ (2)× (3)×

解き方

立方体や直方体を使って，成り立たない例を考えます。

(2)右の図の立方体で，

$\ell\perp n$，$m\perp n$ ですが，

$\ell /\!/ m$ ではありません。

ℓ と m はねじれの位置にあります。

(3)右の図の立方体で，

$\ell /\!/ \text{P}$，$m\perp \text{P}$ ですが，

$\ell\perp m$ ではありません。

ℓ と m はねじれの位置にあります。

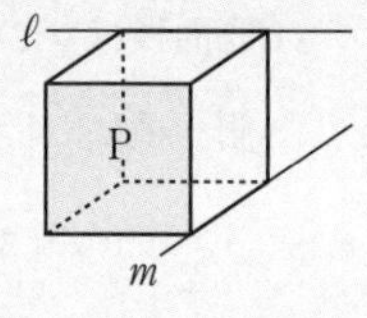

❹ (1)辺 AB，辺 AE，辺 DE

(2)①右の図 ②辺 AE

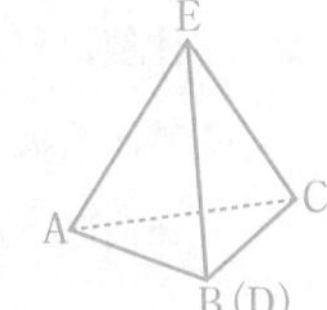

解き方

(1)組み立てると，辺 BC と辺 DC が重なります。重なる辺がない辺に，残りの面をつけることができます。

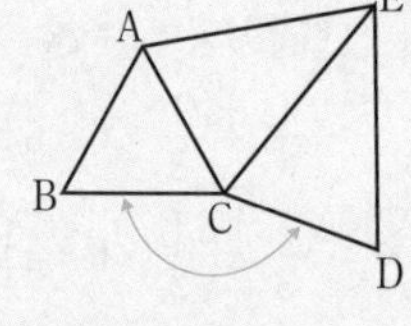

(2)辺 BC と交わらない辺が，辺 BC とねじれの位置にある辺です。

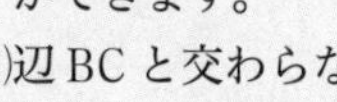

❺ (1)(正)六角柱 (2)(正)四角錐 (3)円柱

解き方

平面図から底面の形がわかります。

立面図が三角形のときは角錐か円錐，長方形のときは角柱か円柱であることがわかります。

(1)底面が(正)六角形の角柱です。

(2)底面が四角形(正方形)の角錐です。

(3)底面が円なので，円柱です。

❻ (1)表面積…72 cm²，体積…30 cm³

(2)表面積…384 cm²，体積…384 cm³

(3)表面積…320π cm²，体積…768π cm³

(4)表面積…90π cm²，体積…100π cm³

(5)表面積…400π cm²，体積…$\dfrac{4000}{3}\pi$ cm³

解き方

(1)底面積は　$\dfrac{1}{2}\times4\times3=6(\text{cm}^2)$

側面積は　$5\times(3+4+5)=60(\text{cm}^2)$

表面積は　$6\times2+60=72(\text{cm}^2)$

体積は　$6\times5=30(\text{cm}^3)$

(2)底面積は　$12^2=144(\text{cm}^2)$

側面積は　$\left(\dfrac{1}{2}\times12\times10\right)\times4=240(\text{cm}^2)$

表面積は　$144+240=384(\text{cm}^2)$

体積は　$\dfrac{1}{3}\times144\times8=384(\text{cm}^3)$

(3)底面積は　$\pi\times8^2=64\pi(\text{cm}^2)$

側面積は　$12\times16\pi=192\pi(\text{cm}^2)$

表面積は　$64\pi\times2+192\pi=320\pi(\text{cm}^2)$

体積は　$64\pi\times12=768\pi(\text{cm}^3)$

(4)底面積は　$\pi\times5^2=25\pi(\text{cm}^2)$

側面積は，$S=\dfrac{1}{2}\ell r$ の公式を利用して

$\dfrac{1}{2}\times(2\pi\times5)\times13=65\pi(\text{cm}^2)$

表面積は　$25\pi+65\pi=90\pi(\text{cm}^2)$

体積は　$\dfrac{1}{3}\times25\pi\times12=100\pi(\text{cm}^3)$

(5)表面積は　$4\pi\times10^2=400\pi(\text{cm}^2)$

体積は　$\dfrac{4}{3}\pi\times10^3=\dfrac{4000}{3}\pi(\text{cm}^3)$

7　**20 cm^3**

解き方　底面のとり方で，次の3通りの求め方があります。

・$\dfrac{1}{3}\times\left(\dfrac{1}{2}\times6\times5\right)\times4=20(\text{cm}^3)$

・$\dfrac{1}{3}\times\left(\dfrac{1}{2}\times6\times4\right)\times5=20(\text{cm}^3)$

・$\dfrac{1}{3}\times\left(\dfrac{1}{2}\times5\times4\right)\times6=20(\text{cm}^3)$

8　**512π cm^3**

解き方　右の図のような円柱から円錐を取り除いた立体ができます。

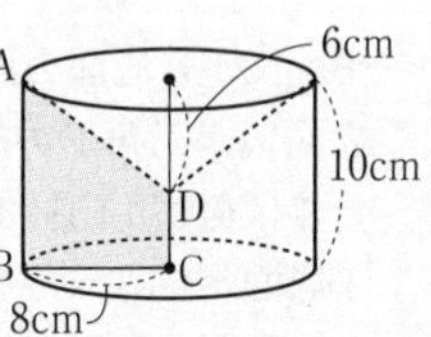

体積は

$(\pi\times8^2)\times10-\dfrac{1}{3}\times(\pi\times8^2)\times6=512\pi(\text{cm}^3)$

7章　データの活用

p.125　ぴたトレ0

1　**(1)24 m　(2)23.5 m　(3)23 m**

(4)

距離(m)	人数(人)
以上 未満 15～20	3
20～25	5
25～30	4
30～35	2
合計	14

(5)

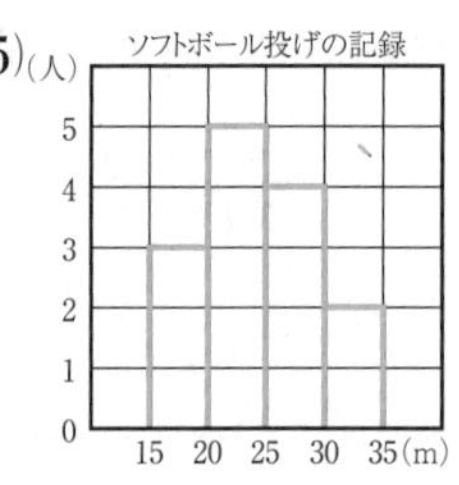

解き方　(1)データの値の合計は336，値の個数は14だから　$336\div14=24(\text{m})$

(2)値の個数が14だから，7番目と8番目の値の平均値を求めて　$(23+24)\div2=23.5(\text{m})$

p.127　ぴたトレ1

1　**(1)20 m以上24 m未満の階級**

(2)

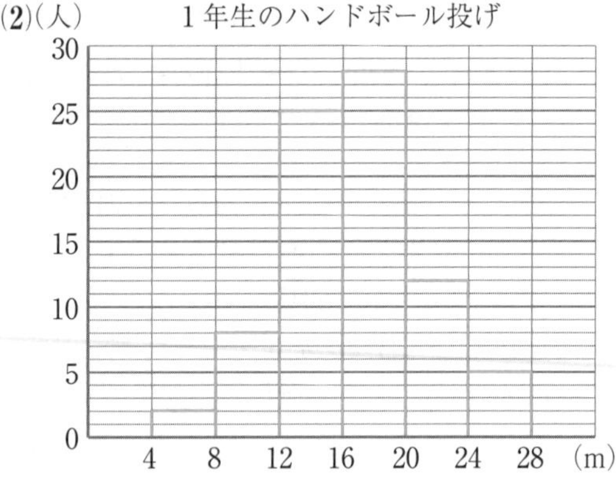

解き方　(1)「20 m未満」は，20 mをふくみません。

2　**A…49点　B…51.5点**

解き方　値を小さい順に並べかえると

A…42, 45, 47, 48, ㊾, 56, 58, 61, 80

B…44, 46, 46, 47, (51), (52), 54, 56, 62, 67

Aの値の数は9個だから，中央値は5番目の値。
Bの値の数は10個だから，中央値は5番目と6番目の2つの値の平均値。

3　**(1)㋐150　㋑180　㋒6**
(2)162 cm　(3)160 cm

解き方　(1)㋐㋑階級値は，その階級の中央の値です。
㋒$20-(4+9+1)=6$

(2)(階級値)×(度数)の和は

$150\times4+160\times9+170\times6+180\times1=3240$

これを総度数でわると　$3240\div20=162$

(3)度数分布表では，最頻値は，度数が最も多い階級の階級値で表します。

p.129 ぴたトレ1

1 (1)㋐37　㋑0.250　㋒1.000　㋓0.700　㋔1.000

(2)55 %　(3)60 %

(4)150 cm 以上 160 cm 未満の階級

(5)160 cm 未満

解き方

(1)㋐累積度数は，最小の階級からその階級までの度数の合計だから　28＋9＝37

㋑ $\frac{10}{40}=0.250$

㋒相対度数の合計は常に 1.000 です。

㋓ $\frac{28}{40}=0.700$

㋔ $\frac{40}{40}=1.000$

(2)140 cm 以上 150 cm 未満と 150 cm 以上 160 cm 未満の階級の相対度数の合計は

0.250＋0.300＝0.550

したがって　0.550×100＝55(%)

(3)(0.300＋0.225＋0.075)×100＝60(%)

(4)中央値は 20 番目と 21 番目の平均値です。累積度数より，どちらも 150 cm 以上 160 cm 未満の階級にふくまれます。

(5)累積相対度数が 0.700 である階級を見ます。

p.131 ぴたトレ1

1 (1)㋐0.396　㋑0.391　(2)0.39

解き方

(1)㋐ $\frac{198}{500}=0.396$　㋑ $\frac{782}{2000}=0.391$

(2)投げた回数が多くなるほど，相対度数は確率に近づきます。　0.391≒0.39

2 (1)㋐0.61　㋑0.60　(2)0.6

(3)上向きになる場合

上向きになる確率が 0.6 で半分の 0.5 より大きいので，上向きになるほうが起こりやすい。

解き方

(1)㋐ $\frac{305}{500}=0.61$　㋑ $\frac{596}{1000}=0.596≒0.60$

(2)投げた回数が 1000 回の相対度数を見ます。

0.596≒0.6

p.132～133 ぴたトレ2

❶ (1)9.0 秒以上 9.5 秒未満の階級　(2)2 人

(3)

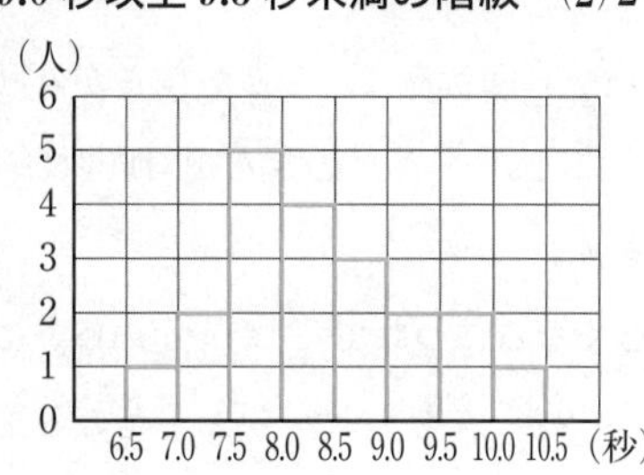

(4)8.0 秒以上 8.5 秒未満の階級　(5)7.75 秒

解き方

(1)「9.0 秒未満」は，9.0 秒をふくみません。

(4)資料の個数が 20 個だから，中央値は記録のよい順に並べたときの 10 番目と 11 番目の記録の平均値です。この 2 つの記録は，度数分布表の 8.0 秒以上 8.5 秒未満にふくまれるから，中央値はこの階級にふくまれると考えられます。

(5)度数分布表では，最頻値は，度数が最も多い階級の階級値だから

$\frac{7.5+8.0}{2}=7.75$(秒)

❷ (1)㋐10　㋑0.07　㋒0.27　㋓8　㋔30

㋕0.07　㋖0.60

(2)

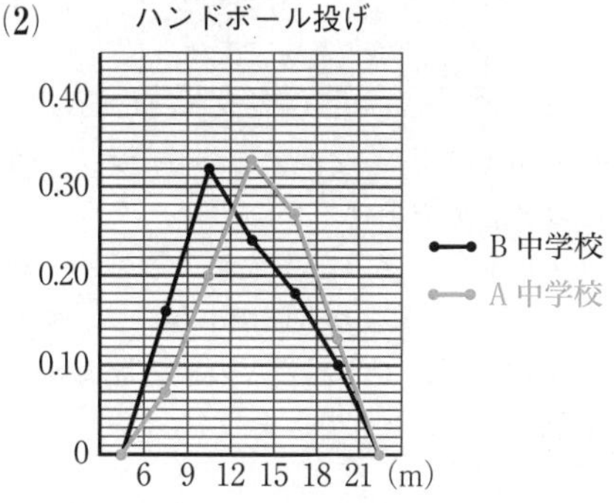

(3)記録が 15 m 以上の階級の度数分布多角形の折れ線は，B 中学校より A 中学校の方が上側にあるから，A 中学校の方が記録のよい生徒が多い。

解き方

(1)㋐30－(2＋6＋8＋4)＝10

㋑ $\frac{2}{30}=0.066\cdots≒0.07$

㋒ $\frac{8}{30}=0.266\cdots≒0.27$

㋓2＋6＝8

㋔度数の合計となるから，30

㋕1 番目の階級の累積相対度数は，相対度数と同じなので，0.07

㋖ $\frac{18}{30}=0.60$

(2)度数分布表の相対度数を折れ線グラフに表します。

(3)投げた距離が長い方が，記録がよいといえます。A 中学校の方が記録がよいことは，(2)のグラフで，A 中学校の山の方が B 中学校より右にあることからもわかります。

❸ (1)平均値　1 組…36.3 cm　2 組…36.95 cm

中央値　1 組…37 cm　2 組…34 cm

(2)1 組…38 cm　2 組…30 cm

(3)(平均値を比べただけでは)判断できない

解き方 (1)値の個数はそれぞれ20個だから，中央値は10番目と11番目の2つの値の平均値。

(3)

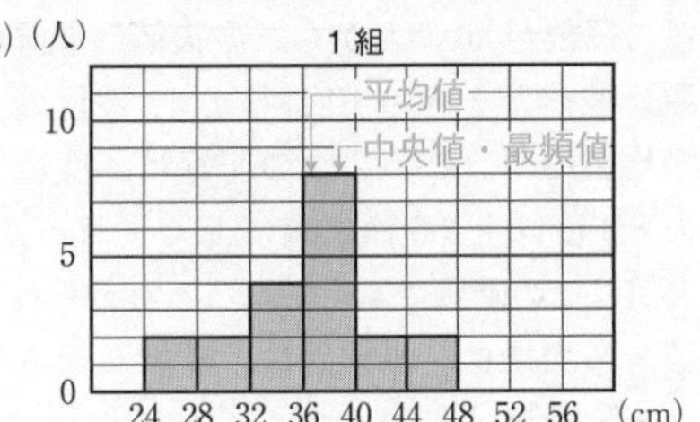

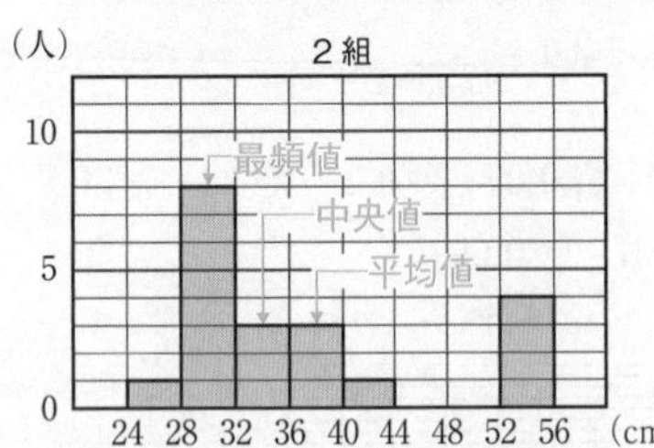

平均値を比べると，2組の方が値が大きいが，2組の平均値を上げているのは，クラスの上位4人の記録であり，中央値，最頻値で比べると，2組は1組よりも値が小さい。したがって，平均値だけで，どちらの組の記録がよいかを判断することはできません。

 ㋐

解き方 投げた回数が多いほど，相対度数は確率に近づきます。

理解のコツ

- 新しい用語が数多く出てくるが，意味そのものは理解しやすいものであるから，使ううちに覚えることができるはずだ。
- 平均値はもっとも身近な代表値だが，極端な値に大きく影響されることを理解しておく。
- 中央値は，データの総数が偶数の場合，奇数の場合とに分けて，求め方を覚えておこう。
- 最頻値は，データがその値のままあたえられた場合の求め方と，度数分布表から求める場合とにちがいがある。どちらもできるようにしておく。

p.134〜135 ぴたトレ3

❶ (1)4 m (2)13 m以上17 m未満の階級

(3)21 m以上25 m未満の階級

(4)17 m以上21 m未満の階級

(5)25 % (6)

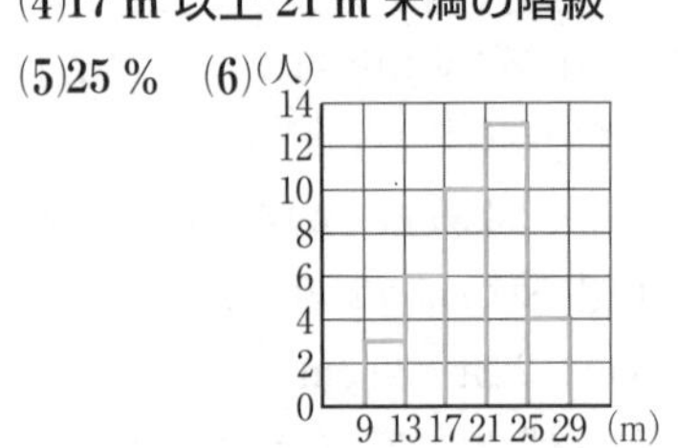

解き方 (1)13−9=4(m)

(5)$\frac{3+6}{36}\times100=25$(%)

❷ ㋑，㋓

解き方 ㋐1年生と3年生の度数の合計が同じであるかがわからないから，相対度数が同じであっても人数が同じであるとは限りません。

㋑3年生についてだけの説明なので，相対度数が同じなら，人数も同じになります。

㋒60分以上と答えた人の割合は，1年生の相対度数を多めに見積もって和を求めても，0.20+0.10+0.05+0.05=0.40となり，5割以上になりません。

㋓3年生のグラフは1年生のグラフより右側にあります。また，60分以上と答えた人も3年生は5割以上なので，3年生の方が長く勉強をしているといえます。

❸ (1)①12.5 ②27.5 (2)約18.3分

(3)中央値…15分以上20分未満の階級

最頻値…17.5分

解き方 (2)度数分布表から平均値を求めるには，(階級値)×(度数)の合計を，総度数でわり，その商を平均値とします。

$585.0\div32=18.2\overset{3}{8}\cdots$

(3)中央値は，小さい方から16番目と17番目の値の平均値になります。15分以上20分未満の階級には，小さい方から9番目から20番目までがふくまれます。

❹ 正しくない

理由：(例)点数が25点だから，有さんの点数は，25点以上30点未満の階級にふくまれる。一方，点数が25点未満の生徒は，全部で11人いる。したがって，有さんの点数は，低い方から数えて10番以内ではない。

解き方 全体の半分以内かどうかを調べるときは，中央値と比べるとよいです。

❺ (1)$\frac{a}{n}$ (2)確率

解き方 ある実験をn回行って，ことがらAがa回起きたとき，ことがらAが起きた相対度数は$\frac{a}{n}$で表されます。

nが大きくなるにつれて$\frac{a}{n}$が一定の値pに近づいていくとき，pをことがらAが起こる確率とします。

定期テスト予想問題〈解答〉 p.138～151

p.138～139 予想問題 1

出題傾向

正の数と負の数の計算問題は，必ず何問か出題されます。ここで確実に点をとれるようにしておきましょう。
また，基準になる数量を決めて，それとのちがいを正の数と負の数で表したり，それを利用して平均値を求めたりする問題もよく出ます。このような問題にも慣れておきましょう。

1 (1)+7 km (2)基準から北へ 24 km 進むこと

解き方

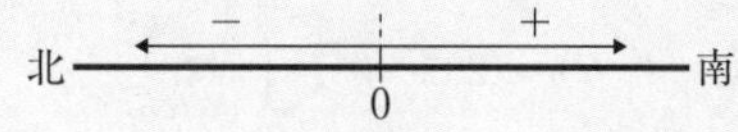

たがいに反対の性質をもつ数量は，基準を決め，+，−を使って表すことができます。

2 (1)A…−5 B…+1.5

(2)$-\frac{5}{3}<-\frac{5}{4}<+\frac{5}{2}$

$\left(+\frac{5}{2}>-\frac{5}{4}>-\frac{5}{3}\right)$

解き方

数直線上では，右にある数ほど大きく，左にある数ほど小さい。絶対値は，原点からの距離なので，正の数は絶対値が大きいほど大きく，負の数は絶対値が大きいほど小さくなります。

3 (1)−5 (2)0 (3)−21 (4)+7

解き方

(2)$(-5)+(+4)+(+3)+(-2)$
$=(+4)+(+3)+(-5)+(-2)$
$=(+7)+(-7)$
$=0$

(4)$0-(-7)=0+(+7)$
$=+7$

4 (1)6 (2)−12 (3)−14 (4)29

(5)2.1 (6)$-\frac{8}{15}$

解き方

まず加法だけにした式を，加法の記号+とかっこを省いて表します。そして，正の項，負の項をそれぞれまとめて計算します。

(2)$2+(-9)-5=2-9-5$
$=2-14$
$=-12$

(4)$-2-(2-8)+25=-2-(-6)+25$
$=-2+(+6)+25$
$=-2+6+25$
$=29$

(5)(6)負の小数や負の分数の計算も，整数と同じようにできます。

5 (1)−72 (2)0 (3)−3 (4)$\frac{3}{2}$

(5)90 (6)−96 (7)4 (8)$-\frac{27}{2}$

解き方

ある数でわるには，その数の逆数をかけます。
累乗は，どの数がいくつかけ合わされているかに注意します。

(3)$(+18)\div(-6)=(+18)\times\left(-\frac{1}{6}\right)=-3$

(6)$-6\times(-4)^2=-6\times16=-96$

(7)$(-3)\div9\times(-12)=(-3)\times\frac{1}{9}\times(-12)=4$

6 (1)−3 (2)−10 (3)−100 (4)−12.56

解き方

累乗→かっこの中→乗除→加減の順に計算します。

(1)$5+(-4)\times2=5+(-8)=5-8=-3$

(2)$-7+15\div(-2-3)=-7+15\div(-5)$
$=-7+(-3)=-10$

(3)$-5^2\times\{-8\div(2-4)\}=-25\times\{-8\div(-2)\}$
$=-25\times4=-100$

(4)$8\times3.14-12\times3.14=(8-12)\times3.14$
$=-4\times3.14=-12.56$

7 記号…㋐ 例…$2+3-7(=-2)$

記号…㋒ 例…$(2+3)\div7\left(=\frac{5}{7}\right)$

解き方

自然数の加法と乗法の結果は，いつも自然数になります。

8 (1)77 点 (2)97 点

解き方

(1)$(-8+3+0-7)\div4=-3$ だから，平均点は
$80-3=77$(点)

(2)4 教科の合計は，(77×4) 点，5 教科の合計は，(81×5) 点だから，数学の得点は
$81\times5-77\times4=97$(点)

p.140~141 予想問題 2

出題傾向

1次式の計算問題は，必ず何問か出題されます。ここで確実に点をとれるようにしておきましょう。また，文字を使っていろいろな数量や式を表したり，それを利用して数量の間の関係を，等号または不等号で表したりする問題もよく出ます。このような問題にも慣れておきましょう。

❶ (1)$(x\times4)$ cm　(2)$(a\times3+b\times5)$ 円

解き方
(1)(1辺の長さ)×4
(2)(かき1個の値段)×3+(なし1個の値段)×5

❷ (1)$7(a-b)$　(2)$-\frac{x}{2}+y^2$ $\left(-\frac{1}{2}x+y^2\right)$

(3)$a+7\times b\div5$　(4)$(x-y)\div6$

解き方
(1)$(a-b)$ はひとまとまりとみます。7はかっこの前にかき，かっこは省きません。
(2)記号÷は使わないで，分数の形でかき，同じ文字の積は累乗の指数を使ってかきます。
(3)(4)記号×は省かれています。分数は記号÷を使って(分子)÷(分母)と表します。

❸ (1)13　(2)28

解き方
(1)$-3\times(-4)+1=12+1=13$
(2)$\{-(-4)\}^2+4\times3=4^2+12=16+12=28$

❹ (1)$\frac{1500}{a}$ 分　(2)$\frac{9}{100}x$ 人 ($0.09x$ 人)

解き方
(1)(時間)=(道のり)÷(速さ)
(2)1%は $\frac{1}{100}$ なので，9%は $\frac{9}{100}$

❺ (1)$\left(\text{円の}\frac{1}{3}\text{の形の}\right)$周の長さ　cm

(2)$\left(\text{円の}\frac{1}{3}\text{の形の}\right)$面積　cm²

解き方
(1)$2r$ は(半径)×2，もとの円の周の長さは $2\pi r$ cm
(2)もとの円の面積は πr^2 cm²

❻ (1)$-7x+2$　(2)$-\frac{15}{4}a-\frac{7}{4}$　(3)$8x-5$

(4)$5a-11$

解き方
1次の項どうし，定数項どうしを，それぞれまとめます。
(1)$x+4-8x-2=x-8x+4-2=-7x+2$
(2)$\frac{9}{4}a-3+\frac{5}{4}-6a=\frac{9}{4}a-6a-3+\frac{5}{4}$
$=\frac{9}{4}a-\frac{24}{4}a-\frac{12}{4}+\frac{5}{4}$
$=-\frac{15}{4}a-\frac{7}{4}$
(3)$(5x+1)+(3x-6)=5x+1+3x-6$
$=8x-5$
(4)$(7a-1)-(2a+10)=7a-1-2a-10$
$=5a-11$

❼ (1)$-10x$　(2)$-12a-8$　(3)$-8a-5$

(4)$-x-\frac{9}{8}$　(5)$-4x+5$　(6)$3a+4$

解き方
かっこのある式の計算は，分配法則を使ってかっこをはずし，1次の項どうし，定数項どうしを，それぞれまとめます。除法はわる数の逆数をかける乗法になおして計算します。
(2)$\frac{6a+4}{\cancel{3}_1}\times(-\cancel{6}^{2})=(6a+4)\times(-2)=-12a-8$
(3)$-3(2a-1)-2(a+4)=-6a+3-2a-8$
$=-8a-5$
(5)$(28x-35)\div(-7)=(28x-35)\times\left(-\frac{1}{7}\right)$
$=-4x+5$
(6)$5a-1-\frac{8a-20}{4}=5a-1-(2a-5)$
$=5a-1-2a+5$
$=3a+4$

❽ 碁石の数…$(6n+4)$ 個
説明…(例)

正三角形を n 個つくるには，
$10+6(n-1)=6n+4$ で $(6n+4)$ 個の碁石が必要。

解き方
1つ目の正三角形は10個の碁石で，2つ目からは碁石を6個ずつ増やして正三角形をつくります。

❾ (1)$5x^2\geqq y$ ($y\leqq5x^2$)　(2)$50<3a$ ($3a>50$)

(3)$x=7y+5$ $\left(\frac{x-5}{7}=y,\ x-7y=5\right)$

解き方
(2)a 人に3個ずつ分けたら，りんごがいくつかたりなくなったので，50個は $3a$ 個未満です。
<か≦に注意します。
(3)(わられる数)=(わる数)×(商)+(余り)

❿ (1)水そうAは水そうBより，3L多く水がはいる。
(2)水そうAと水そうBにはいる水の量の合計は12L以上である。

解き方
(1)$a-b$ は水そうAと水そうBにはいる水の量の差を表します。
(2)$a+b$ は水そうAと水そうBにはいる水の量の合計を表します。「≧12」は「12以上」です。

p.142〜143 予想問題 3

出題傾向

方程式の計算問題は，必ず何問か出題されます。小数や分数をふくむ方程式の計算にも慣れ，ここで確実に点をとれるようにしておきましょう。
1次方程式の利用では，「代金に関する問題」「過不足に関する問題」「速さに関する問題」などが出ます。方程式を使って問題を解くときは，方程式の解が問題にあうかどうかを確かめましょう。

1 ㋑，㋓

解き方 x に -4 を代入して，等式が成り立つかどうか調べます。

2 ①2　②4

解き方 ①両辺から2をひく。(−2をたすと考えると1。)
②両辺を5でわる。$\left(\frac{1}{5}\right.$ をかけると考えると3。$\left.\right)$

3 (1)$x=-9$　(2)$x=-12$　(3)$x=2$
(4)$x=-2$　(5)$x=-13$　(6)$x=\frac{1}{2}$

解き方 x をふくむ項を左辺に，定数項を右辺に移項→$ax=b$ の形に→両辺を x の係数 a でわる。

4 (1)$x=-5$　(2)$x=3$　(3)$x=-3$
(4)$x=-1$　(5)$x=2$　(6)$x=8$

解き方 (1)(2)かっこをはずしてから解きます。
(3)$(0.4x-3)\times10=(1.2x-0.6)\times10$
$4x-30=12x-6$
(4)$-0.3(2x-1)\times10=0.9\times10$
$-3(2x-1)=9$
(5)$\left(\frac{5}{4}x-\frac{1}{2}\right)\times4=x\times4$
$5x-2=4x$
(6)$\frac{x+2}{2}\times10=\frac{3x+1}{5}\times10$
$5(x+2)=2(3x+1)$

5 $a=10$

解き方 $ax-2=4x+a$ に $x=2$ を代入すると
$2a-2=8+a$
このときの a の値を求めます。

6 1冊50円のノート…4冊
1冊60円のノート…6冊

解き方 1冊50円のノートを x 冊買ったとすると
$50x+60(10-x)=560$

7 (1)$4x+6=5x-2$
(2)子どもの人数…8人　みかんの個数…38個
(3)$\frac{x-6}{4}=\frac{x+2}{5}$

解き方 (1)
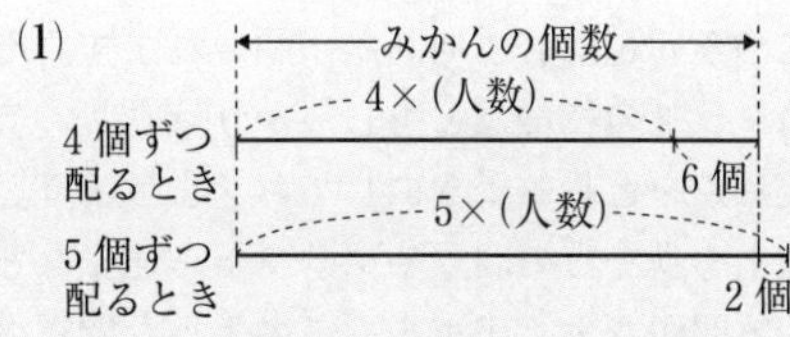

みかんの個数を，2通りの式に表します。
(2)(1)の方程式を解くと　$x=8$
みかんの個数は　$4\times8+6=38$(個)
子どもの人数を8人，みかんの個数を38個とすると，問題にあいます。
(3)子どもの人数を，2通りの式に表します。

8 15分後

解き方 姉が出発してから x 分後に弟に追いつくとすると

	速さ(m/min)	時間(分)	道のり(m)
弟	60	$x+5$	$60(x+5)$
姉	80	x	$80x$

$60(x+5)=80x$

9 (1)9時6分　(2)ない

解き方 (1)Bの水の量がAの水の量の $\frac{1}{2}$ になる時間を x 分後とすると
$\frac{1}{2}(180-4x)=60+3x$
(2)Aの水の量がBの水の量の7倍になる時間を x 分後とすると
$180-4x=7(60+3x)$
$-25x=240$
$x=-\frac{48}{5}$
x の値が負の数になるから，9時よりあとでAの水の量がBの水の量の7倍になることはありません。

10 (1)$x=5$　(2)$x=20$　(3)$x=25$　(4)$x=5$

解き方 $a:b=c:d$ ならば $ad=bc$
(3)$7:2=(x-4):6$
$42=2(x-4)$
(4)　$8:3=(x+3):(x-2)$
$8(x-2)=3(x+3)$

11 375 mL

解き方 コーヒー500 mLに対して，牛乳 x mLを混ぜるとすると
$90:120=x:500$

予想問題 4

出題傾向

比例や反比例のグラフをかく問題，比例や反比例の式を求める問題は必ず何問か出題されます。それぞれのグラフの特徴などをしっかり確認し，ここで確実に点をとれるようにしておきましょう。また，辺上を動く点の問題やグラフから速さなどを読み取る問題もよく出ます。このような問題にも慣れておきましょう。

1 ㋐，㋒

解き方 x の値を決めると，それに対応する y の値がただ1つ決まるかを調べます。

2 (1)$y=4x$

(2)x の変域…$0 \leqq x \leqq 9$　y の変域…$0 \leqq y \leqq 36$

解き方 (1)2分間で8Lの水が水そうから出たから，$x=2$ のとき $y=8$ になります。

(2)水そうには36Lの水がはいっているから，y の変域は　$0 \leqq y \leqq 36$

$y=0$ のとき $x=0$，$y=36$ のとき $x=9$ だから，x の変域は　$0 \leqq x \leqq 9$

3 (1)右の図

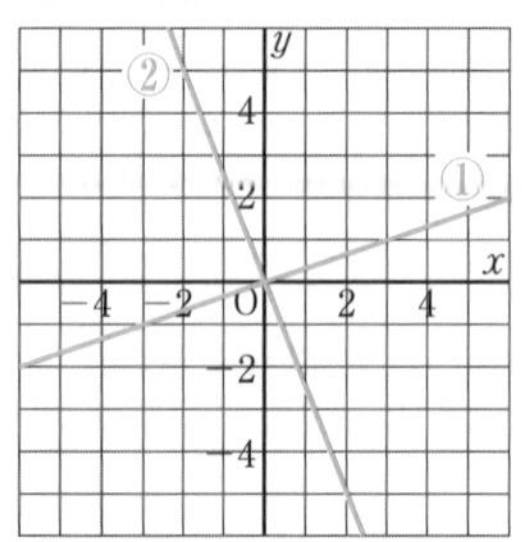

(2)式…$y=\dfrac{4}{3}x$

y の値…-20

(3)①$y=3x$

②$y=-\dfrac{1}{3}x$

解き方 (1)比例のグラフは，原点を通る直線だから，原点と，原点以外に通る1点がわかればかくことができます。x と y が両方整数になる点を考えます。　①(3，1)　②(2，-5)

(2)y が x に比例するから，比例定数を a とすると $y=ax$　$x=6$ のとき $y=8$ だから　$8=a \times 6$

したがって　$a=\dfrac{4}{3}$　$y=\dfrac{4}{3}x$ に $x=-15$ を代入して y の値を求めます。

(3)y が x に比例するから，比例定数を a とすると $y=ax$　①のグラフは点(1，3)を，②のグラフは点(3，-1)を通ります。

4 (1)$y=40x$　(2)340 km

解き方 (1)y が x に比例するから，比例定数を a とすると $y=ax$　$x=3$ のとき $y=120$ だから　$y=40x$

(2)(1)で求めた式に $x=8.5$ を代入します。

$y=40 \times 8.5=340$

5 (1)右の図

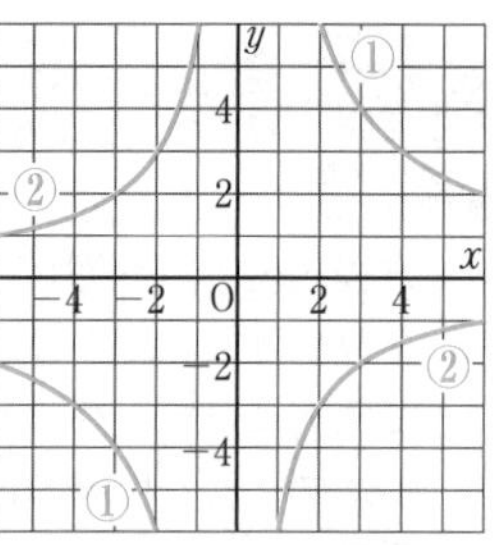

(2)式…$y=\dfrac{100}{x}$

y の値…-4

(3)①$y=\dfrac{4}{x}$

②$y=-\dfrac{2}{x}$

解き方 (1)x の値に対応する y の値を求め，x，y の値の組を座標とする点を図にかき入れて，その点をなめらかな曲線になるように結びます。

(2)y が x に反比例するから，比例定数を a とすると　$y=\dfrac{a}{x}$　$x=2$ のとき $y=50$ だから

$50=\dfrac{a}{2}$　したがって　$a=100$　$y=\dfrac{100}{x}$ に $x=-25$ を代入して y の値を求めます。（比例定数 a が xy に等しいことから，$a=2 \times 50$ として求めることもできます。）

(3)①点(1，4)，②点(1，-2)を通ることを使います。

6 (1)$y=\dfrac{48}{x}$　(2)4 cm

解き方 (1)この平行四辺形の面積は　$8 \times 6=48(\mathrm{cm}^2)$

したがって　$xy=48$

すなわち　$y=\dfrac{48}{x}$

(2)(1)で求めた式に $y=12$ を代入します。

（比例定数 a が xy に等しいことから，$12x=48$ として求めることもできます。）

7 (1)兄　(2)600 m

解き方 (1)1800 m進んだときの時間をグラフから読み取ります。

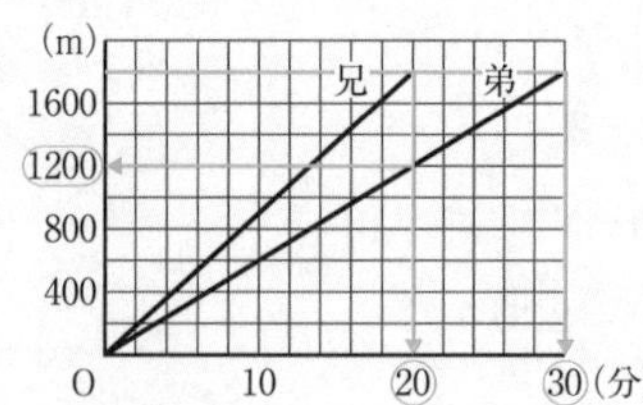

兄は20分，弟は30分かかっていることがわかります。

(2)兄は家を出てから20分後に図書館に着いたから，弟のグラフで，20分のときの道のりを読み取り，差を求めます。

$1800-1200=600(\mathrm{m})$

p.146〜147 予想問題 5

出題傾向

直線，線分，半直線などの区別や，移動に関する問題や，垂線，垂直二等分線，角の二等分線などの基本の作図は，必ず何問か出題されます。ここで，確実に点をとれるようにしておきましょう。また，基本の作図を活用したいろいろな作図もよく出ます。このような問題にも慣れておきましょう。

1 (1) A B　(2) A B
(3) A B

解き方
(1)直線 AB の一部で，2 点 A，B を両端とするものを線分 AB といいます。
(2) 2 点 A，B を通り，両方に限りなくのびているまっすぐな線のことを直線 AB といいます。
(3)線分 AB の B の方にだけ限りなくのびたものを半直線 AB といいます。A の方にだけ限りなくのびたものは半直線 BA といいます。

2 ㋑

解き方
直線 ℓ 上にない点 P から ℓ に垂線をひき，ℓ との交点を H とするとき，線分 PH の長さを，点 P と直線 ℓ との距離といいます。

3 **(1)△HGC　(2)180°　(3)FO(FH)**

解き方
(1)平行移動では，対応する点を結ぶ線分は，すべて平行で，長さが等しくなります。
(2)回転移動では，対応する点は，回転の中心から等しい距離にあります。また，対応する点と回転の中心を結んでできる角の大きさは，すべて等しくなります。
(3)対称移動では，対応する点を結ぶ線分は，対称の軸によって垂直に 2 等分されます。

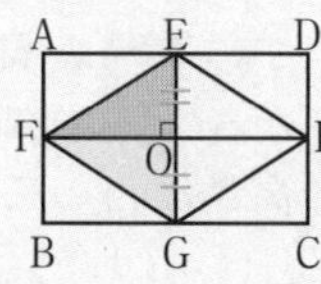

4

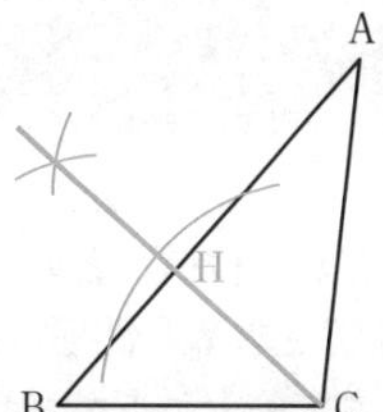

解き方
△ABC で，辺 AB を底辺とみたときの高さだから，頂点 C から辺 AB への垂線を作図します。

5

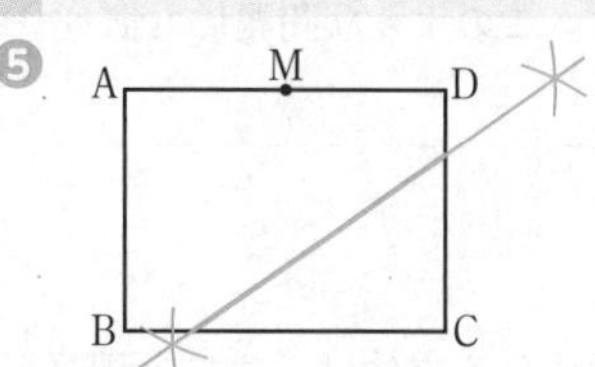

解き方
頂点 C が，辺 AD の中点 M に重なるように折ると右の図のようになります。

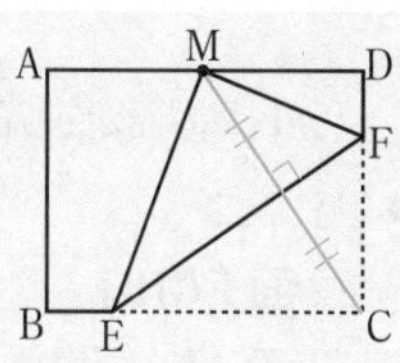

△MEF は，線分 FE(折り目)を対称の軸として△CEF を対称移動した形になります。対称移動では，対応する点を結ぶ線分は，対称の軸によって垂直に 2 等分されるから，このことを利用して，線分 MC の垂直二等分線を作図します。

6

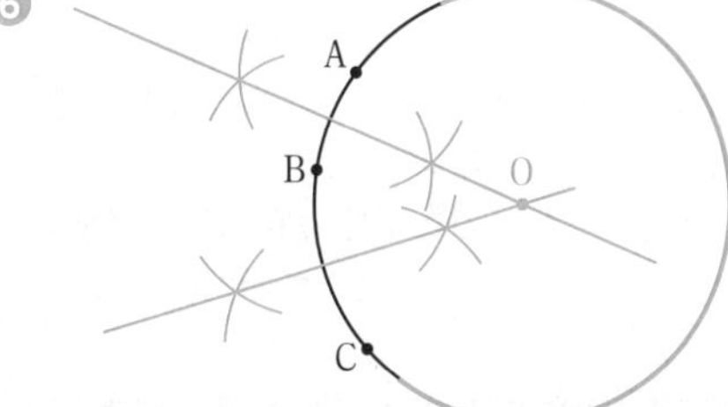

解き方
線分 AB，BC はその円の弦です。弦 AB と弦 BC の垂直二等分線は円の中心を通ります。
このことを利用して，円の中心を求めます。

7 **(1)弧の長さ…4π cm，面積…10π cm^2**
(2)12π cm^2

解き方
(1)弧の長さ

$$2\pi\times5\times\frac{144}{360}=4\pi(\text{cm})$$

面積

$$\pi\times5^2\times\frac{144}{360}=10\pi(\text{cm}^2)$$

(2)$S=\frac{1}{2}\ell r$ の公式を利用して

$$S=\frac{1}{2}\times6\pi\times4=12\pi(\text{cm}^2)$$

p.148~149　予想問題 6

出題傾向

直線や平面の平行と垂直，ねじれの位置などの位置関係や，立体の表面積，体積を求める問題は，必ず何問か出題されます。ここで確実に点をとれるようにしておきましょう。
また，回転体，投影図，展開図やおうぎ形についての問題もよく出ます。このような問題にも慣れておきましょう。

1 (1)㋐，㋒
(2)**正十二面体**

解き方
(1)2つの底面が平行になる立体は，角柱と円柱です。
(2)1つの面が正五角形で，面の数は12あります。

2 (1)**7つ**
(2)**面 FGHIJ**
(3)**辺 AF，辺 DI，辺 EJ**
(4)**面 ABCDE，面 FGHIJ**

解き方
辺は限りなくのびている直線と考え，面は限りなく広がっている面と考えます。
(1)辺 CD と平行な辺は辺 HI，交わる辺は辺 AB，BC，DE，EA，CH，DI で，これらを除いた辺がねじれの位置にあります。辺 AF，BG，EJ，FG，GH，IJ，JF の7つです。
(2)辺 AB が交わらないのは下側の底面だけです。
(3)上下の底面にある辺は，すべて面 BGHC と交わります。
(4)AF は上下2つの底面それぞれに垂直だから，AF をふくむ面 AFGB は2つの底面と垂直です。

3

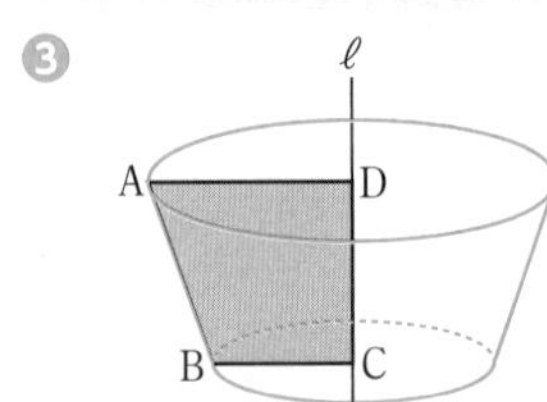

解き方
回転体は，回転の軸をふくむ平面で切ると，切り口は，回転の軸を対称の軸とする線対称な図形になります。このことを利用して見取図をかきます。

4

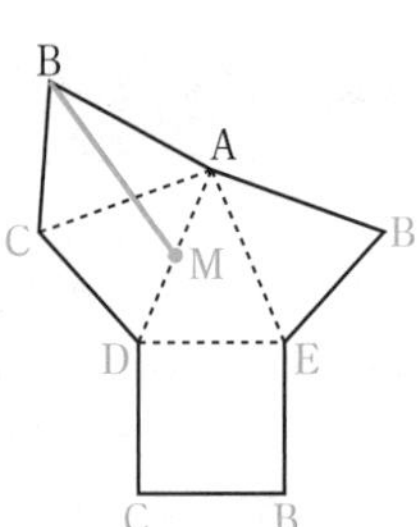

解き方
展開図に，正四角錐の頂点を示す B，C，D，E と辺 AD の中点を示す M をかき入れます。
糸は面 ACD 上を通っているから，糸が通る線は，A の上側にある B と M を結んだ線分になります。

5 (1)**三角錐**　(2)**円柱**　(3)**四角柱**

解き方
平面図（下側の図）で底面の形がわかり，立面図（上側の図）で○○柱か○○錐かを判断します。
(1)底面が三角形の角錐。
(2)底面は円だから，円柱。
(3)底面が四角形の角柱。

6 (1)**84 cm^2**　(2)**108π cm^2**

解き方
(1)この三角柱の展開図の側面は縦 6 cm，横 12 cm（底面の周の長さ）の長方形になります。
(2)この円錐の展開図は右の図のようになります。

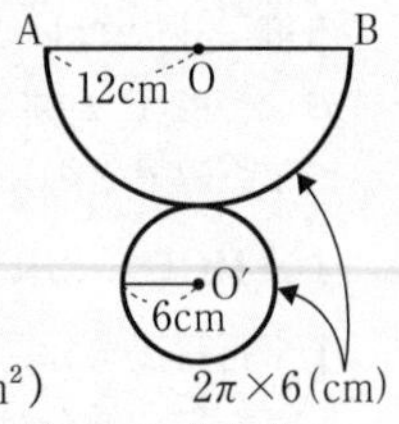

$\overset{\frown}{AB}$ の長さは，底面の円の周の長さに等しいから
$\overset{\frown}{AB}=2\pi\times6=12\pi$(cm)
底面積は　$\pi\times6^2=36\pi$(cm^2)
側面積は，$S=\frac{1}{2}\ell r$ の公式を利用して
$\frac{1}{2}\times12\pi\times12=72\pi$(cm^2)
表面積は　$36\pi+72\pi=108\pi$(cm^2)

7 **18 cm^3**

解き方
容器にはいっている水の形は，㋐の面を底面とする高さ 6 cm の三角錐になります。点 P は，辺の真ん中だから，㋐の面は，底辺 6 cm，高さ 3 cm の三角形です。

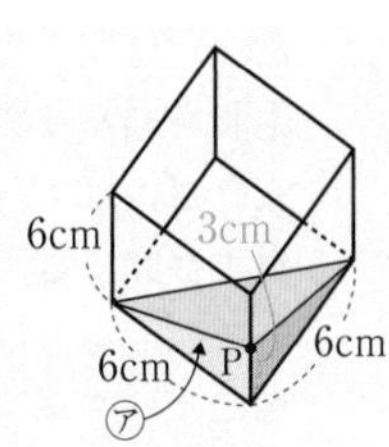

$\frac{1}{3}\times\left(\frac{1}{2}\times6\times3\right)\times6=18$(cm^3)

8 (1)**表面積…100π cm^2，側面積と等しい。**
(2)**$\frac{500}{3}\pi$ cm^3**

解き方
半径 r の球の表面積を S，体積を V とすると
$S=4\pi r^2$，$V=\frac{4}{3}\pi r^3$

p.150~151 予想問題 7

出題傾向

度数分布表から，階級の幅や相対度数，累積度数などを求める問題は，必ず何問か出題されます。ここで確実に点をとれるようにしておきましょう。また，ヒストグラムや度数分布多角形をかく問題や，データから，平均値，中央値，最頻値を求める問題も必ず出ます。度数分布表から階級値を使って代表値を求める問題も要注意です。このような問題にも慣れ，いろいろなデータを読み取れるようにしておきましょう。

❶ (1)4 cm (2)4 人

(3)

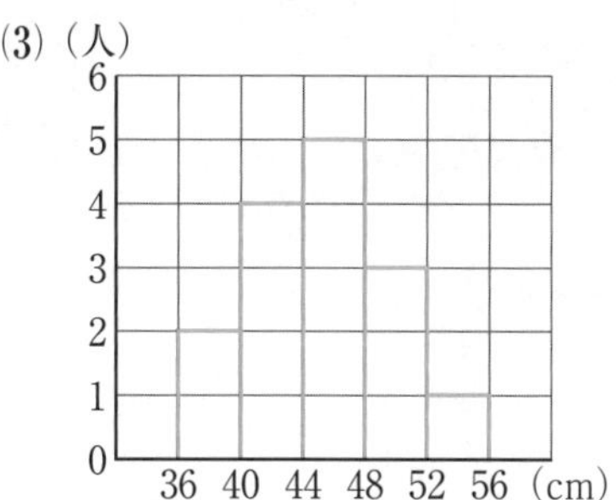

(4)50 cm

解き方

(1)40−36=4(cm)，44−40=4(cm)，…

(2)上から 2 段目の階級の度数を読んで，4 人。

(4)階級の真ん中の値だから $\frac{48+52}{2}=50$

❷ (1)①12.5 ②180.0 ③27.5 ④110.0

(2)約 18.3 分

解き方

(1)階級値は，その階級の真ん中の値です。

① $\frac{10+15}{2}=12.5$ ③ $\frac{25+30}{2}=27.5$

②22.5×8=180.0 ④27.5×4=110.0

(2)度数分布表から平均値を求めるには，(階級値)×(度数)の合計を総度数でわり，その商を平均値とします。

$\frac{585.0}{32}=18.2\overset{3}{8}\cdots$

❸ (1)15 分以上 20 分未満の階級

(2)22.5 分

解き方

(1)中央値は，小さい方から 16 番目と 17 番目の値の平均値になります。15 分以上 20 分未満の階級には，小さい方から 10 番目から 18 番目までがふくまれます。

(2)度数分布表では，最頻値は，度数が最も多い階級の階級値です。

❹ (1)0.40

(2)累積度数…23 累積相対度数…0.38

(3)A 中学校

理由…(例)記録が 6.5 秒以上 8.0 秒未満の階級までの累積相対度数は，A 中学校は 0.38，B 中学校は 0.30 で，A 中学校の方が大きい。また，記録が 8.5 秒以上の 3 つの階級の相対度数の合計を求めると，A 中学校は 0.22，B 中学校は 0.37 で，A 中学校の方が小さい。このことから，全体としては A 中学校の方が記録がよかったといえる。

解き方

(1) $\frac{24}{60}=0.40$

(2)累積度数 2+3+18=23

累積相対度数 $\frac{23}{60}=0.383\cdots \fallingdotseq 0.38$

(3)度数の合計が異なるので，相対度数を比べます。
相対度数は，上から順に

A…0.03，0.05，0.30，0.40，0.10，0.10，0.02

B…0.02，0.07，0.21，0.33，0.21，0.12，0.04

50 m 走の場合，秒数が小さいほどよい記録といえます。分布の傾向を比べるときは，1 つの階級だけでなく，いくつかの階級にわたって調べるようにします。

❺ (1)0.63 (2)0.63 (3)およそ 3150 回

解き方

(1) $\frac{947}{1500}=0.631\cdots \fallingdotseq 0.63$

(2)投げた回数が多いほど，相対度数は確率に近づきます。

(3)5000×0.63=3150(回)

教科書ぴったりトレーニング付録

赤シート×直前対策！

ぴたトレ mini book

テストに出る！

重要問題チェック！

数学1年

赤シートでかくしてチェック！

お使いの教科書や学校の学習状況により，ページが前後したり，学習されていない問題が含まれていたり，表現が異なる場合がございます。
学習状況に応じてお使いください。

←「ぴたトレ mini book」は取り外してお使いください。

正の数・負の数

●正の符号，負の符号
●絶対値

テストに出る！重要問題

〈特に重要な問題は□の色が赤いよ！〉

□200円の収入を，＋200円と表すとき，300円の支出を表しなさい。

〔 −300円 〕

□次の数を，正の符号（ふごう），負の符号をつけて表しなさい。

(1) 0より3大きい数

〔 ＋3 〕

(2) 0より1.2小さい数

〔 −1.2 〕

□下の数直線で，A，Bにあたる数を答えなさい。

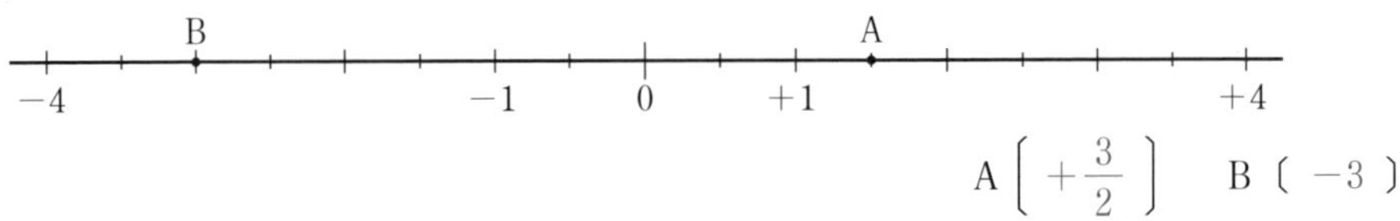

A $\left[+\frac{3}{2}\right]$ B〔 −3 〕

□絶対値が2である整数をすべて答えなさい。

〔 ＋2，−2 〕

□次の2数の大小を，不等号を使って表しなさい。

(1) 2.1 $>$ −1

(2) −3 $<$ −1

□次の数を，小さい方から順に並べなさい。

$-4,\ \frac{2}{3},\ 3,\ -2.6,\ 0$

$\left[-4,\ -2.6,\ 0,\ \frac{2}{3},\ 3\right]$

テストに出る！重要事項

〈テスト前にもう一度チェック！〉

□負の数＜0＜正の数

□正の数は絶対値が大きいほど大きい。

□負の数は絶対値が大きいほど小さい。

正の数・負の数

●正の数・負の数の計算

テストに出る！重要問題

〈特に重要な問題は□の色が赤いよ！〉

□次の計算をしなさい。

(1)　$(-7)+(-5)=\boxed{-12}$

(2)　$(+4)-(-2)=\boxed{+6}$

□次の計算をしなさい。

$$-8-(-10)+(-13)+21=-8+\boxed{10}-\boxed{13}+21$$
$$=31-\boxed{21}=\boxed{10}$$

□次の計算をしなさい。

(1)　$(-2)\times 5=\boxed{-10}$

(2)　$(-20)\div(-15)=\boxed{\dfrac{4}{3}}$

(3)　$\dfrac{4}{15}\div\left(-\dfrac{8}{9}\right)=\dfrac{4}{15}\times\left(\boxed{-\dfrac{9}{8}}\right)$

$$=-\left(\frac{4}{15}\times\boxed{\frac{9}{8}}\right)=\boxed{-\frac{3}{10}}$$

□次の計算をしなさい。

(1)　$(-3)^2\times(-1^3)$

$=\boxed{9}\times(\boxed{-1})=\boxed{-9}$

(2)　$8+2\times(-5)$

$=8+(\boxed{-10})=\boxed{-2}$

□分配法則を使って，次の計算をしなさい。

$$(-6)\times\left(-\frac{1}{2}+\frac{2}{3}\right)=\boxed{3}+(\boxed{-4})=\boxed{-1}$$

テストに出る！重要事項

〈テスト前にもう一度チェック！〉

□ 同符号（ふごう）の 2 つの数の和…2 つの数と同じ符号に，2 つの数の絶対値の和
　異符号の 2 つの数の和…絶対値の大きい方の符号に，2 つの数の絶対値の差

□ 同符号の 2 つの数の積，商の符号…正の符号
　異符号の 2 つの数の積，商の符号…負の符号

正の数・負の数

●素数と素因数分解
●正の数・負の数の利用

テストに出る！重要問題
〈特に重要な問題は□の色が赤いよ！〉

□10 以下の素数をすべて答えなさい。

〔 2, 3, 5, 7 〕

□次の自然数を，素因数分解しなさい。

(1) 45

$$\begin{array}{r|l} \boxed{3} & 45 \\ \hline \boxed{3} & 15 \\ \hline & 5 \end{array}$$

$45=\boxed{3}^2\times 5$

(2) 168

$$\begin{array}{r|l} \boxed{2} & 168 \\ \hline \boxed{2} & 84 \\ \hline \boxed{2} & 42 \\ \hline \boxed{3} & 21 \\ \hline & 7 \end{array}$$

$168=\boxed{2}^3\times\boxed{3}\times 7$

□次の表は，5 人のあるテストの得点を，A さんの得点を基準にして，それより高い場合には正の数，低い場合には負の数を使って表したものです。

	A	B	C	D	E
基準との違い(点)	0	+5	−3	−8	−9

A さんの得点が 89 点のとき，5 人の得点の平均を求めなさい。

［解答］ 基準との違いの平均は，

$(0+5-3-8-9)\div 5=\boxed{-3}$

A さんの得点が 89 点だから，5 人の得点の平均は，

$89+(\boxed{-3})=\boxed{86}$(点)

テストに出る！重要事項
〈テスト前にもう一度チェック！〉

□ 1 とその数のほかに約数がない自然数を素数という。
ただし，1 は素数にふくめない。

□自然数を素数だけの積で表すことを，素因数分解するという。

文字の式

●文字を使った式

テストに出る！重要問題

〈特に重要な問題は□の色が赤いよ!〉

□次の式を，文字式の表し方にしたがって書きなさい。

(1)　$x \times x \times 13 = \boxed{13x^2}$

(2)　$(a+3b) \div 2 = \boxed{\dfrac{a+3b}{2}}$

□次の式を，記号 ×，÷ を使って表しなさい。

(1)　$5a^2b = \boxed{5 \times a \times a \times b}$

(2)　$50 - \dfrac{x}{4} = \boxed{50 - x \div 4}$

□次の数量を表す式を書きなさい。

(1)　1 本 a 円のペン 2 本と 1 冊 b 円のノート 4 冊を買ったときの代金

〔 $2a+4b$ (円) 〕

(2)　x km の道のりを 2 時間かけて歩いたときの時速

〔 $\dfrac{x}{2}$ (km/h) 〕

(3)　y L の水の 37% の量

〔 $\dfrac{37}{100}y$ (L) 〕

□ $x=-3$，$y=2$ のとき，次の式の値を求めなさい。

(1)　$-x^2 = -(\boxed{-3})^2$

$= -\{(\boxed{-3}) \times (\boxed{-3})\}$

$= \boxed{-9}$

(2)　$3x+4y = 3 \times (\boxed{-3}) + 4 \times \boxed{2}$

$= \boxed{-9} + \boxed{8}$

$= \boxed{-1}$

テストに出る！重要事項

〈テスト前にもう一度チェック!〉

□$b \times a$ は，ふつうはアルファベットの順にして，ab と書く。

□$1 \times a$ は，記号×と 1 を省いて，単に a と書く。

□$(-1) \times a$ は，記号×と 1 を省いて，$-a$ と書く。

□記号＋，－は省略できない。

文字の式

●文字式の計算

テストに出る！重要問題

〈特に重要な問題は□の色が赤いよ！〉

□次の計算をしなさい。

(1) $3x+(2x+1)$
$=3x+\boxed{2x}+\boxed{1}$
$=\boxed{5x+1}$

(2) $-a+4-(3-2a)$
$=-a+4-\boxed{3}+\boxed{2a}$
$=\boxed{a+1}$

□次の計算をしなさい。

(1) $-2(5x-2)=\boxed{-10x+4}$

(2) $(12x-8)\div 4=\boxed{3x-2}$

□次の計算をしなさい。

(1) $3(7a-1)+2(-a+3)=\boxed{21a}-\boxed{3}-2a+6$
$=\boxed{19a+3}$

(2) $5(x+2)-4(2x+3)=5x+10-\boxed{8x}-\boxed{12}$
$=\boxed{-3x-2}$

□次の数量の関係を，等式か不等式に表しなさい。

(1) y 個のあめを，x 人に 5 個ずつ配ると，4 個たりない。

〔 $y=5x-4$ 〕

(2) ある数 x に 13 を加えると，40 より小さい。

〔 $x+13<40$ 〕

(3) 1 個 a 円のケーキ 4 個を，b 円の箱に入れると，代金は 1500 円以下になる。

〔 $4a+b\leqq 1500$ 〕

テストに出る！重要事項

〈テスト前にもう一度チェック！〉

□$mx+nx=(m+n)x$ を使って，文字の部分が同じ項（こう）をまとめる。

□かっこがある式の計算は，かっこをはずし，さらに項をまとめる。

□等式や不等式で，等号や不等号の左側の式を左辺，右側の式を右辺，その両方をあわせて両辺という。

方程式

●方程式

テストに出る！重要問題

〈特に重要な問題は□の色が赤いよ！〉

□次の方程式を解きなさい。

(1) $x-4=2$
$x=\boxed{6}$

(2) $\dfrac{x}{2}=-1$
$x=\boxed{-2}$

(3) $-9x=63$
$x=\boxed{-7}$

□次の方程式を解きなさい。

(1) $-3x+5=-x+1$
$-3x+x=1-\boxed{5}$
$-2x=\boxed{-4}$
$x=\boxed{2}$

(2) $\dfrac{x+5}{2}=\dfrac{1}{3}x+2$
$\dfrac{x+5}{2}\times\boxed{6}=\left(\dfrac{1}{3}x+2\right)\times 6$
$(x+5)\times\boxed{3}=2x+12$
$\boxed{3x+15}=2x+12$
$\boxed{3x}-2x=12-\boxed{15}$
$x=\boxed{-3}$

□パン 4 個と 150 円のジュース 1 本の代金は，パン 1 個と 100 円の牛乳 1 本の代金の 3 倍になりました。このパン 1 個の値段を求めなさい。

[解答] $\boxed{\text{パン 1 個の値段}}$を x 円とすると，

$4x+150=3(\boxed{x+100})$
$4x+150=\boxed{3x+300}$
$4x-\boxed{3x}=\boxed{300}-150$
$x=\boxed{150}$

この解は問題にあっている。 $\boxed{150}$ 円

テストに出る！重要事項

〈テスト前にもう一度チェック！〉

□方程式は，文字の項（こう）を一方の辺に，数の項を他方の辺に移項して集めて，$ax=b$ の形にして解く。

方程式

●比例式

テストに出る！重要問題

〈特に重要な問題は□の色が赤いよ！〉

□次の比例式を解きなさい。

(1) $8:6=4:x$

$\boxed{8x}=24$

$x=\boxed{3}$

(2) $(x-4):x=2:3$

$3(\boxed{x-4})=2x$

$\boxed{3x-12}=2x$

$\boxed{3x}-2x=\boxed{12}$

$x=\boxed{12}$

□100 g が 120 円の食品を，300 g 買ったときの代金を求めなさい。

［解答］ 代金を x 円とすると，

$100:300=\boxed{120}:x$

$100x=300\times\boxed{120}$

$100x=\boxed{36000}$

$x=\boxed{360}$

この解は問題にあっている。 $\boxed{360}$ 円

□玉が A の箱に 10 個，B の箱に 15 個はいっています。A の箱と B の箱に同じ数ずつ玉を入れると，A と B の箱の中の玉の個数の比が 3：4 になりました。あとから何個ずつ玉を入れましたか。

［解答］ A と B の箱に，それぞれ x 個ずつ玉を入れたとすると，

$(10+x):(15+x)=3:\boxed{4}$

$4(10+x)=3(15+x)$

$40+\boxed{4x}=45+\boxed{3x}$

$x=\boxed{5}$

この解は問題にあっている。 $\boxed{5}$ 個

テストに出る！重要事項

〈テスト前にもう一度チェック！〉

□$a:b=c:d$ ならば，$ad=bc$

比例と反比例

テストに出る！重要問題

〈特に重要な問題は□の色が赤いよ！〉

□x の変域が，2 より大きく 5 以下であることを，不等号を使って表しなさい。

〔 $2<x\leqq5$ 〕

□次の(1)，(2)について，y を x の式で表しなさい。(1)は比例定数も答えなさい。

(1)　分速 1.2 km の電車が，x 分走ったときに進む道のり y km

式〔 $y=1.2x$ 〕　比例定数〔 1.2 〕

(2)　y は x に比例し，$x=-2$ のとき $y=10$ である。

[解答]　比例定数を a とすると，$y=$ ax

$x=-2$ のとき $y=10$ だから，

$10=a\times(-2)$

$a=-5$

したがって，$y=-5x$

□右の図の点 A，B，C の座標を答えなさい。

点 A の座標は，（1，4）

点 B の座標は，（−2，−1）

点 C の座標は，（3，0）

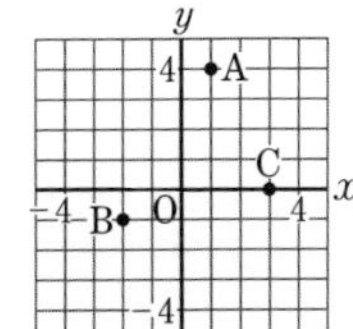

□次の関数のグラフをかきなさい。

(1)　$y=\dfrac{1}{3}x$

(2)　$y=-2x$

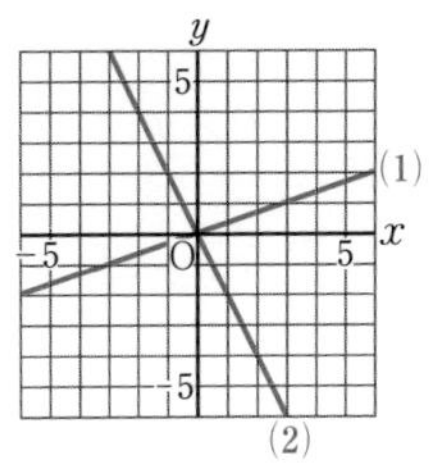

テストに出る！重要事項

〈テスト前にもう一度チェック！〉

□y が x に比例するとき，比例定数を a とすると，$y=ax$ と表される。

比例と反比例

テストに出る！重要問題

〈特に重要な問題は□の色が赤いよ！〉

□y は x に反比例し，$x=3$ のとき $y=4$ です。y を x の式で表しなさい。

［解答］　比例定数を a とすると，$y=\boxed{\dfrac{a}{x}}$

$x=3$ のとき $y=4$ だから，

$$\boxed{4}=\frac{a}{\boxed{3}}$$

$$a=\boxed{12}$$

したがって，$y=\boxed{\dfrac{12}{x}}$

□次の関数のグラフをかきなさい。

(1)　$y=\dfrac{6}{x}$

(2)　$y=-\dfrac{2}{x}$

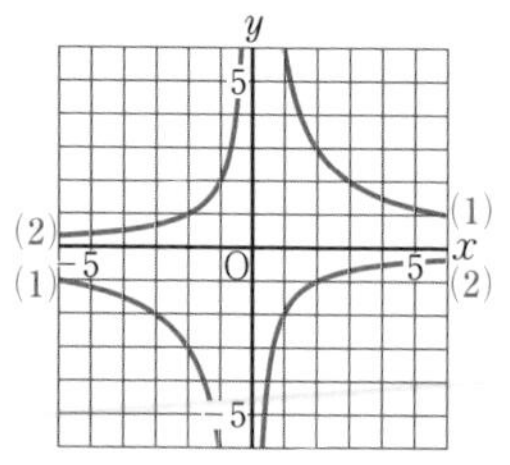

□ある板 4 g の面積は 120 cm^2 です。この板 x g の面積を y cm^2 とし，x と y の関係を式に表しなさい。また，この板の重さが 5 g のとき，面積は何 cm^2 ですか。

［解答］　y は x に比例するので，$y=ax$ と表される。

$x=4$ のとき $y=120$ だから，

$$120=4a$$

$$a=\boxed{30}$$

よって，$y=\boxed{30x}$ となる。

$x=5$ を代入して，$y=\boxed{150}$

式…$y=\boxed{30x}$，面積…$\boxed{150}$cm^2

テストに出る！重要事項

〈テスト前にもう一度チェック！〉

□y が x に反比例するとき，比例定数を a とすると，$y=\dfrac{a}{x}$ と表される。

平面図形

●直線と図形
●基本の移動

テストに出る！重要問題

〈特に重要な問題は□の色が赤いよ！〉

□右の図のように 4 点 **A**，**B**，**C**，**D** があるとき，次の図形をかきなさい。

(1) 線分 AB　　(2) 半直線 CD

□次の問いに答えなさい。

(1) 右の図で，垂直な線分を，記号 ⊥ を使って表しなさい。

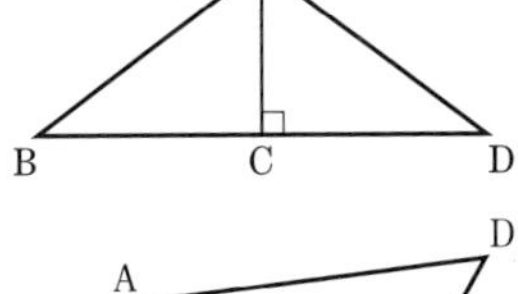

〔 AC⊥BD 〕

(2) 右の図の平行四辺形 ABCD で，平行な線分を，記号 // を使ってすべて表しなさい。

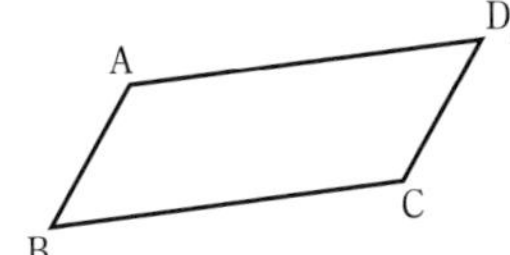

〔 AB//DC，AD//BC 〕

□長方形 **ABCD** の対角線の交点 **O** を通る線分を，右の図のようにひくと，合同な 8 つの直角三角形ができます。次の問いに答えなさい。

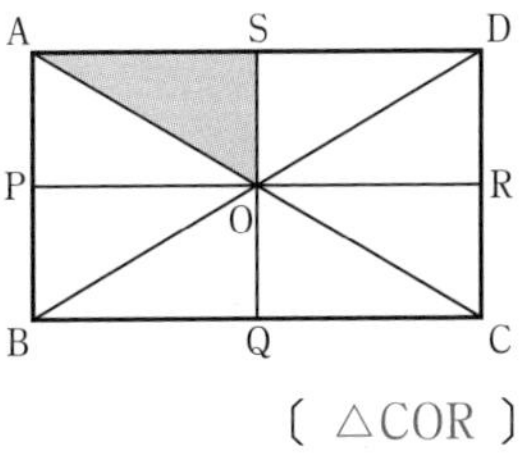

(1) △OAS を，平行移動すると重なる三角形はどれですか。

〔 △COR 〕

(2) △OAS を，点 O を回転の中心として回転移動すると重なる三角形はどれですか。

〔 △OCQ 〕

(3) △OAS を，線分 SQ を対称の軸(じく)として対称移動すると重なる三角形はどれですか。

〔 △ODS 〕

テストに出る！重要事項

〈テスト前にもう一度チェック！〉

□直線の一部で，両端(りょうたん)のあるものを線分という。

平面図形

●基本の作図

テストに出る！重要問題

〈特に重要な問題は□の色が赤いよ！〉

□右の図の △ABC で，辺 AB の垂直二等分線を作図しなさい。

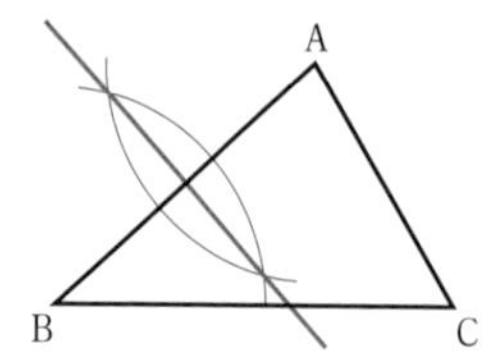

□右の図の △ABC で，∠ABC の二等分線を作図しなさい。

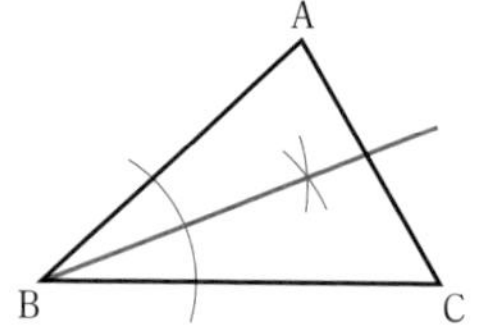

□右の図の △ABC で，頂点 A を通る辺 BC の垂線を作図しなさい。

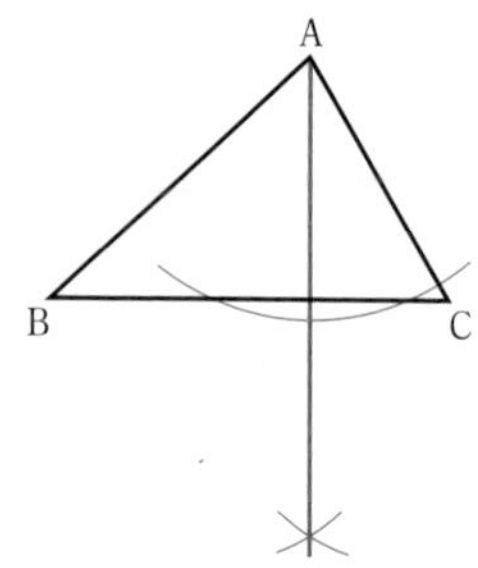

テストに出る！重要事項

〈テスト前にもう一度チェック！〉

□辺 AB の垂直二等分線を作図すると，垂直二等分線と辺 AB との交点が辺 AB の中点になる。

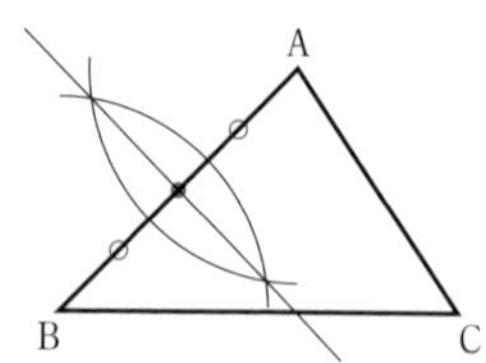

平面図形

●円とおうぎ形

テスト に出る！重要問題

〈特に重要な問題は□の色が赤いよ！〉

□半径 4 cm の円があります。
次の問いに答えなさい。

(1) 円の周の長さを求めなさい。

［解答］ $2\pi\times\boxed{4}=\boxed{8\pi}$

$\boxed{8\pi}$ cm

(2) 円の面積を求めなさい。

［解答］ $\pi\times\boxed{4}^2=\boxed{16\pi}$

$\boxed{16\pi}$ cm^2

□半径 3 cm，中心角 120° のおうぎ形があります。
次の問いに答えなさい。

(1) おうぎ形の弧（こ）の長さを求めなさい。

［解答］ $2\pi\times\boxed{3}\times\dfrac{\boxed{120}}{360}=\boxed{2\pi}$

$\boxed{2\pi}$ cm

(2) おうぎ形の面積を求めなさい。

［解答］ $\pi\times\boxed{3}^2\times\dfrac{\boxed{120}}{360}=\boxed{3\pi}$

$\boxed{3\pi}$ cm^2

テストに出る！重要事項

〈テスト前にもう一度チェック！〉

□半径 r，中心角 a° のおうぎ形の弧の長さを ℓ，面積を S とすると，

弧の長さ　$\ell=2\pi r\times\dfrac{a}{360}$

面　　積　$S=\pi r^2\times\dfrac{a}{360}$

□1 つの円では，おうぎ形の弧の長さや面積は，中心角の大きさに比例する。

空間図形

●立体の表し方
●空間内の平面と直線
●立体の構成

テスト に出る！重要問題

〈特に重要な問題は□の色が赤いよ！〉

□右の投影図で表された立体の名前を答えなさい。

〔 円柱 〕

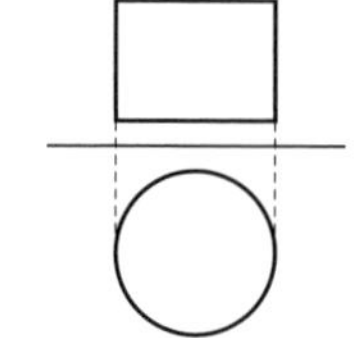

□右の図の直方体で，次の関係にある直線や平面をすべて答えなさい。

(1) 直線 AD と平行な直線

〔 直線 BC，直線 EH，直線 FG 〕

(2) 直線 AD とねじれの位置にある直線

〔 直線 BF，直線 CG，直線 EF，直線 HG 〕

(3) 平面 AEHD と垂直に交わる直線

〔 直線 AB，直線 EF，直線 HG，直線 DC 〕

(4) 平面 AEHD と平行な平面

〔 平面 BFGC 〕

□右の半円を，直線 ℓ を回転の軸(じく)として 1 回転させてできる立体の名前を答えなさい。

〔 球 〕

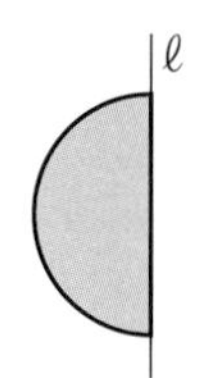

テストに出る！重要事項

〈テスト前にもう一度チェック！〉

□空間内の 2 直線の位置関係には，次の 3 つの場合がある。
　交わる，平行である，ねじれの位置にある

□空間内の 2 つの平面の位置関係には，次の 2 つの場合がある。
　交わる，平行である

空間図形　●立体の体積と表面積

テストに出る！重要問題　〈特に重要な問題は□の色が赤いよ！〉

□底面の半径が 2 cm，高さが 6 cm の円錐の体積を求めなさい。

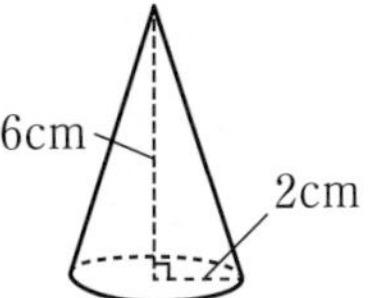

［解答］　$\frac{1}{3}\pi\times2^2\times6=\boxed{8\pi}$　　　$\boxed{8\pi}$ cm³

□右の図の三角柱の表面積を求めなさい。

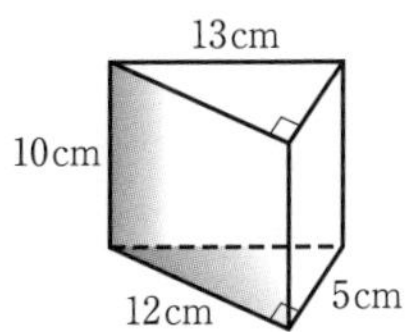

［解答］　底面積は，

$\boxed{\frac{1}{2}}\times\boxed{5}\times12=30(\text{cm}^2)$

側面積は，

$\boxed{10}\times(5+12+\boxed{13})=\boxed{300}(\text{cm}^2)$

したがって，表面積は，

$30\times\boxed{2}+\boxed{300}=\boxed{360}(\text{cm}^2)$　　　$\boxed{360}$ cm²

□半径 2 cm の球があります。
次の問いに答えなさい。

(1)　球の体積を求めなさい。

［解答］　$\frac{4}{3}\pi\times\boxed{2}^3=\boxed{\frac{32}{3}\pi}$

$\boxed{\frac{32}{3}\pi}$ cm³

(2)　球の表面積を求めなさい。

［解答］　$4\pi\times\boxed{2}^2=\boxed{16\pi}$

$\boxed{16\pi}$ cm²

テストに出る！重要事項　〈テスト前にもう一度チェック！〉

□円錐の側面の展開図は，半径が円錐の母線の長さのおうぎ形である。

データの活用

●相対度数
●確率

テストに出る！重要問題

〈特に重要な問題は□の色が赤いよ！〉

□下の表は，ある中学校の女子 20 人の反復横とびの結果をまとめたものです。
これについて，次の問いに答えなさい。

反復横とびの回数

階級（回）	度数（人）	相対度数	累積(るいせき)相対度数
38 以上 ～ 40 未満	3	0.15	0.15
40 ～ 42	4	0.20	0.35
42 ～ 44	6	0.30	0.65
44 ～ 46	5	□	□
46 ～ 48	2	0.10	1.00
計	20	1.00	

(1) 最頻値(さいひんち)を答えなさい。

［解答］ $\dfrac{\boxed{42}+\boxed{44}}{2}=\boxed{43}$

$\boxed{43}$ 回

(2) 44 回以上 46 回未満の階級の相対度数を求めなさい。

［解答］ $\dfrac{5}{\boxed{20}}=\boxed{0.25}$

$\boxed{0.25}$

(3) 反復横とびの回数が 46 回未満であるのは，全体の何 % ですか。

［解答］ $0.15+0.20+0.30+\boxed{0.25}=\boxed{0.90}$

$\boxed{90}$ %

テストに出る！重要事項

〈テスト前にもう一度チェック！〉

□相対度数 $=\dfrac{\text{階級の度数}}{\text{度数の合計}}$

□あることがらの起こりやすさの程度を表す数を，あることがらの起こる確率という。